실내건축설계스튜디오

내부가 외부를 변화시킨다

김 소 희

기문당

머리말

실내디자이너는 인간을 깊이 사랑하고 공간을 아름답고 쓸모있게 만드는 사람이라고 생각합니다. 우리가 디자인하는 내부는 외부를 변화시키는 힘을 가지고 있으며 내부와 외부는 서로에게 영향력을 발휘해야 합니다.

이 책은 실내건축설계에 대한 기본적인 이해를 바탕으로 스튜디오 프로그램의 체계를 제시하고 있습니다. 설계스튜디오 교육에 있어 컨셉을 잡고 디자인 결과물이 나오기까지의 과정을 개념적인 측면에서 또 실제 작업 프로세스의 측면에서 나름의 경험을 통한 방식으로 설명하였습니다. 그리고 주거공간, 상업공간, 전시공간, 업무공간으로 나누어 각각의 공간 특성에 대한 이해와 구체적인 디자인 방법을 핵심적으로 서술하고 그 결과물을 예시하였습니다. 잘된 사례, 부족한 사례를 함께 수록하여 고치고 발전하는 기회를 만들고자 하였습니다.

이 책이 실내건축을 공부하는 학생에게, 실내건축에 의미를 부여하고 살아가는 많은 디자이너에게 좋은 지침이 되었으면 합니다. 가까이에서 도움을 주신 김옥현 교수, 최준혁 교수, 이진욱 교수, 조혜리 교수에게 감사함을 전합니다.

2013년 2월 김소희

차 례

I 실내건축설계 이해하기

II 실내건축설계스튜디오

내부가 외부를 변화시킨다

I

실내건축설계 이해하기

1 START ! 실내건축설계

1 01 누구를 위한 것인가?

최근 실내건축, 인테리어 디자인에 대한 관심은 높아졌으나, 그 명명된 역사가 짧아 실내건축은 학문으로서의 기반이 계속 발전하는 진행형의 상태이며 실내건축에 대한 명확한 범주와 학문적 근원을 찾아나갈 과제를 가진다.

인간은 태어나면서부터 인간이 만들어놓은 공간속에서 생활하고 기쁨과 슬픔을 느끼고 삶을 규정지어 간다. 실내건축을 한다는 것은 인간 삶의 대부분의 환경을 차지하는 공간을 디자인하는 것이며, 이러한 공간을 어떻게 디자인 하느냐에 따라 인간의 행태와 사고는 다양하게 반응하고 우리 삶의 질은 달라진다. 실내건축은 그 공간속에서 살아가는 인간을 충분히 이해하고 원하는 것을 담아내는 훈련의 과정이며, 이것은 인간을 사랑하는 근원적인 마음에서부터 시작된다. 따라서 실내건축은 인간을 사랑하는 마음에서 고민하고 공간을 디자인하는 작업이며, 이러한 공간을 쓸모 있고 아름답게 디자인하는 것이 중요하다.

인위적으로 만들어진 공간속에서 인간을 어떻게 살아가게 하는가, 즉 공간을 어떻게 디자인하여 제공할 것인가의 문제해결의 과정으로, 인간을 사랑하고 공간을 아름답고 쓸모 있게 디자인하고자 하는 사람들을 위한 책이며 실내건축설계 과정과 그 의미를 이해할 수 있다. 건축물이 만들어내는 공간은 내부와 외부로 나누어 생각할 수 있는데, 실내건축은 인간이 직접적으로 부딪히고 생활하는 내부공간을 주된 대상 공간으로 디자인하며 인간의 시각적 촉각적 접촉이 가능한 외부공간의 디자인 영역을 포함한다. 인간에 대한 깊은 고민을 통해 표현된 내부공간의 구체적인 기능에 대한 이해와 적극적인 디자인은 공간의 형태와 이미지를 외부공간으로 확장시킨다. 내부공간에 대한 명확한 이해와 의미 있는 디자인은 건축물의 내부가 외부를 변화시킬 수 있다는 가능성을 분명히 한다.

제대로 디자인 된 실내공간은 인간의 행동과 사고를 변화시키고 외부와 교류하며 외부와 내부를 도시에 변화시키는 영향력 있는 영역을 차지하며 실내건축설계의 진행과정에서 이에 대한 충분한 긍지와 가능성을 반드시 유지해야 한다. 실내건축설계를 공부하고자 하는 학생, 가르치고자 하는 교수, 건축설계와 실내건축설계, 산업디자인 등과의 변별성을 설계과정에서 명확히 찾고자 고민하는 학생과 교수, 일상의 디자인 매너리즘에 빠진 인테리어 디자이너에게 실내건축설계와 과정에 대한 체계적인 이해와 인식의 계기를 마련하고자 디자인 컨셉에서 결과물에 이르는 과정을 상황 설정, 컨셉 도출, 프로그램과 기능, 형태와 디자인의 4개의 단계로 정의하여 공간디자인의 결과물로서 인간에게 공간의 리얼리티를 체험하는 기회 제공의 필요성을 서술하였다. 또한 설계작업 과정의 단계를 12개로 분류하여 각각의 단계를 실무와 연관된 실내건축설계 과정 및 그 적용방식을 토대로 서술하였다. 이상은 실내건축설계스튜디오 강의를 위한 상세한 진행의 결과물이며 실내건축에 관심을 가지는 건축과 디자인 관련 학생에게, 또 실내건축가, 건축가, 디자이너가 나름의 방식으로 진행해오던 실내설계교육 및 실재작업 과정에 대한 구체적 프로세스의 제시이다.

1 02 실내건축과 설계스튜디오

실내건축에서는 건축물의 내부공간에서 이루어지는 일련의 인간행태와 공간성격이 고스란히 담겨지며, 디자이너가 어떠한 설계 과정과 결과물을 유도하느냐에 따라 공간에서 생활하는 인간의 행동과 사고 등 많은 것들이 변화하고 영향을 받는다. 물론, 건축물의 내부공간을 디자인할 때 외부로의 많은 관계를 가지고 진행하고 있으며 도시와 건축물의 외관, 기존의 공간형태는 실내건축에 있어 중요한 지침이 된다.

전반적인 건축의 범주를 이해하고자 우리 몸의 손으로 비유하자면, 건축공학은 뼈와 근육의 역할을 하고 건축학은 손등의 역할, 실내건축은 손바닥의 역할로 생각하면 그 범주에 대한 경계의 모호함을 다소 쉽게 이해할 수 있다. 뼈와 근육은 손의 기능을 유지시키며 살아 움직이게 한다. 누군가의 손의 형태를 기억한다면 대부분 손등을 기억하는데, 손등은 손의 아름다운 형태를 보여주고 변별력 있는 형상으로 정의된다. 이에 반해 손바닥은 하나의 형상으로 느껴지기보다는 사람과 접촉하고 물건을 집는 역할을 한다. 실내건축은 인간이 공간 속에서 직접 부딪히고 접촉하는 영역에 대한 디자인이며 인간을 중심으로 계획하고 마감해야 하는 중요한 역할을 가진다.

인간이 직접적으로 몸으로 느끼는 공간은 바로 실내공간이며 실내건축설계에 있어 인간에 대한 깊은 사랑과 이해는 가장 중요한 요소이다. 앞서 서술한바와 같이 실내건축은 인간을 사랑하고 공간을 아름답고 쓸모있게 디자인하는 중요한 영역이라 할 수 있다. 우리가 디자인하는 실내건축공간은 인간이 태어나서 지금까지 체험하고 생활해 온 모든 공간의 영역을 포함한다. 따라서 우리가 아침부터 밤까지 생활하는 공간이 실내건축설계의 대상이 된다. 실내건축설계스튜디오는 공간 대상에 대한 범위를 확보하여 대표적 성격의 공간을 설계하고 기능공간을 우선적으로 분류하여 정리할 수 있으며, 여기에 사회적 필요와 공간 개념으로의 접근을 통한 디자인 프로세스를 추가할 수 있다.

실내건축설계는 컨셉에서 디자인 결과물의 과정으로 설계프로세스를 12개의 단계로 나눌 수 있으며, 이 단계는 설계스튜디오 진행에 있어 중요한 과정이 되며 해당공간의 성격에 따라 단계의 큰 틀은 유지하면서 변화를 주도록 하여 디자이너에게 기본적인 설계프로세스의 이해와 기준을 제시한다.

실내건축설계스튜디오를 I, II, III으로 나누고 한 주에 두 번의 수업진행을 원칙으로 15주의 교육과정을 가지며, 각각은 2개의 기능공간으로 다시 나누어 한 학기에 두 개의 프로젝트를 수행하는 syllabus를 작성하였다. 이에 대한 대상 공간과 기본프로그램을 제시하고 각각의 프로젝트에 대한 설계조건 및 공간프로그램, 스케줄, 크리틱(critic)과 프레젠테이션 제출형식, 평가내용 등을 다루었다. 각 설계스튜디오의 내용을 세부적으로 서술하면서 해당 공간에 대한 개요 및 기본적인 설계 주안점과 디자인 범주를 해당 설계프로젝트에 필요한 이론적 실무적 고찰과 함께 기본적으로 꼭 숙지해야 할 사항들을 서술하고 학생 및 기성 디자이너의 작품을 패널, 모형의 형식과 제안서의 ppt형식으로 수록하여 디자인 컨셉에서 결과물의 도출과정과 이에 대한 사례를 통한 구체적인 이해가 가능하도록 하였다.

실내건축설계스튜디오 I은 실내건축을 처음으로 입문하는 설계프로그램으로 기본적인 인체치수와 컨셉을 이해하는 큐빅공간과 건축에서 실내건축까지 전체적인 과정을 다루면서 설계의 가장 기본이 되는 장르인 주택설계를 대상 범주로 하였다. 실내건축설계스튜디오 II는 실내건축의 영역에서 가장 흔히 접하는 상업공간을 대상으로 상점과 레스토랑으로 나누어 실내건축설계에 대한 적극적인 이해와 접근이 가능한 프로그램을 유도하고 파사드디자인 등 상업적 영역의 디자인적 접근의 차별성을 두었다. 실내건축설계스튜디오 III에서는 전시공간과 업무공간으로 대상 공간을 설정하고 업무공간 디자인에서는 실재 존재하는 중소규모의 빌딩을 선정하고 그것을 층별로 공동작품 형식으로 리모델링하는 작업 과정을 통해 디테일 작업 등 실무와 연관된 구체적인 설계가 가능한 설계프로그램을 제시하였다. 한 주 한 번의 수업을 진행할 경우, 저자가 제시하는 syllabus는 6개 학기에 나누어 다룰 수 있다. 이 밖에 진행되고 있는 프로그램은 컨셉을 통한 공간을 제시하고 그 공간의 설득력 있음을 디자인으로 표현하는 과정을 들 수 있고, 이것은 공모전과 졸업작품의 형식으로 프로그램을 제시할 수 있다.

공모전의 경우 어느 정도의 주제가 제시되어 있고 세부 방향이나 작업지시 방향 조건까지 제시되어 있어, 이런 현실적인 요건과 젊은이다운 이상적인 상상력 사이에 누가 좀 더 조화를 만들어내고 독창적인 현실화를 이뤄내느냐가 중요하다. 참가하는 사람들의 수준이 비슷하고, 건축의 가이드라인이 정해져 있고, 해결해야 할 문제가 잘 정리돼 제시돼 있기 때문에 남은 것은 좀 더 독창적인 아이디어, 좀 더 실현가능한 적용, 좀 더 대학생다운 발상의 전환, 좀 더 치열한 고민의 흔적, 완성도를 추구하는 것이 관건이며, 공간에 수용하는 개인의 독창적 시선을 잃지 않는 것이 공모전 준비를 위한 가장 중요한 자세라고 할 수 있겠다.

작업의 진행은 먼저, 각 공모전의 전반적인 흐름을 파악하고 주제를 선정하여 창의적인 계획, 설계, 연출을 통한 공간창출, 모형제작, 제안서 작성, 패널제작으로 성과물을 완성하고, 자신의 작품을 프레젠테이션 한다. 이러한 공모전 참가 및 준비과정을 통해 설계 주제에 따른 아이디어 스케치, 자신의 손에서 나오는 디자인 감각을 익히며 컴퓨터 표현을 통한 실무적 감각을 숙지할 수 있다. 또한 모형제작을 통해 지속적으로 발전되는 스터디와 마감을 통해 매스감과 내부의 볼륨감을 체득할 수 있으며, 프레젠테이션을 통한 자신의 효과적 표현능력을 기른다.

실내건축설계스튜디오 교육을 통한 기본적인 프로세스의 이해과정은 상기에 설명한 바와 같으며, 특히 최종 성과품에 대한 크리틱은 실내건축설계작업의 중요한 과정으로 작품의 창의성과 결과물 도출에 대한 충분한 논의가 가능한 기회를 제공한다. 초기의 컨셉을 잡고 토론식 수업을 통해 스튜디오 학생 상호간의 아이디어 교류와 체계적이고 정확한 컨셉 프로세스 과정을 일차적으로 거친 후, 교수와의 개인별 에스키스 작업을 거쳐 디자인안의 구체적인 발전안을 제시하며, 이때 중간 pin-up을 통하여 디자인안의 객관성을 높인다.

색채, 마감재료, 조명, 가구, 질감, 패턴 등의 시각적이고 구체적인 공간의 특별한 내용에 대한 디테일한 접근으로 실내공간의 질을 향상시키고, 이것은 휴먼스케일을 통하여 내부공간을 바라보는 실내건축설계의 본격적인 진행과정이 된다. 뿐만 아니라, 이러한 휴먼스케일을 통한 내부공간 바라보기가 확장되어 외부공간 역시 휴먼스케일로 이해하여 최근에 도시를 디자인하기 시작하였다. 즉, 인간 위주와 공간 감성 중심의 도시디자인을 위해서 실내건축설계프로세스에 대한 이해는 기초적이고 반드시 알아야 하는 선결 과정이기도 하다.

1 03 스튜디오 프로그램 구성

A. 실내건축설계스튜디오 I

설계주제 주거공간 디자인

project 1. 큐빅공간 / project 2. 주거공간

교육목표 본격적인 실내 설계에 적응력을 키우고 디자인 프로세스를 정확히 이해하고 진행하도록 한다. 개념설정과 설계의 일관성을 기능적 · 조형적으로 가능하게 하고 패널 프레젠테이션 및 모델 제작을 통해 구체적 디자인 표현방법을 익힌다. 1차 프로젝트에서는 최소 단위 큐브형태의 변형을 통해 공간 구성방식과 규모(scale)에 대한 기본적 이해를 도모한다. 2차 프로젝트에서는 주거공간 디자인을 통해 대지에 대한 이해에서부터 형태 구성방식과 기능별 공간구성, 재료 및 색채의 선택에 이르기까지 전반적인 design process를 학습한다. 이러한 일련의 과정을 통해 학생들은 자기 생각을 도면으로 정확히 표현해내는 훈련과 창의적 발상에 의한 design concept의 발전 과정을 익히게 된다.

참고자료

인테리어 디자인 스쿨, 톰리즈 탕가즈, 미진사, 2007
인테리어 데이터북, 도서출판 보원
신체척도에 의한 실내공간계획, 오영근, 도서출판 국제
실내건축 설계 1, 정낙원, 도서출판 지음
뉴 리빙 스페이스, 허범팔 외, 기문당
Illustration Perspective 2, 투시도모형제작기법, 도서출판 국제
디자인을 위한 건축제도, FRANK CHING, 명보문화사
실내디자인각론, 한국실내디자인학회, 기문당, 2009
Space Form and Architecture, Karl, 세진사
형태로부터 장소로, 정인하 외, 시공문화사
실내디자인 설계방법론, 오인욱, 기문당
환경과 공간, 정무웅 역, 태림 문화사
현대건축을 보는 12가지 눈, 스즈키 히로유키, 이집

스튜디오 진행방법

초기의 컨셉과정에서는 토론식 수업으로 진행하고 디자인안의 발전과정에서는 교수와의 개인 에스키스를 통하여 디테일한 부분까지 다룬다. 프로세스의 중간과정에서 pin-up 발표를 실시하여 스튜디오 학생 간에 충분한 커뮤니케이션이 가능하도록 한다.

크리틱

- **발표내용** : 테마(공간개념), 시나리오(needs), 공간 아이디어, 기능 해결, 요소 디자인 위주로 발표하되 컨셉의 공간 적용 과정을 명확히 한다.
- **발표순서** : list정리(반별 번갈아 배정, 호실 / 이름 / 작품명 / 평가)
- **발표방식** : 1인당 발표시간 7분, 크리틱 7분
- **발표장 준비** : 전시대 및 테이블, 좌석 배열, 발표 list, 타이머, 레이저 빔, 음료수
- **발표자 준비** : 정장차림, 발표연습 (짧은 시간에 인상적인 발표를 해야 함)
- **포트폴리오 제작** : 크리틱 후 결과물을 A4 5매 이내로 정리 / 원본파일, 출력본 제출

도면 표현

- **도면표기법 준수** : 기존 우수 도면을 참조하여 그릴 것.
- **도면 스케일** : 평면도 1 : 20, 입면도 / 천장도 1 : 30, 투상도 / 투시도 non scale
- **도면 표기사항** : 치수 및 스케일 표기, 도면명과 층수(1층 / 중층), 입면 보는 위치, 마감재료, 바닥패턴(욕실, 거실 등), 바닥레벨 표기, 계단 up/down 표기, 계단 절단선, 창문 프레임, 문 스침선, 가구 및 각종 내부 기물들의 정확한 표현; 침대, 소파, 책상, 싱크대, 변기, 욕실, 신발장, 단면부위를 선명하게 표현; 단면선을 굵은 펜으로 작성하거나 단면부위 내부를 칠함.

패널 표현

- **종이** : 저명도의 고급색지(원색지양), 2-3용지 혼합사용 가능
- **레이아웃** : 세로배열을 원칙, 경우에 따라 가로배열도 가능.
- **배접** : 우드락 위에 스프레이 본드(77)로 배접
- **내용** : 타이틀, 컨셉, 컨셉 이미지와 도시, 스케치, 컨셉 모델, 스터디 모델 등의 design process의 적극적인 표현, 평면도, 입면도, 단면도, 천장도, 모형사진, 투

시도/투상도

모형 표현

- **모형스케일** : 1 : 10으로 제작, 안을 들여다 볼 수 있는 구조(천장 / 층별 분리)
- **모형재료** : 폼보드, 하드보드지, 우드락 + 젯소, 우드락 위 색지 등 다른 재료 부착, 포맥스, 아크릴, 각종 모형목재(발사), 절제, 점토, 석고, 금속판, 가구, 조경, 사람
- **표현기법** : 컨셉이 모형에 한눈에 드러나도록 표현. 실명 및 패턴, 칼라, 재료 표현

수업 내용 및 스케줄 : 실내건축설계스튜디오 I, 주거공간 디자인

프로젝트	주차	일자	수업 진행내용	특기사항
Project 1. Cubic Space Design	1		강의 개요 및 프로젝트 주제 발표	스케일 감각 익히기
			시나리오 구성 / 공간구성 연습	
	2		아이디어 스케치 / 컨셉 도출	
			space program / zoning	
	3		디자인 컨셉 / 컨셉 모델	
			평면계획 및 입단면계획	
	4		스터디 모형 / 디자인안 발전	
			도면 작성 / 컨셉 적용 안 제시	구체적 컨셉의 적용
	5		요소결정(컬러/재료/가구/조명/패턴)	
			최종 표현(패널 및 모형제작)	
	6		작품 제출	presentation / critic
			포트폴리오 제작	
Project 2. Housing	7		강의 개요 및 프로젝트 주제 발표	
			사례조사 및 도면읽기	
	8		대지선정 및 분석	법규의 이해
			client research / 시나리오 작성	
	9		아이디어 스케치 / 컨셉 도출	
			space program / zoning	
	10		디자인 컨셉 / 컨셉 모델	
			배치 및 평면계획	
	11		스터디 모델 / 평면 및 입단면계획-1	
			스터디 모델 / 평면 및 입단면계획-2	
	12		천장계획 및 가구 배치계획	
			도면작성 / 컨셉 적용 안 제시	
	13		재료 및 색채 디자인	
			Detail 및 투시도작업	
	14		패널 레이아웃 및 모형계획	
			최종 표현(패널 및 모형제작)	
	15		작품 제출	presentation / critic
			포트폴리오 제작	

실내건축설계스튜디오 I personal schedule

프로젝트	주차	일자	수업 진행내용	특기사항
Project 1. Cubic Space Design	1			
	2			
	3			
	4			
	5			
	6			
Project 2. Housing	7			
	8			
	9			
	10			
	11			
	12			
	13			
	14			
	15			

B. 실내건축설계스튜디오 II

설계주제 상업공간 디자인

project 1. 상점(Retail Shop) / project 2. 레스토랑

교육목표 실내설계에 있어 주된 영역을 차지하는 상업공간에 대한 계획수법을 학습하고, 그 대표적 유형인 상점공간과 식음공간을 대상으로 실제적인 실습과 응용을 통해 상업공간디자인 능력을 키우게 된다. 상업공간디자인의 기초와 그 의미를 배우며, 이를 위한 컨셉의 구상, 디자인, 모형제작 및 프레젠테이션 패널 작성을 통해 일련의 디자인 과정을 훈련하게 된다. 상점공간 실내건축디자인(1인 1작), 식음공간 실내건축디자인(2인 1작)으로 진행한다. 중간고사는 1차 크리틱을, 기말고사는 2차 크리틱을 반영하며 결과물에 대한 포트폴리오로 마무리한다.

실내디자인에 있어 상업공간에 대한 설계는 가장 자주 직면하게 되는 실제적 프로젝트이다. 실내건축설계스튜디오 I 에서 건축과 인테리어를 함께 다루었다면 실내건축설계스튜디오 II 에서는 인테리어 설계에 대한 구체적인 프로세서와 실재적 작업을 배우는 매우 중요한 단계이다. 컨셉을 설정하고 그것을 공간화하는 것을 중심으로 실무에서 반드시 필요한 것들을 깊이 있게 다루어 공간에 대한 사고의 정립을 확고히 한다. 컨셉 모델과 공간 모델 작업을 위주로 하여 부수고 만지면서 공간을 느끼고 표현하는 능력을 키우는 데 본 수업의 목적이 있다.

- project 1. **상점** : 팔고자 하는 물품에 대한 이해, 상점 위치의 대한 타당성, 파사드디자인, 바닥, 벽, 천장디자인으로 나누어 기초적 접근을 실시한다.
- project 2. **레스토랑** : 주변에서 늘 보는 한식당, 양식당, 일식당 등을 디자인, 동선체계, 자리배치, 공간의 기능성, 이미지의 제고 등에 중점을 주되 모두가 앉고 싶어 하는 공간을 만든다. 필요 유틸리티에 대한 학습도 실시한다.

key point
컨셉이 무엇인지 모두 말할 수 있게 한다.
컨셉을 공간에 표현할 수 있게 한다.
인테리어 도면을 충분히 그리고 완성한다.

참고자료

인테리어 디자인 스쿨, 톰리즈 탕가즈, 미진사, 2007
인테리어 데이터북, 도서출판 보원
실내설계 1 – 상업공간, 도서출판 지음, 정낙원 외 저
디자인을 위한 건축제도, 명보문화사, FRANK CHING
실내디자인각론, 한국실내디자인학회, 기문당, 2009
실내건축계획론, 오인욱, 기문당
상업공간 인테리어 디자인, 안옥희 외, 신정, 2005
인테리어 디자인 실무이론, 한국실내디자인학회, 교문사
숍인테리어 3, 상업공간 인테리어 시리즈2, 주택문화사, 2001
Domus/INTERNI/Mondadori/월간 플러스/월간 인테리어/월간 인테르나데코
그 외 상업공간 작품집

▷ Retail(Road) Shop 프레젠테이션 체크리스트

도면 표현

- **평면도** : 1층 평면도 1/50, 2층 평면도 1/50, 가구배치, 바닥패턴, 실명, 재료표기, 도면기호 등을 명확히 표현할 것.
- 입면도 3면 이상 scale 1/50, 1/30, 외부 입면도(파사드), 단면도 1면
- 아이소메트릭 / 실내투시도 2컷(max나 수작업 모두 가능)
- **천장도** scale 1/50(조명의 배치와 천장의 형태)

패널 표현

- **패널사이즈** : 900mm×1200mm 보드 1장
- 패널의 작업은 전체적으로 CG를 활용하고 부분적으로 수작업(투시도, 스케치)도 가능
- 패널의 모든 도면은 CAD 작업을 기본
- 수작업 투시도를 패널에 삽입할 경우는 반드시 컬러링(마커, 색연필)을 하여 스캔작업하고 수작업에 의한 도면을 패널에 삽일할 때는 스캔하여 포토샵이나 일러스트레이션으로 패널을 완성

모형 표현

- **모형스케일** : scale 1/30, 안을 들여다 볼 수 있는 구조
- 파사드디자인 표현(간판 포함)
- **모형재료** : 폼보드, 하드보드지, 우드락 + 젯소, 우드락 위 색지 등 다른 재료 부착, 포맥스, 아크릴, 각종 모형목재(발사), 절제, 점토, 석고, 금속판, 가구, 조경, 사람
- **표현기법** : 컨셉이 모형에 한눈에 드러나도록 표현. 자신의 개념과 컬러 표현은 임의로 재료 선정. 최대한 상업공간의 디스플레이나 재료, 디테일 등이 표현

도면 표현

- **평면도** : 1층 평면도 1/100, 2층 평면도 1/100 가구배치, 바닥 패턴, 실명, 재료표기, 도면기호 등을 명확히 표현할 것.
- 입면도 3면 이상 scale 1/50, 1/30, 단면도 1면
- 아이소메트릭 / 실내투시도 2컷(max나 수작업 모두 가능)
- 천장도 scale 1/50(조명의 배치와 천장의 형태)

패널 표현

- **패널 사이즈** : 900mm×1800mm 보드 1장
- 패널 전체를 CG 그래픽 작업으로 진행(포토샵, 일러스트레이션, 3D-max)
- 패널의 모든 도면 CAD 작업, 투시도 3D-max 작업(수작업 불가)

모형 표현

- **모형스케일** : scale 1/50, 안을 들여다 볼 수 있는 구조
- 파사드디자인 표현(간판 포함)
- **모형재료** : 폼보드, 하드보드지, 우드락 + 젯소, 우드락 위 색지 등 다른 재료 부착, 포맥스, 아크릴, 각종 모형목재(발사), 절제, 점토, 석고, 금속판, 가구, 조경, 사람
- **표현기법** : 컨셉이 모형에 한눈에 드러나도록 표현. 자신의 개념과 컬러 표현은 임의로 재료 선정. 최대한 상업 공간의 디스플레이나 재료, 디테일 등이 표현

수업 내용 및 스케줄 : 실내건축설계스튜디오 II, 상업공간 디자인

프로젝트	주차	일자	수업 진행내용	특기사항
Project 1. Retail Shop	1		강의 개요 및 프로젝트 주제 발표	컨셉과 디자인
			사례조사 및 각론조사	
	2		브랜드 선정 및 분석	
			대상 공간 선정 및 대지현황 분석 / marketing	
	3		아이디어 스케치 / 컨셉 도출	
			space program/zoning	
	4		디자인 컨셉 / 컨셉 모델	
			평면계획 및 입단면계획	
	5		스터디 모델 / 파사드디자인	
			스터디 모델 / 상품 디스플레이	
	6		도면작성 / 컨셉 적용 안 제시	
			요소결정(재료/색채/조명/가구/패턴)	색채재료보드 제작
	7		DETAIL 및 투시도 작업 / 패널 레이아웃	
			최종표현(패널/모형제작)	
	8		작품 제출 / critic	presentation
			포트폴리오 제작	
Project 2. Restaurant	9		프로젝트 주제 발표, 팀 구성	
			사례조사 및 각론조사	
	10		레스토랑 결정 및 공간 분석	
			대상 공간 선정 및 대지현황 분석 / marketing	
	11		아이디어 스케치 / 컨셉 도출	
			space program/zoning	
	12		디자인 컨셉 / 컨셉 모델	
			스터디 모델 / 평면계획 및 입단면계획	
	13		스터디 모델 / 도면작성	
			요소결정(재료/색채/조명/가구/패턴)/Detail	색채재료보드 제작
	14		3D투시도 / 컨셉 적용 안 제시 / 패널 레이아웃	
			최종표현(패널/모형제작)	
	15		작품 제출 / critic	presentation
			포트폴리오 제작	

실내건축설계스튜디오 II personal schedule

프로젝트	주차	일자	수업 진행내용	특기사항
Project 1. Retail Shop	1			
	2			
	3			
	4			
	5			
	6			
	7			
	8			
Project 2. Restaurant	9			
	10			
	11			
	12			
	13			
	14			
	15			

C. 실내건축설계스튜디오 III

설계주제 전시 및 업무공간 디자인

project 1. 전시공간

project 2. 오피스 혹은 클리닉 리모델링

교육목표 1차 프로젝트에서는 전시공간 프로젝트를 통하여 새로운 기능의 전시시설을 프로그램화하고, 창의적인 공간 개념에 의한 실내 · 외 디자인을 제안한다. 2차 프로젝트에서는 기존 건축물의 상황을 이해하고 리모델링 개념으로 건물 전체를 층별로 나누어 하나의 주제와 층별 주제의 연결성을 고려하여 전 층 오피스 혹은 클리닉 기능으로 작업한다. 실무적 사항의 적용을 포함하여 구체적인 공간디자인을 계획하고 현실적인 프로젝트의 진행을 수반한다. 실내설계 심화과정으로 전시공간과 업무공간을 계획 디자인한다. 전시공간은 1인1작, 업무공간은 2인1작으로 공동작업한다.

참고자료

미술관박물관이란 무엇인가, DANIELE GIRAUDY, 김혜경 역, 화산문화, 1996

문화시설공연전시시설, 편집부, 건축세계, 2003

INTERIOR ARCHITECTURE 3(업무공간), 산업도서출판공사, 2001

THE CREATIVE OFFICE, JEREMY MYERSON, 한영호 역, 형설출판사, 2001

건축설계자료집성(업무 · 상업편) 일본건축학회 저, 산업도서출판공사, 2005

월간 플러스, 월간 인테리어, Maru...등 국내전문잡지

el croquis(이탈리아), detail(독일), blue print(영국), frame(네덜란드), Technique & Architecture(프랑스), Box(이탈리아), MD-Moebel interior design(독일), Interni(이탈리아)... 등 외국전문잡지

공모전 작품집, 대학 졸업작품집

▷ 전시공간 체크리스트

- 전시대상물은 친숙하고 평소에 학생들 개인이 관심 있어 하는 분야에서 찾도록 유도
- 전시대상의 선정보다는 그 전시대상물을 어떻게 재미있고 흥미롭게 보여줄 수 있는 가에 대한 아이디어 제시

- 전시 시나리오에 대한 접근이 반드시 필요하다. 개념 설정과 동시에 전시대상과 전시 연출방법 등에 대한 내용을 A3 1~2장 분량으로 정리
- 과제 시작 시점에서 전시공간 답사를 기획, 혹은 학생들이 답사 과제 리포트를 제출
- 전시공간 프로젝트 진행 시 매스를 잡지 말고 곧바로 전시연출계획을 진행하고 스토리 위주의 공간연출 제시
- 불가피하게 뮤지엄이나 카페테리아가 계획에 들어갈 경우는 도면상에서만 나타내고 전시공간 위주로 패널을 구성하도록 유도

▷ 업무공간 체크리스트

- 스튜디오별 공동작품으로 진행. 따라서 각 스튜디오별로 건축물 선정시 유사한 규모의 건축물을 선정
- 종종 바닥 슬래브의 경우도 구조를 바꾸지 않는 범위에서 변형 허용하여 리모델링
- 일반적인 업무공간만을 생각하여 가구와 파티션만을 배치하고 디자인을 종료하지 않도록 함.
- 코어부분 디자인은 외관의 변화에 영향을 주므로 외관 디자인의 적극적인 검토와 해결안 제시가 필요
- 균일 조도가 필요한 공간에서의 기능별 조명의 종류와 조명 밝기와 개수에 따른 간격, 스프링클러 개수 산정과 위치 선정, 감지기의 종류와 개수 산정 및 위치 선정, 시스템 에어컨과 점검구의 위치 등 보다 실무적인 부분에 대한 집중적인 스터디도 필요
- WORKSTATION, NURSE STATION 등 작업환경의 기본단위를 충실히 지켜 디자인 접근

수업 내용 및 스케줄 : 실내건축설계스튜디오 III, 전시/업무공간 디자인

프로젝트	주차	일자	수업 진행내용	특기사항
Project 1. Exhibition Space	1		강의 개요 및 프로젝트 주제 발표	컨셉과 디자인
			사례조사 및 각론조사	
	2		전시 콘텐츠의 결정 / 이해	
			대상 공간 선정 및 분석 / 전시주제	
	3		전시 시나리오 작성 / 컨셉 도출	
			전시 레이아웃 스케치 / space program	
	4		디자인 컨셉 / 컨셉 모델	
			평면계획 및 입단면계획	
	5		스터디 모델 / 전시 레이아웃 및 천장계획	
			스터디 모델 / 전시 디스플레이 세부계획	
	6		도면작성 / 컨셉 적용 안 제시	
			요소결정(재료/색채/조명/가구/패턴)	색채재료보드 제작
	7		detail 및 3D 투시도 / 패널 레이아웃	
			최종표현(패널/모형제작)	
	8		작품 제출 / critic	presentation
			포트폴리오 제작	
Project 2. Office/ Clinic	9		프로젝트 주제 발표 및 팀 구성	
			사례조사 및 각론조사	
	10		대상건물 선정 및 분석 / 도면읽기	
			전체공간주제 결정 / 층별 공간성격 결정	
	11		아이디어 스케치 / 컨셉 도출	
			space program / zoning	
	12		디자인 컨셉 / 컨셉 모델 / 외관 디자인	
			스터디 모델 / 평면계획 및 입단면계획	
	13		스터디 모델 / 가구레이아웃 및 천장계획	
			요소결정(재료/색채/조명/패턴)	색채재료보드 제작
	14		3D투시도 / 컨셉 적용 안 제시 / 패널 레이아웃	
			최종표현(패널/모형제작)	
	15		작품 제출 / critic	presentation
			포트폴리오 제작	

실내건축설계스튜디오 III personal schedule

프로젝트	주차	일자	수업 진행내용	특기사항
Project 1. Exhibition Space	1			
	2			
	3			
	4			
	5			
	6			
	7			
	8			
Project 2. Office/ Clinic	9			
	10			
	11			
	12			
	13			
	14			
	15			

INTERIOR ARCHITECTURAL DESIGN STUDIO – DAILY SCHEDULE

월: 2 3 4 5 6 7 8 9 10 11 12 13 14 15 16 17 18 19 20 21 22 23 24 25 26 27 28 29 30 31

월: 1 2 3 4 5 6 7 8 9 10 11 12 13 14 15 16 17 18 19 20 21 22 23 24 25 26 27 28 29 30

월: 1 2 3 4 5 6 7 8 9 10 11 12 13 14 15 16 17 18 19 20 21 22 23 24 25 26 27 28 29 30 31

월: 1 2 3 4 5 6 7 8 9 10 11 12 13 14

일정	1st Project 시작														
컨셉 조닝 동선															
도면															
패널															
모형															
공모전															
전시															

2 FROM CONCEPT to RESULT

공간을 디자인하는 작업은 눈에 보이지 않는 디자이너의 개념을 가시화시키는 작업이다. 공간에 담고자 하는 생각을 발전시켜 가는 일련의 개연적 과정은 초기단계에서 파악된 객관적 상황에 대한 분석을 시작으로 생각의 뼈대를 세우면서 시작된다. 기본적 방향이 설정되면 구체적 공간을 조형해 가는 방법론(물리적, 상징적)으로 작용되어질 수 있는 컨셉이 구체화되어지고, 컨셉은 실제 공간에서 체험되어질 공간내용(기능, 감성)을 공간의 각 부분과 부분을 유기적으로 통합해 가면서 강한 중심성을 드러내며, 담고자 하는 내용을 극대화시킨다.

객관적 상황 ⇨ 공간 조형 ⇨ 공간 체험

2 01 상황 설정

상황 설정이란, 특정한 공간계획을 위한 대상을 구체적으로 설정해서 앞으로 진행하게 될 공간계획의 바탕과 근거로 작용되어지는 중요한 단계이다.

학부과정에서 진행되어지는 프로젝트에서의 상황 설정은 보통 가상의 클라이언트를 설정해 나가는 작업으로, 계획대지나 공간의 물리적 상황을 조사 분석하고 클라이언트의 구체적이고 개인적인 성향과 요구까지 도출해 내는 과정이다. 상황 설정은 공간계획의 전 과정에서 생각의 뼈대를 설정하고 피드백하는 근거로 작용하므로 아주 중요한 작업이고, 인간의 삶의 다양한 형태에 대한 진정성을 가지고 진행할 때 설득력을 가질 수 있음을 잊지 말아야 한다. 이 과정은 졸업 후 실무에서 실제 클라이언트의 성향과 요구를 바탕으로 대상 공간의 물리적, 상징적 상황을 분석하는 과정에 필요한 능력을 함양하는 데 중요하게 작용한다.

A. 휴머니즘

계획의 첫 단계는 주어진 설계조건을 해석하고 프로그래밍하기 위한 기본조건 도출의 바탕이 되는 가상의 클라이언트를 설정하여 시나리오를 구성하는 작업이다.

시나리오 설정은 향후에 계획될 공간의 모든 기본적 방향의 근거로 작용하여, 최종 결과가 도출되기까지 모든 작업단계의 피드백을 위한 중요한 단서가 된다. 상황 설정은 공간의 물리적 조건에 대한 설정은 물론이고, 공간을 기획하는 주체와 공간을 사용하는 주체의 구체적 특징과 개인적 취향 및 요구사항까지 설정되어져야 하고, 이는 설계작업의 피드백 시 충분한 기본바탕의 역할을 할 수 있다.

상황 설정 시 가장 고려해야 할 부분은 인간에 대한 충분한 이해이다. 공간을 계획하는 작업은 인간의 삶의 가장 바탕이 되는 추상적 형태를 창조하는 작업이므로 이를 간과하게 되면 체험 주체자에게 공간적 만족감을 줄 수 없다. 각 인간의 유형에 따라 다양하게 펼쳐지는 삶의 형태와 기질 및 기호에 대한 설정이 휴머니즘(humanism)에서 발로된 인간의 삶에 대한 깊은 이해와 애정 없이 설정된다면, 인간의 삶에 진실로 필요한 공간이 아닌 공간적 의미를 상실한 3차원 볼륨의 추상에 그치게 될 가능성이 높다. 다시 말해 인테리어 디자이너가 삶의 진정성이 중요한 contents(의미, 내용)로 담겨질 공간을 계획하기 위해서는 인간에 대한 이해와 사랑이라는 마인드를 잃지 말아야 할 것이며, 시대와 예술에 대한 관심과 다방면의 다양한 경험은 디자이너의 정신적 층위의 두께를 두껍게 해줄 것이다.

B. 메타포와 디자인

디자인 과정에서 창의적인 사고를 전개하는 데 필요한 유추적 사고는 광범위하게 사용되는 연상 프로세스의 중요한 형태이며, 이러한 유추적 사용이 새로운 추상적 개념을 학습하고 이전의 지식을 확장하여 적용하는 데 도움이 된다는 사실이다. 또한 유추적 사고는 언어적 표상과 시각적 표상을 통하여 친숙한 유추대상으로부터 목표로 하는 전이대상으로 연결시켜 주기 때문에 디자인 발상과 전개에 활용가치가 크다고 할 수 있다. 그런데 개인에 따라 이러한 유추적 사고의 진행은 차이가 있으며, 그에 따른 디자인 해결안도 다르게 표현된다.[1)]

---

1) 최은희 · 최은아, 〈유추적 사고에 의한 디자인 문제 해결의 유형〉, 한국실내디자인학회 논문집, 2007.04 p.63

유추적 사고를 이해하는 데 있어서 예술의 영역에서 범용되어지는 메타포의 개념을 정의해 보겠다. 메타포는 '옮기다', 또는 '전이하다.'라는 뜻을 가진 그리스 동사 'metophorein'으로부터 유래된다. 메타포란, 하나의 의미영역에서 다른 의미로 전이시킬 때 상상력이 동원되는 것을 의미한다. 기억 속의 것과 현재의 것 간의 연결과 같은 하나의 다리이며, 서로 다른 영역 사이에서 같은 것을 이식시키는 것으로서 인간이 어떤 대상에 대한 인지과정을 할 때, 일련의 관계들의 이해를 돕기 위해 그와 비슷한 자신의 기억을 통해 그 관계성을 찾아 대상을 파악하는 것을 말한다.[2] 메타포는 '의미의 전이 – 기억과 연결 – 새로운 의미의 창조'의 세 단계로 반복된다. 이러한 메타포야 말로 창의적 유추를 가능하게 하는 기본 핵심이라고 할 수 있다.

우리가 상황을 설정할 때 개인마다 각각 다른 일상에서 가지고 있는 메타포적 상황이 전이가 될 대상으로서 구체적이고 독특하게 설정된다면, 다음 단계의 컨셉 도출과정에서 무의식의 메타포를 찾고 그 메타포가 가지고 있는 의미를 찾는다면 의미를 개념화하는 논리적인 작업이 훨씬 수월해진다는 점을 인식해야 한다. 상황을 설정할 때 메타포적인 자신의 무의식 속에 있는 기억을 하나의 메타포적 의식 안에서 풀어갈 수 있는 개연성 있는 상황 설정은 다음 단계의 새로운 의미창조의 첩경이 될 것이다.

C. 상황분석과 문제점 파악

설정된 상황은 물리적 조건과 정신적 조건, 사회적 조건으로 분류될 수 있다. 물리적 조건은 공간의 규모나 기본 볼륨의 형태, 창호의 위치, 방위, 기후, 지형 등의 자연조건 등이고, 정신적 조건은 사용자의 취미, 기호, 가치관, 독특한 라이프스타일과 생활패턴 등 주관적 측면이며, 사회적 조건은 사용자 구성원의 규모나 형태, 직업수준, 경제적 수준, 인종, 성별 등으로 분류된다.

시나리오 작성 시 이러한 디테일한 삶의 형태를 설정해야 하는데, 계획의 첫 단계로 수립된 기본 비전에 집중하여 삶의 형태가 설정된다면 자신의 기억과 무의식 속에 떠도는 강한 '메타포'로의 자연스런 전이과정이 발생될 것이다.

이러한 상황을 분석해 보면, 각 상황이 가지고 있는 물리적 · 정식적 특징과 문제점이 도출된다. 모든 디자인에서 현황분석에 의한 문제점 도출은 다음 단계인 계획의 기본방향 수립, 즉 해결방안을 모색하는 데 기본 근거로서 작용한다.

---

2) 김억 외 1명, 〈Body Metaphor: 유비쿼터스 기술과 환경〉, 2008, p.80

2 02 컨셉 도출

A. 컨셉의 개념

도출된 설계조건을 바탕으로 이를 해석하고 프로그래밍하여 컨셉을 도출하는 과정이다. 이 단계는 기본적인 인간의 행태가 복합화된 3차원적 공간 안에서 인물의 추상적 특질이 공간적으로 구체화될 수 있는 설계방향과 개념적 관점을 도출하는 과정이라 할 수 있다. 시나리오 작업을 통해 도출되는 설계조건은 크게 공간기능이 구현되는 물리적 조건과 거주인의 정신적 요구가 표현되는 추상적 조건으로 분류되는데, 이러한 조건들의 수용과정을 통해서 각 클라이언트의 아이덴티티를 표현할 수 있는 방향의 컨셉이 도출되도록 해야 한다.

개념이란 용어는 매우 막연하고, 추상적인 의미에서 세부적이고 구체적인 의미까지 폭넓게 사용되고 있다. 일반적으로 디자인에 있어서 개념은 "여러 요소들을 하나의 총체로 통합시켜주는 아이디어"[3]라 정의할 수 있으며, 관념(notion), 사고(thought), 관찰(observation) 등을 의미한다.

설계 과정에서 개념은 주제와 내용을 구성하는 사고 차원의 주제개념과 설계형태를 위한 형태적 개념으로 구분할 수 있다. 설계 과정에서 디자이너들이 진행 단계별로 선택 가능한 개념의 수는 여러 개가 있으며, 이들 중에서 적용할 개념들을 선택하는 것에 대하여 어려움을 겪게 된다. 이런 어려움을 해소하기 위해서는 개념들을 위계적으로 파악하는 것이 무엇보다 중요하다. 다른 개념들을 내부에 포함하고 있는 경우도 있고, 또 다른 개념의 지배를 받는 경우도 있다. 상위 수준에 있는 쟁점들은 하위 수준에서 만들어지는 개념의 배경을 형성한다. 개념의 이러한 위계적 특성들은 공간디자인의 모든 측면에 도입된다.[4]

B. 컨셉 프로세스

컨셉은 새로운 공간에 담겨질 디자이너 개인의 의미 창조의 과정으로서 일련의 기본적인 과정을 가진다. 먼저 상황분석을 통한 기본적 문제해결 방안을 설정해야 한다. 객관적으로 같은 상황일지라도 이를 해석하고 의미를 전이하는 주체인 디자이너에 따라 계획의 기본 방향이 달라진다. 이러한 단계를 비전 설정의 단계라 한다. 비전 설정의 단계에서 가장 중요한

---

3) 제임스 C. 스나이더, 안토니 J 케터니스 편, 윤일주 외 9인 공역, 〈건축학 개론(Introduction To Architecture)〉, 기문당, 1983, p.223

4) Edward T. White 저, 조철희 역, 〈건축개념과 형태(A Vocabulary of Architectural Forms)〉, spacetime, 2002, p.20

것은 앞서 언급했던 휴머니즘의 관점에 대한 고려이다. 공간을 사용하게 될 인간에 대한 기본적 이해와 사랑은 디자이너가 자칫 개인적 만족이나 취향에서 도출되어질 수 있는 비전 설정의 단계에서 피드백 할 수 있는 가장 중요한 바탕으로 작용함을 알 수 있다.

이렇게 기본적인 프레임이 설정되면 다음 단계는 메타포 해석의 단계로 들어간다. 기본적으로 설정된 비전은 기억과 무의식 속에 산만하게 늘어져 있는 상황을 하나의 강한 메타포와 만나게 해주는 안내자의 역할을 하면서, 설계의 전 과정에서 거치게 되는 모든 피드백의 가장 기본적인 근거로 작용한다. 이 과정은 메타포 탐색의 과정이라 할 수 있다. 비전을 도구로 하여 무의식 속의 메타포를 더듬어 디자이너 자신의 메타로가 독특하게 의미하는 강한 감성과 의미가 무엇인지를 도출해내게 되는 이 새로운 의미 도출을 우리는 컨셉의 도출이라 한다.

이러한 컨셉 도출의 프로세스를 이해한다면, 앞서 언급했던 유추적 사고개념인 '메타포'가 컨셉에서 어떻게 작용되며, 어떤 무의식 속의 길잡이 역할을 하는지 이해할 수 있다.

상황분석 ⇨ 문제점 도출 ⇨ 비전 설정 ⇨ 메타포 탐색 ⇨ 컨셉 도출

C. 콘텐츠의 이해(기능, 형태적 아이덴티티)

컨셉은 실제로 구현되지 않은 공간을 현실화하는 데 있어서 가장 중요한 개념적 도구로 작용한다. 다시 말해서 컨셉은 실제 공간에서 구현되어질 공간이 가지고 있는 콘텐츠를 실제화하는 도구로 작용한다.

공간의 contents(내용)란 무엇인가. 일반적으로 콘텐츠는 내용이나 의미라는 뜻으로 사용된다. 내용은 건축에서 중요한 문제로, 건물의 기능을 설명하는 특별한 의미를 전달한다. 따라서 디자인은 사회의 실질적인 요구를 만족시켜야 하고 건물을 사용할 사용자의 포부도 전달해야 한다. 더욱이 건축형태가 평면 · 입면 · 장식을 통해 내용을 담는 도구가 될 때 형태는 의식적이든 무의식적이든 연상에 의해 상징성을 띠게 된다(예를 들면, 교회에서 전형적으로 나타나는 첨탑).

그렇다면 공간이 담아야 할 가장 중요한 콘텐츠는 휴머니즘의 관점에서 인간이 공간에서 필요로 하는 내용이라 할 수 있다. 다시 말해 기능과 형태적 아이티티라 할 수 있을 것이다. 컨셉이 기능하여 설정된 상황에 가장 필요한 기능과 형태를 도출할 것이고, 그러한 내용은 인간이 그 공간에 정주하며 몸과 마음으로 의미화하게 된다.

2 03 프로그램과 기능

사전적 프로그램의 정의는 진행계획이나 순서. '계획', '계획표', '차례', '차례표'의 의미이고, 컴퓨터 분야에서의 정의는 '어떤 문제를 해결하기 위하여 그 처리방법과 순서를 기술하여 컴퓨터에 주어지는 일련의 명령문 집합체'라고 정의된다.

A. 디자인 프로그램의 개념

건축이나 디자인 분야에서 통용되어지는 프로그램의 의미는 주어진 문제점과 관련된 배경 내용과 시설들의 분석 · 평가 · 목표 · 결론 등을 포함하는 문자나 그래픽으로 기록된 서류형식을 취하며, 이는 명확하고 조직적인 방법으로 사용자와 디자이너 사이의 의사소통 내용을 담고 있다. 프로그램은 디자인 기간 동안 디자이너가 가져야 할 기본적인 목표와 목적들을 정립한다.

프로그램이란 환경을 만들고, 계획하고, 주어진 환경을 디자인하는 데 필요한 주요한 단계들을 설정하는 전반적인 과정 중의 한 부분이다. 디자인이 프로그램 사양에 의해 문제를 풀거나 종합하는 작업으로 생각되어지는 데 비해, 프로그래밍은 문제점을 분석하고 검사하는 선행작업으로 생각될 수 있다. 분석한다는 것은 상관성을 찾기 위해 문제의 요소들을 자세하게 조사한다는 뜻이고, 종합한다는 것은 디자인의 해결방안을 발전시키기 위해 완벽하고 의미 있는 통합체로 모든 요소들을 끌어넣는 것을 뜻한다. 프로그램은 건축이 나아갈 방향과 범위를 제시한다.

B. 프로그램과 인간행태

건축공간에서 프로그램의 과정을 이해하는 데 있어서 유의할 사항은 프로그램이 단순한 기능의 목록 나열과 요구조건의 나열이 되어서는 안 된다는 것이다. 주어진 객관적 목록을 바탕으로 하여, 그 목록을 수용할 기능과 기능 간의 관계성, 즉 이러한 기능의 재설정(관계성)을 통해 독특한 행태의 양식을 담게 되고, 공간의 외적인 형태도 특유의 identity를 표출하게 된다. 이를 통해 사용자는 공간이 가지는 물리적 기능과 함께 독특한 관계성에 의해 체험되는 새로운 공간적 의미를 체험하게 됨을 잊지 말아야 한다.

루이스 칸은 그의 저서 〈Louis I. Khan, 학생들과의 대화〉에서 "프로그래밍은 어떤 것을 행하기에 적합한 공간의 본성을 깨닫는 것이다... 건축가는 전문가로서의 모든 관계, 다시 말해 시설의 관계와 당신에게 일을 맡긴 사람과의 관계를 어떻게 처리하는지를 배워야 한다... 건축가는 전문가로서 건축주의 프로그램을 건물이 봉사하게 될 시설의 공간을 위한 프로그램으로 번역해야 할 의무가 있다."[5]라고 말했다.

위의 글에서 확인할 수 있듯이, 그가 말하는 프로그램이란 건축주에게서 주어진 프로그램을 인간의 행위에 바탕을 둔 프로그램으로 바꾸는 것이며, 이렇게 변화된 프로그램에 의해 생겨난 공간은 그 본성에 입각한 인간의 행위로 채워진다. 이러한 이유로 프로그램은 단순히 건축주나 상황으로부터 주어지는 객관적인 물리적, 기능적 요구조건의 기계적 목록이 아니라 인간의 행위와 이들이 모여서 만든 시설의 의미를 담게 된다. 다시 말해 현대적 의미의 프로그램은 시설적 기능과 내용의 의미의 집합체라는 유기적 전체를 의미하고 있음을 알 수 있다. 여기서 말하는 시설이란, 각각의 항목에 대한 목록의 나열이 아니라 목록이 지칭하는 행위의 집합체, 즉 기능을 의미한다.

공간을 계획할 때 기능의 효과적인 프로그래밍에 있어서의 주안점은 메타포를 가장 잘 담을 수 있는 공간영역이 어느 곳인지에 집중해야 한다. 이러한 과정이 잘 수행되면 메타포를 의미로 전이하는 과정에서 기능과 기능 간의 독특한 관계해석이 이루어지며, 이는 자연히 디자이너의 정신적 색채가 잘 드러난 형태로 구현되는 결과를 가져오며, 사용자 입장에서는 공간에서 컨셉의 체험이 가장 폭발적으로 이루어지는 결과를 이끌어낼 수 있다.

2 04 형태와 디자인

공간의 형태를 조형한다는 것은 공간 안에서 인간의 행태를 어떻게 디자인할 것이며, 이에 따른 체험이 무엇인가에 대한 문제라고 할 수 있다. 공간 조형은 타 분야의 예술이나 디자인에서 이루어지는 mass나 2차원적 평면조형과 전혀 다른 문제이다. 이는 공간 내의 볼륨들의 관계성을 만들어내기 위한 작업이다. 즉, '비워진 공간 안에서 인간이 어떻게 정주할 것이냐', 다시 말해 '인간이 어떤 행태를 행할 것이며, 그럼으로써 획득되는 contents는 무엇인지'에 대한 문제라고 할 수 있다. 이는 곧 조형된 공간과 최종적으로 그 안에서 인간이 느끼는 identity와의 관계에 대한 물음으로 귀결된다고 볼 수 있다.

---

5) Louis I. Khan, 〈학생들과의 대화〉, MGH Architecture Books, 2001, p.24

A. 형태와 아이덴티티

예술로서의 건축은 건축물의 기능적인 요구를 만족시키는 것 이상의 더 큰 무엇이 있다. 기본적으로는 건축의 물리적 표현이 인간행위를 충족시키는 것이지만, 어떤 의미에서는 형태와 공간요소들을 배열하고 구성하는 것이 더 중요하다. 왜냐하면 어떻게 건축의 대답을 끌어내며 의미를 전달하는가 하는 것은 결국 형태와 공간이 결정하기 때문이다.

디자이너는 자신의 정신세계 안에서 다양한 아이덴티티를 표현할 수 있는 특권과 함께 동시에 이를 반드시 이루어야 할 의무를 지닌다. 형태의 자유란 자신의 가능성 영역을 확장하기 위해 기존의 한계를 박차고 나오는 것을 말한다. 형태는 공간의 결정요소이며 공간과 상호작용을 한다. 형태에 자유를 줌으로써 공간은 자유를 찾게 되며 공간의 자유를 얻게 된다는 것은, 곧 공간을 소유하고 그 속에 존재하는 인간의 자유를 의미한다. 이를 사용자 입장에서 해석한다면 자신만의 공간 속에서 정주의 개념으로 이해되어질 수 있다.

B. Space Result / Space Identity의 체험

형태로써 그릇이 존재하지만 정작 그릇을 쓸모 있게 하는 것은 그릇의 안이다. 그릇과 빈 공간 사이의 관계처럼 공간도 비워진 무가 아닌 채워진 것과 비워진 것이 교묘하게 결합한 예술이다. 잘 비우는 동시에 잘 채우는 일이 중요하다. 이처럼 그릇공간이 존재하기 위해서는 그릇이라는 형태가 존재해야 하듯이 형태와 공간은 직접적인 상호관계가 있다. 공간은 형태 없이 지각할 수 없고 반대로 공간은 형태를 지각하는 데 필요한 간격을 만들어낸다.[6)]

이러한 간격들이 형성해내는 sequence의 체험을 통해 사용자 주체의 공간적 의미 획득, 다시 말해 건축의 의미가 체험되어진다.

건축공간에서 sequence는 공간배열방식에 의해 이루어지고 공간배열이 만든 질서에 의해 시퀀스가 이루어지며, 일정한 구조를 이루는 공간은 평면에서 하나의 패턴으로 나타난다. 공간 시퀀스는 공간패턴에 의해 결정되며, 공간패턴은 일정한 체계로 나타나며 공간패턴의 구성방식에 의해 결정된다. 모든 병렬적 질서는 공간적이며 모든 전후의 질서는 시간적이다. 인간 행위에 근거한 공간적, 시간적 구조는 공간을 시퀀스의 관점에서 영역, 경계를 구획하는 방식을 이해해야 한다.

공간의 패턴이 이루어 내는 물리적 특질을 체험의 관점에서 해석하면, 인간의 행태패턴이라고 이해할 수 있다. 인간이 시간의 간격을 두고 연속된 3차원적 볼륨의 내용을 어떻게 의

6) Jurgen Joediske, 〈건축의 공간과 형태〉, 시공문화사, 1999, p.13

미화 했는지에 따라서 시퀀스의 해석이 달라지게 된다. 같은 사용자가 같은 공간을 체험한다 할지라도 이는 그 사람의 심리상태, 하루 중의 시간, 환경변화, 기후 등에 따라 체험자에게 획득되는 의미는 달라지게 된다. 따라서 패턴이 가지는 일반화라는 의미는 그 안에서 시시각각 관계성의 큰 틀 안에서 융통성의 의미를 지닌다. 시퀀스라는 시간적 · 유기적 큰 흐름 속에서 사용자는 체험의 무한한 자유를 획득하게 된다.

3 WORK PROCESS

3 01 Space & Topic

공간의 영역별 유형분류는 그 성격에 따라 크게 주거공간, 상업공간(retail shop, restaurant, hotel 등), 업무공간, 전시공간, 교육공간, 문화공간, 특수시설(항공기, 선박 등)로 나뉜다.

실무경험이 전무한 학생의 입장에서는 각 프로젝트를 진행하기에 앞서 각 영역별 공간의 기본적 성격(목적, 기능), 이에 따른 합리적 조닝 및 동선체계, 소요 가구의 종류와 치수, 색채, 채광계획 및 조명계획 등의 기본적 각론사항을 미리 정리해야 하며, 기존 사례연구를 통하여 직·간접적인 공간경험을 접한 후 계획을 진행해야 한다.

3 02 Case Study

사례 조사는 각 공간영역별로 기존 공간의 사례를 분석하고, 그 공간이 가지고 있는 contents를 도출해 나가는 과정이다. 사례연구 스터디는 공간구성과 표현의 방법론 등의 이론이 어떻게 구현되는지를 실제 공간 안에서 확인하고 느낄 수 있기 때문에 실무경험이 부족한 학생들의 입장에서는 각 영역을 이해하는 데 많은 도움이 되어 반드시 필요한 과정이다.

해당 용도의 공간을 규모, 세부용도, 사이트 특성, 컨셉 등 다양한 관점으로 유형화하여 사례를 수집하고 분석하는 것은 각 영역의 특성에 대한 공간적 이해와 함께, 건축의 기본요소에 대한 해석능력을 함양하는 데 도움을 줄 수 있다.

현대 사회에서 건축은 인간의 정신적 요구를 담아내고 선도하는 예술로서 큰 위상을 가지고 있다. 그러나 공간을 평가하고 계획하는 방법론은 정량적으로 정리할 수 없는 추상적인 영역에 많이 치우쳐 있으므로, 사례연구 과정에서 공간을 분석하기 위해서는 초기에 정리하고 숙지되었던 각 영역별 공간계획 각론과 건축공간구성 분야의 이론적 지식을 분석의 이론적 · 체계적 도구로 사용할 수 있다. 실무현장에서 직접 일하고 있는 프로 디자이너는 물론 건축을 전공하는 학생이라면, 항상 공간을 분석하는 지침이 되는 건축공간 이론과 시대에 따라 특정한 스타일과 요구사항이 변하는 각 영역의 공간유형에 관심을 가지고 대처해야 한다.

3 03 Site Analysis & Client Research

대지(site)를 분석한다는 것은 대지계획에 필요한 대지조건을 분석함을 말한다. 즉, 대지의 물리적 현상 및 규모, 지표면, 수리, 지질, 기상, 경관 등의 자연조건과 인근 대지 및 주변의 상황, 법 규제 따위의 사회적 조건을 분석하는 일이다.

대지분석 체크리스트

- 대지경계성 위치, 경사도, 도로, 설비입지, 주변시설물, 나무, 연못, 하천, 기타 자연조건의 파악
- 대지를 중심으로 하는 태양의 이동, 조망방향, 여름과 겨울의 상풍방향, 소음 및 오염원 방향, 기타 대지의 이력사항
- 대지 주변의 생활편의시설의 파악(학교, 시장, 우체국, 파출소, 은행, 병원, 공장 등)
- 각종 법규적 내용 파악
- 현장 방문 및 주변 관찰, 주민 인터뷰, 사진촬영, 문헌조사 등
- 지적도, 도시계획확인원, 항측도(등고선도) 등의 분석

사이트의 분석과 함께 동시에 진행할 작업은 공간계획의 기본적 바탕이 될 시나리오를 작성하는 과정이다. 설정된 상황은 물리적 조건과 정신적 조건, 사회적 조건으로 분류되어질 수 있다. 물리적 조건은 공간의 규모나 기본 볼륨의 형태, 창호의 위치, 방위, 기후, 지형 등의 자연조건 등이고, 정신적 조건은 사용자의 취미, 기호, 가치관, 독특한 라이프스타일과 생활패턴 등 주관적 측면이며, 사회적 조건은 사용자 구성원의 규모나 형태, 직업수준, 경제적 수준, 인종, 성별 등으로 분류된다.

이러한 물리적, 정신적, 사회적 조건에 따라 해결해야 할 구체적 문제점이 도출되기도 하고, 삶에서 추구하는 기본적 가치와 요구가 달라지고 구체적이고 개인적인 공간에서의 행태가 추론되어질 수 있으므로, 구체적이고 개연성 있는 상황 설정과 분석은 최종적으로 대상공간의 공간감을 풍부하게 하고, 객관적 요구조건에 타당한 아주 설득력 있는 결과물을 만드는 데 기초가 되는 중요한 과정이다.

3 04 Design Concept

다음 단계는 도출된 설계조건을 바탕으로 이를 해석하고 프로그래밍하여 컨셉을 도출하는 과정이다. 이 단계는 기본적인 인간의 행태가 복합화된 3차원적 공간 안에서 인물의 추상적 특질이 공간적으로 구체화될 수 있는 설계방향과 개념적 관점을 도출하는 과정이라 할 수 있다. 시나리오 작업을 통해 도출되는 설계조건은 크게 공간기능이 구현되는 물리적 조건과 거주인의 정신적 요구가 표현되는 추상적 조건으로 분류되어지는데, 이러한 조건들의 수용과정을 통해서 각 클라이언트의 아이덴티티를 표현할 수 있는 방향의 컨셉이 도출되도록 해야 한다.

3 05 Space Program (Function & Zoning)

1차적으로는 건물의 기능을 직접적으로 보여줄 수 있는 필요 공간들에 대한 다양한 데이터와 요구 공간들 간의 관계들을 살펴보면서, 전체적으로 어떤 문제와 가능성들을 가지고 있는지 정리하는 과정이라고 볼 수 있다.

예를 들어, 주택에서 안방과 건넌방, 기타의 방들과 거실, 식당, 부엌, 그리고 화장실, 그 밖에 많은 필요 공간들의 요구 면적과 상호관계, 위치관계, 입구에서부터의 전개 등등 다양한 검토를 통해 어느 만큼의 볼륨이 어떻게 놓이게 될 것인지 그 면적과 관계를 설정하는 과정을 말한다.

이 단계에서 중요한 것은 프로그래밍이라는 단계가 소요공간의 면적산출이나 영역의 나열에 그쳐서는 안 된다는 것이다. 각각의 요구되어지는 행태를 담을 공간을 구현하기 위해서는 각 행태와 행태의 관계성, 행태와 영역의 관계성, 영역과 행태의 관계성을 비전-메타포-컨셉라는 통합된 관점에서 유기적인 집합체(관계의 집합체)로 구성되어질 수 있는 개념적 플롯과 도구를 도출해야 한다는 것이다.

기본적 계획조건의 분류

- 외부적 요소(건축적 요소, 설비적 요소)
- 내부적 요소(사용자의 요구와 생활, 의뢰인의 요구사항)
- 기본개념의 설정(제한요소의 설정, 극복요소의 설정)

3 06 Idea Sketch & Concept Model

디자인 프로세스 초기 단계에서 아이디어 스케치는 창의적인 아이디어 발상의 핵심을 이루고 있는 중요한 단계이다. 이러한 초기 단계에서 발생되는 아이디어와 그 아이디어의 표현은 최종적인 디자인의 결과에 결정적인 영향을 미치는 요소가 된다.

아이디어 스케치는 디자인 프로세스에서 나오게 된 추상적 아이디어를 구체적인 형태로 변환하기 위한 기술이다. 아이디어 스케치의 가장 큰 목적은 디자인 프로세스에서 나온 계획의 비전을 만족시키기 위해 디자이너 자신의 사고에서 발상된 이미지를 구체적으로 표현하는 것이다. 디자인 컨셉을 구체화하는 방향에서 창의력을 최대한 발휘하고, 적절한 표현으로 시각화하여 다른 사람에게 그 의도와 의미를 설명하는 데 의의가 있다고 하겠다.

아이디어 스케치는 평면상으로 행해지는 과정인데 이러한 아이디어 스케치를 통한 이미지 키워드 추출이 가능해지면, 이를 공간적으로 재확인하고 더욱 구체화시키는 컨셉 모델 제작을 진행해야 한다.

예를 들면, 일탈이라는 컨셉을 공간 안에 표현하기 위한 첫 단계로서 일탈이라는 개념의 본질인 현실과의 단절이라는 내용을 공간적으로 표현하기 위한 방법으로 지하공간을 설정하고, 이러한 컨셉을 담기 위한 기능으로 지하로 향하는 희망적 통로를 설정하여 컨셉이 폭발하는 중심공간으로 담을 수 있다. 이러한 감성의 단초가 되는 뼈대공간을 평면적으로 스케치하고 컨셉 모델로 제작하여, 공간적 가능성을 예측하고 발전시킬 수 있는 시발점의 역할을 하는 것이다. 다시 말해 아이디어 스케치와 컨셉 모델 제작과정은 디자이너의 머릿속에 산재되어 있는 개념과 공간적 감성을 프레임하는 과정으로 구체적인 디자인의 시작이라고 볼 수 있다.

아이디어 스케치와 컨셉 모델 단계에서 가장 중요한 점은 컨셉과 프로그램을 바탕으로 자신의 머릿속에 이미지화되어 있는 공간적, 조형적 아이디어의 키워드를 추출해 내는 일이다. 이는 아이디어 스케치나 컨셉 모델을 제작하는 과정에서 더욱 분명해지며 아이디어의 형태 표현의 가능성을 예측할 수 있고, 조형범위를 한계 지으며 수정할 수도 있는 시각화가 가능해진다는 점에서 가치가 있는 작업이다. 디자인에서 이러한 과정은 다음 단계의 실제적인 공간계획의 단계로 진입하는 데 첩경이 되기도 하며, 꼭 필요한 단계임을 잊지 말아야 한다.

3 07 Space Plan, Elevation & Section

프로그램과 컨셉을 기본으로 아이디어 스케치와 컨셉 모델을 통한 아이디어의 시각화가 이루어졌다면, 이를 바탕으로 실제적인 공간을 구현하기 위한 공간계획단계를 진행하게 된다.

실무에서는 이 단계를 실행의 단계라 하는데, 초기 단계에서 진행된 프로그램작업은 공간의 기능적 컨셉을 표현하는 데 중요한 가이드 역할을 할 수 있다. 평면계획은 소요실의 적정 규모와 영역 설정 그리고 각 실의 흐름을 결정하는 동선으로 전체공간의 관계성을 결정하여 전체영역 간의 큰 틀을 결정하는 일이 가장 우선이다.

초기에 도출된 프로그램과 컨셉은 아이디어 스케치나 컨셉 모델 제작 과정에서 어떤 공간의 기능에 담겨질 것인가의 대략적인 계획이 결정되기 때문에 이전의 과정에서 진행된 사항들 염두에 두고 공간화시키는 데 집중해야 한다. 자칫 각 영역들의 일반적인 각론이나 일반적 유형에 치중하다 보면 자신의 컨셉이나 프로그램적 관계성을 망각하고 identity가 없는 공간이 도출될 가능성이 있기 때문이다. 따라서 이전 과정에서 도출된 특징적인 프로그램적 관계성과 컨셉의 기본 생각을 바탕으로 수시로 피드백을 하면서 초기의 상황부터 최종적 결과물까지 개연성 있는 공간을 도출하는 데 집중해야 한다.

실제적인 공간을 계획함에 있어 특별히 주의할 점은 공간이 3차원적 구조로 형성된 조형이라는 것을 잊지 말아야 한다. 따라서 공간을 계획할 때 평면과 함께 입면, 단면의 총체적인 흐름과 유기적 관계성을 염두에 두고 진행해야 하며, 자칫 평면적인 단편으로 각각의 부분들을 계획하게 되면 실제 공간을 체험하는 사용자는 정신적으로 산만함을 느끼게 될 것이며, 디자이너가 표현하고자 하는 컨셉의 적용 또한 효과적이지 못한 결과를 초래하게 될 것이다.

다시 한 번 이 과정의 주안점을 요약하면, 초기에 도출된 프로그램과 컨셉을 항상 염두에 두면서 평면, 입면, 단면이 통합된 3차원적인 계획안에서 contents를 담도록 집중해야 디자이너 자신이 초기에 의도했던 결과물이 도출된다는 것이다.

3 08 Study Model

공간적 아이디어를 구현하고 발전시키는 과정 중에서 피드백할 수 있는 가장 확실하고 중요한 방법은 스터디 모델을 통해서 공간감을 확인하는 일이다.

초기에 도출된 프로그램이나 컨셉적 개념이 실제적으로 공간화 되는 과정은 반드시 지속적인 피드백 과정을 거칠 필요가 있다. 이를 위한 방법으로서는 아이디어 스케치나 간단한 드로잉 등을 통하여 자신의 손에서 나오는 디자인 감각을 익히는 방법이 우선적이며, 이러한 과정을 통해서 어느 정도 컨셉이 담길 중심공간의 형태가 도출되면 입체적인 모형제작을 통해 지속적으로 발전되는 공간 스터디가 가능해진다.

스터디 모델을 통한 피드백 과정은 외부의 매스감과 내부의 볼륨감 사이의 관계성을 공간감으로 체득할 수 있어서, 공간적 경험이 부족한 학생들에게는 아주 좋은 공간연구의 방법이 될 수 있다.

3 09 Lighting & Ceiling Plan

조명과 천장계획은 빛을 매개로 공간을 디자인하는 과정이다. 이 과정은 우선 조명을 중심으로 실내계획의 내용을 파악해야 하는데, 이는 전체 계획의 의도 및 공간의 성격을 조명계획에 반영시켜야 하기 때문이다. 적정조도 기준에 의거하여 전체 실 내부공간의 적정조도를 생각해야 하고 실내에서의 행위와 가구배치를 중심으로 공간을 분석하여 조명의 영역을 조닝한다. 이때 전체조명, 국부조명, 장식조명이 균형 있게 조화되도록 한다.

조명은 우선적으로 목적과 공간의 성격, 용도에 적합한 기능과 분위기를 갖는 빛환경을 형성해야 한다. 이 단계는 빛을 매개로 한 광원, 배광방식, 조명기구, 조명방식 등을 계획의 수단으로 먼저 계획대상의 공간을 분석하고 그 효과를 예상하여 진행해야 한다. 조명기구의 형태와 조명효과를 계획할 때, 실내 전체를 구성하는 다른 요소들이 형성하는 공간감과의 관계성 고려한다면 컨셉이 담겨지는 데 큰 역할을 할 수 있다.

예를 들면, 투명한 바닥재에 매입된 조명의 효과는 일상의 공간과는 전혀 다른 공간감을 조성하여, 때로는 흥미나 적절한 긴장감을 유발하기도 하고 지나치면 공포를 유발하는 공간감을 부여하기도 한다. 이는 디자이너가 담고자 하는 컨셉의 중요한 디테일적 도구로서 빛환경이 얼마나 커다란 영향력을 발휘하는지를 단적으로 보여주는 예이다. 일상에서 계획되는 것과 다른 광원, 배광방식, 조명기구, 조명방식이 구체적인 공간 디테일 요소로 계획될 때, 다른 공간요소가 줄 수 있는 공간적 감성보다 훨씬 더 큰 영향력을 발휘할 수 있다. 이는 빛과 색이라는 선험적 존재에 대한 강력한 경험은 인간에게 감성적 깊이와 차이에 있어서 절대적인 효과를 발휘하기 때문이라고 예측할 수 있다.

천장계획은 인공조명의 배치와 디자인으로 표현될 수도 있지만, 천장면 자체의 형태변형이나 천창 등을 계획하여 공간 전체의 볼륨이나 영역감에 효과적인 변화를 줄 수 있음을 기억하고 공간을 계획해야 한다.

이 과정에서도 역시 프로그램과 컨셉은 피드백을 위한 지침이 된다. 공간의 목적과 디자인 의도를 잊지 말고 효율성과 함께 강한 identity가 부여되는 공간도출에 집중해야 한다.

3 10 Color, Material & Furniture Plan

색채는 공간의 건축요소 중 가장 빠르고 강력한 시각적 전달효과를 가지며, 인간이 환경을 지각하는 데 있어 가장 중요한 인자 중의 하나로 작용하고 있다. 색의 사용은 장식적인 심미성 이외에도 육체적, 정신적 활동에 영향을 미친다. 실내디자인에 있어 색채계획은 분위기를 결정하는 요소의 하나로 디자인을 마무리해주는 작업이다. 색에 대한 기호는 나이, 성별, 문화, 직업 등에 따라 다르므로 공간 사용자의 기호를 고려하여 배색과 조화를 꾀하여 개성적이고 쾌적한 실내공간이 되도록 해야 한다.

색채계획은 공간의 용도와 크기의 고려와 함께 조명계획, 재료계획을 고려한다. 색의 면적배분, 색의 감정효과와 재료가 가진 색의 제한성, 실의 채광 정도, 조명방법 등을 종합적으로 고려하고 적절한 균형 있는 색채계획이 되어야 한다. 인간 주변환경의 색채계획은 미적인 측면만이 아니라 기능적 행태와도 관련이 깊다. 일정 장소의 색채 선택을 위해서는 미적인 측면 이외에도 장소의 기능 혹은 성격을 함께 고려해야 한다. 색이 인간행태에 미치는 영향은 색의 세 가지 속성, 즉 색상 · 명도 · 채도의 정도와 지각되는 색의 배경, 색을 비추는 빛의 질, 행위의 종류, 개인의 나이, 성, 성격 문화적 배경 등에 의하여 좌우된다.

공간에서의 색채지각은 마감재료를 통해서 이루어지기 때문에 색채와 재료의 계획은 동시적으로 이루어져야 한다. 재료는 각기 고유한 색채, 재질감(texture), 물리적 · 화학적 특성을 갖고 있다. 이러한 실내환경에서의 재질감의 적용은 환경지각 · 인지적 측면에서 표면에서 느끼는 감촉으로 거칠음과 매끈함, 따뜻함과 차가움, 광택의 유무, 투명도의 고저 등을 인간의 오감에 다양하게 전달시킨다. 예를 들어, 까칠하고 따뜻한 것은 친근성, 소박성, 편안함 등을 주나 매끈하고 차가운 것은 지성적이고 엄숙한 느낌을 준다. 그리고 재료의 물리적 · 외부적 특성은 열, 물, 소리, 먼지 등 화학적 요인에 의해 지료가 반응하는 정도로 내열성, 단열성, 내수성, 방음성, 강도, 탄력성, 방오성 등으로 표시되어 인간의 감각에 전달된다.

재료계획은 마감을 포함한 재료의 사용과 선택의 과정이며 재료가 가진 물리적 특성, 색, 질감, 패턴, 가공성, 유지관리, 안전성 등을 종합하여 고려하고 재료의 사용목적, 실의 용도, 성격, 사용자의 특성과 기호에 부합되고 목적하는 최대한의 분위기가 연출되도록 한다. 실내재료계획은 여러 가지 실내디자인의 요소가 요구되는 특징과 성격을 마감재료와 비교대조하여 궁극적으로 조화된 결과를 가져오도록 한다. 그리하여 항상 부분은 전체와 전체는 부분과 조화를 이루도록 하면서 진행해야 한다.

각 계획과정에서 컨셉과 관련한 컬러와 재료의 전체적 관계성과 감성을 효과적으로 시각화하기 위해서 재료보드(material board)를 제작한다. 공간의 각 부분에 실제로 계획된 재료를 바탕이 되는 주조색과 포인트나 개념의 초점이 되는 강조색, 그리고 주조색과 강조색의 간격을 메워주고 공간을 자연스럽게 흐르도록 유도하는 보조색 부분으로 나누고, 각 부에 실제로 계획된 마감재료의 구체적 물성의 관계를 예측하여 마감재의 조각이나 일부분을 조합하여 보드를 제작한다. 이 과정에서 보드는 마감재 조각으로 이루어지는 평면구성의 비례감을 잘 조율해 하나의 2차원적 시각디자인의 관점에서 디자인해야 한다.

3 11 Drawings & 3D Modeling

아이디어 스케치, 스터디 모델, 드로잉 등을 통한 모든 공간의 구성요소가 통합적으로 계획되어지면, 컴퓨터 작업을 통한 3D차원으로 공간을 드로잉해야 한다. 이러한 과정은 최종적인 공간 마무리의 과정으로서, 공간을 구성하는 모든 건축요소를 종합하는 과정을 통해 통합적인 피드백 작업이 이루어진다는 데 의미가 있다.

컴퓨터를 통한 표현은 현대 디자인의 모든 실무 분야에서 중요시되는 과정이다. 컴퓨터적 표현은 실제적 공간과 가장 근사하게 공간이 표현될 수 있기 때문에 설계자와 수용자 간에 가장 빠르고 정확한 커뮤니케이션이 이루어지는 표현방법이라는 점에서 더욱 더욱 중요시되며, 기술적으로도 빠른 속도로 눈부신 발전을 이루어가고 있다.

3 12 Model & Presentation

진행해 온 프로젝트의 최종 마무리는 평가단계이다. 평가는 각 작품의 프레젠테이션 과정을 통해서 실시되는데, 학부과정 학생들 작품의 일반적인 평가과정에서는 입체적 모델 제작과 패널, 제안서 제작이 가장 일반적인 프레젠테이션의 도구가 된다.

이러한 프레젠테이션의 과정은 실무현장에서도 시행되는 과정으로서, 학생작품에서는 이 과정을 통하여 평가가 진행되지만 실무에서는 이 과정을 통하여 실제적 공간구축을 가능케 하는 계약의 공사계약의 여부가 결정되는 중요한 과정이다. 따라서 학부과정에서 학년별로 달라지는 각 영역별 프로젝트의 마지막 단계에서 행해지는 프레젠테이션 과정은 졸업 후 실무활동을 하면서 클라이언트에게 자신이 디자인한 공간을 최대한 효과적으로 표현하여, 경제적 수익창출을 이룰 수 있는 중요한 능력을 훈련하는 중요한 단계이니만큼 프레젠테이션 전에 반드시 발표원고를 준비하여 리허설을 반복한 후 최종 프레젠테이션에 임할 수 있도록 해야 한다.

이러한 프레젠테이션 과정의 의의는 각자가 작품을 통해 표현한 개념에 따른 공간을 최대한 효과적으로 표현능력을 기를 수 있고, 거시적인 관점에서는 사회현상의 심도 있는 탐구와 관찰을 통해 발견한 문제점과 새로운 대안을 건축적 마인드로 개념화하고 공간으로 치환해보는 과정을 거치면서 학생들에게 새로운 삶의 방식을 제안해 주는 공간디자이너라는 전문인다운 소양을 넓혀갈 수 있는 준비과정이 된다는 데 큰 의미가 있다.

내부가 외부를 변화시킨다

Ⅱ

실내건축설계 스튜디오

1 CUBIC SPACE

1 01 Space Introduction

A. Cubic Space Design 개요

큐브공간 작업은 실내건축을 전공하는 학생들이 처음 접하는 설계 project이다. 3.3m×3.3m×3.3m라는 제한된 물리적 조건 안에서 인체 척도를 기초로 한 단위공간의 이해를 우선으로 하고, 공간에 내재된 건축적 요소들을 발견하고 치환하는 작업과 그 중요성을 이해하여 자신이 설정한 프로그램 및 개념의 이해로부터 입체적인 실제 거주공간을 배열하는 작업을 통한 구축성의 탐구를 목표로 한다. 기술적 측면에서는 건축을 전공하는 학생이 도면을 이해하는 첫 단계로, 복합적 행위의 흐름을 가진 공간적인 맥락을 이해하여 공간분석, 설계과정 방법론, 디자인의 표현능력 등을 학습하도록 하여 최종적으로는 디자인 프로세스의 방법론과 커뮤니케이션 할 수 있는 기술 등 디자인의 일반적인 능력의 배양을 위한 첫걸음이라 할 수 있다.

계획의 첫 단계는 주어진 설계조건을 해석하고 프로그래밍하기 위한 기본조건 도출의 바탕이 되는 가상의 클라이언트를 설정하여 시나리오를 구성하는 작업이다. 3.3m×3.3m×3.3m 큐브공간 안에서 중층의 공간 floor와 계단의 구성이 주어진 물리적 조건이며, 공간 점유형태는 1인 거주를 기본으로 하고 1인 주거, 작업실, 특정 용도의 취미실(거주를 겸한 아틀리에, 작가의 작업실, 음악가 연습실 등)을 기본으로 한다. 공간의 기능적 점유 외에도 각 거주인의 심리적, 정서적 요구가 효과적으로 수용된 공간을 표현하기 위해서는 시나리오 작업 시 거주인의 개인적 성향과 요구를 구체적으로 계획하는 것이 다음 단계의 컨셉 도출과정의 구성요소로 작용하고, 전체 작업의 단계에 개연성을 부여할 수 있다.

다음 단계는 도출된 설계조건을 바탕으로 이를 해석하고 프로그래밍하여 컨셉을 도출하는 과정이다. 이 단계는 기본적인 인간의 행태가 복합화된 3차원적 공간 안에서 인물의 추상적 특질이 공간적으로 구체화될 수 있는 설계방향과 개념적 관점을 도출하는 과정이라 할 수 있다. 시나리오 작업을 통해 도출되는 설계조건은 크게 공간기능이 구현되는 물리적 조건과 거주인의 정신적 요구가 표현되는 추상적 조건으로 분류되는데, 이러한 조건들의 수용과정을 통해서 각 클라이언트의 아이덴티티를 표현할 수 있는 방향의 컨셉이 도출되도록 해야 한다.

다음 단계는 도출된 컨셉을 바탕으로 실제 공간을 계획하는 것이다. 기능적 프로그램과 추상적 프로그램을 바탕으로 평면과 천장, 입면을 연계적으로 계획하여 3차원의 볼륨을 인간의 행위분석을 기반으로 구조화하고 복합화하는 작업을 진행한다. 세부계획의 과정은 도면과 함께 스터디 모델을 통해 3차원적으로 시각화하고, 이러한 과정의 진행을 통해 층고, 폭, 계단, 난간, 가구, 창호 등 휴먼스케일과 연관된 기본치수를 이해하며 설계에 적용하는 능력을 습득할 수 있다. 또한 기본적 구조 및 설비, 채광, 환기에 대한 이해를 바탕으로 자신이 설정한 사용자의 요구조건을 만족시키는 공간을 창조하도록 한다.

B. 설계 주안점

(1) 상황 설정

- 거주자의 라이프스타일 및 예측이 가능한 직업이나 용도를 설정함으로써 공간 내에서 점유되어지는 구체적 행태에 대한 스토리를 구성할 수 있다.
- 거주자의 라이프 사이클이나 성격, 직업 등의 조건은 구체적이며 전체적으로 일관된 흐름으로 설정하여, 상황에 대한 분석과 수용을 통해 드러나는 아이덴티티가 공간의 성격으로 자연스럽게 유도되도록 한다.
- 상황의 전개방향은 되도록 최소화하되 구체적으로 구성하여, 최종 공간 구현 시에 의도된 물리적, 추상적 개념이 분명하게 드러나도록 한다.

(2) 컨셉 도출

- 시나리오 작업을 통해 도출되는 설계조건을 크게 공간기능이 구현되는 물리적 조건과 거주인의 정신적 요구가 표현되는 추상적 조건으로 분류하여, 두 가지 범주가 통합된 공간체험을 통해 개념이 더욱 분명해질 수 있도록 구상한다.
- 강렬한 개념 표현을 위해서는 시나리오에 설정된 가장 중요한 라이프스타일의 행태가 공간의 형태로 치환되는 것이 폭발적 컨셉을 표현하는 좋은 방법이다.

- 거주를 통해 향후 발전적 비전을 제시할 수 있는 방향을 먼저 설정하고, 다음 단계로 이러한 비전을 실현시킬 수 있는 도구로 작용되어질 구체적이고 분명한 컨셉을 도출한다.

(3) 기능적 프로그램 설정

- 최소한의 거주를 위한 주방이나 욕실계획 시 필요한 비품이나 가구, 행동반경의 최소치수를 반드시 확인하고 계획한다.
- 시나리오에서 계획된 라이프스타일과 라이프 사이클의 분석을 통해 zoning과 circulation을 구성하여 독특하고 구체적인 공간구성을 통해 컨셉이 효과적으로 드러날 수 있도록 계획한다.
- 불가피하게 발생되는 dead space에 대한 탐구와 해석을 통해 기능적인 면이나 형태적인 면에서 독창적인 공간을 구성할 수 있도록 한다.
- 입면디자인과 내부의 인공조명디자인을 통해 양질의 채광을 제공할 수 있도록 계획한다.
- 정확한 중층의 개념을 이해하여 중층을 통해 공간의 밀도를 높이고 독창적 공간체험을 가능하게 한다. 이때 공간에 대한 명쾌한 이해를 위해 충분한 단면 스터디가 필요하다.

(4) 형태적 표현

- 효과적인 재료와 패턴의 감성적, 인지적 사용으로 개념을 풍부하게 표현한다.
- 가구의 디자인은 거주자의 성격과 공간 컨셉을 고려하여 전체 공간의 볼륨이나 평면형태, 입면디자인과 유기적으로 결합되도록 한다.
- 채광을 위한 창, 중층으로 이동을 위한 계단, 바닥, 벽, 천장디자인의 구체적이고 유기적인 통합을 통하여 컨셉의 형태적 표현과 전달이 극대화되도록 한다.

1 02 Excercise Information

A. 목표

작은 규모의 공간 내에 1인(혹은 2인)이 생활할 수 있는 최소한의 공간디자인을 한다. 각자 테마와 시나리오를 설정하고 이에 부합하는 창의적인 공간계획을 한다.

B. 설계조건

- 대지 : 없음(필요에 따라 특수 환경 설정을 하는 것은 가능)
- 크기 : 3.3m×3.3m×3.3m(안목치수 기준)
- 용도 : 거주, 취미, 작업 등의 목적을 가진 최소한의 개인공간
  '도심공원의 소규모 명상공간', '개인 아틀리에', 'SOHO족을 위한 원룸' '개인 취미실', '단기여행(체류)자를 위한 Overnight Inn', '소규모 영화관'
- 소요실 : 기능적인 소요공간의 설정과 조닝은 임의로 선정
- 형태 : 정육면체의 큐브의 형태를 최대한 유지하되 이유 있는 변형은 부분 허용
- 중층개념의 공간으로 구성
- 실내건축 공간요소 : 자연채광을 위한 창, 중층으로 이동을 위한 계단, 바닥, 벽, 천장
- dead space를 최소화
- 스케일 감각 : 계단, 문, 창, 가구 등에 충분히 고려

C. 세부 진행 스케줄

프로젝트	주차	일자	수업 진행내용	특기사항
Cubic Space Design	1		강의 개요 및 프로젝트 주제 발표	스케일 감각 익히기
			시나리오 구성 / 공간구성 연습	
	2		아이디어 스케치 / 컨셉 도출	
			space program / zoning	
	3		디자인 컨셉 / 컨셉 모델	
			평면계획 및 입단면계획	
	4		스터디 모형 / 디자인안 발전	
			도면 작성 / 컨셉 적용 안 제시	구체적 컨셉의 적용
	5		요소결정(컬러/재료/가구/조명/패턴)	
			최종표현(패널 및 모형제작)	
	6		작품 제출	presentation
			포트폴리오 제작	

D. 제출형식

- **최종 패널 규격** : 600mm×900mm 1매
- **최종 모형 규격** : 축척 1/10
- 모형 재료(폼보드 및 각종 모형 재료 사용)
- 패널은 전체를 수작업으로 표현
- 패널에는 타이틀, 컨셉, 다이어그램, 개념 스케치, 평면도, 내부전개도, 천장도, 투상도를 반드시 포함시켜 배열(모형사진은 선택).
- 평면도와 모형에는 가구와 기본적인 재료패턴까지 표현한다(스케일에 유의할 것).
- 도면에 컬러링 표현을 권장(마커 사용, 색연필 지양).
- **포트폴리오** : 작품의 전체 내용을 A4 포트폴리오로 재편집하여 제출
- **파일 제출** : 포트폴리오, 모형, 도면, 개념, 스케치, 디자인 진행과정 등을 하나의 폴더로 정리

E. 평가내용

- 각자 설정한 테마에 따른 창의적인 공간구성이 이루어졌는가.
- 기본적인 치수와 스케일이 정확하게 반영되었는가.
- 모든 제출도면이 정확하게 표현되었는가.
- 패널 배열이 잘 되었는가. 모형의 완성도가 좋은가.
- 작품 마감시간 내에 제출하고 프레젠테이션을 잘 준비하였는가.

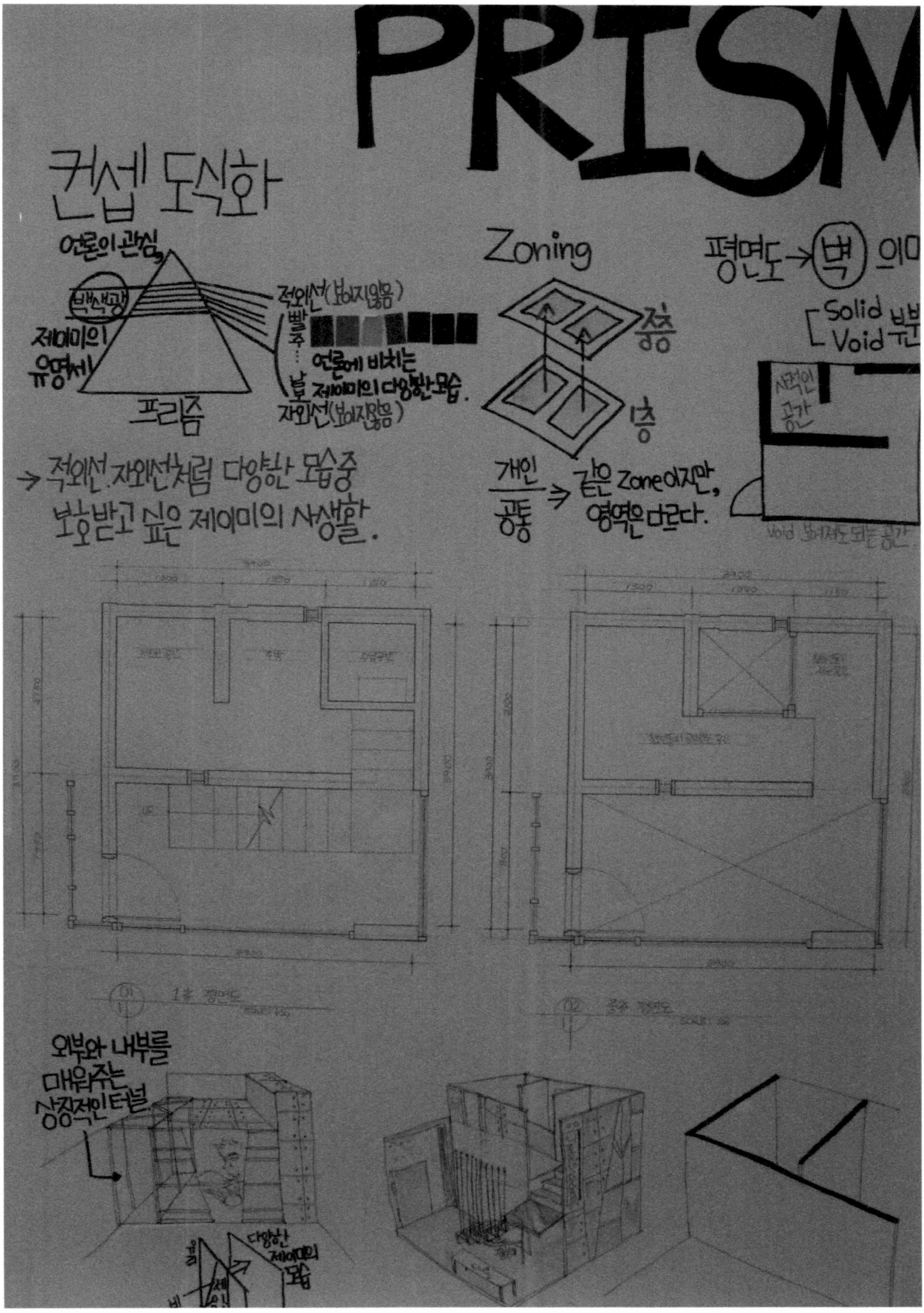
PRISM
컨셉 도식화
언론의 관심,
백색광
제이미의 유명세
프리즘
적외선(보이지않음)
빨
주
언론에 비치는 제이미의 다양한 모습.
보
자외선(보이지않음)
→ 적외선.자외선처럼 다양한 모습중 보호받고 싶은 제이미의 사생활.
Zoning
2층
1층
개인
공동
→ 같은 Zone이지만, 영역은 다르다.
평면도 → 벽
Solid
Void
사적인 공간
외부와 내부를 매워주는 상징적인 터널
다양한 제이미의 모습

1 03 Design Criteria

A. 3.3m×3.3m×3.3m의 이해

큐빅디자인은 제한된 공간영역에서 최대한 공간을 활용하고 기본적인 인체 치수와 사용자에 대한 공간 시나리오, 기능에 따른 문, 창문, 가구 등의 건축요소를 공간에 담아내는 것이다.

이러한 큐빅디자인에서 3.3m×3.3m×3.3m 공간 규모의 이해는 가장 선결되어야 할 문제이며 공간 속에 각각의 요소를 적정한 사이즈와 배치를 통해 3차원적 공간을 계획하는 과정이다. 육면체의 각각의 면을 디자인하고 하나의 통일된 형태로 만들어내는 조형적인 연습과정을 포함한다.

이상의 작업을 위해 우리는 3.3m×3.3m×3.3m라는 제한된 공간을 실제로 교실에서 금을 그어가며 인지해 보고 충분한 공간감을 실제적으로 이해해야 한다. 가능하다면 청테이프 등을 활용하여 바닥과 벽, 천장에 라인을 긋고, 그 속에서 생활해보면서 공간을 계획하는 것은 초보자로서 가장 훌륭한 접근방법이다. 공간을 설정하고 규모를 정확히 이해하고 그 속에 인간을 넣어보는 과정을 반드시 가지며, 이것은 실제적인 디자인을 위한 중요한 연습과정이 될 것이다.

큐빅디자인은 정육면체의 공간으로서 내부 6면과 외부 5면을 도면에 표현해야 한다. 외부에서 내부로 유입되는 자연채광, 출입문을 통한 내부와 외부의 연계, 인간 스케일을 충분히 고려한 가구배치와 계단, 공간구획과 활용이 전체적으로 또 부분적으로 변형되어 작업해야 한다. 공간 활용에 대한 다양한 아이디어와 시나리오를 근거로 한 구체적인 컨셉의 선정과 표현이 있다면 제약된 공간을 충분이 이용할 수 있다.

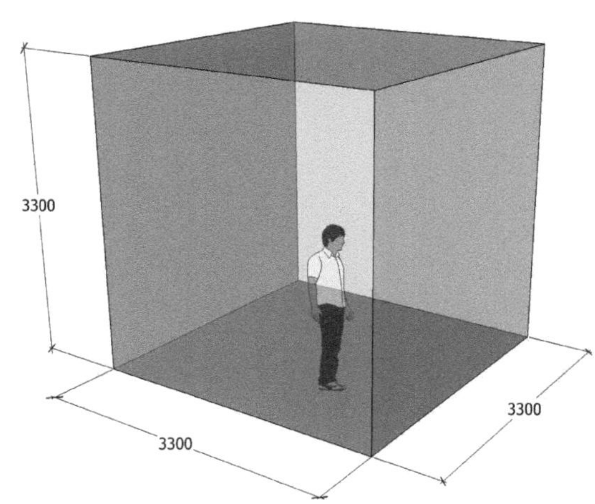

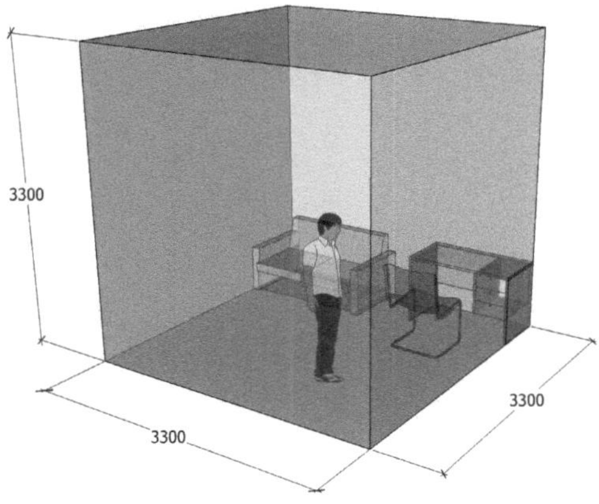

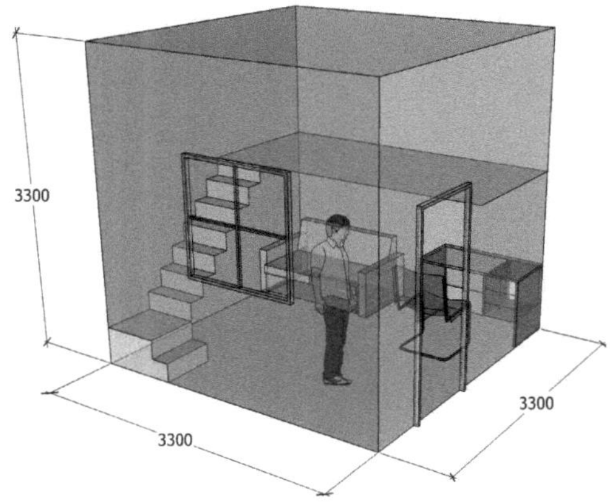

큐빅공간의 활용에 있어 중층의 개념을 이해하면 다이내믹한 공간연출이 가능하다. 이때 계단요소가 공간 속에 등장하게 되는데, 중층으로 올라가기 위한 계단을 위해서는 올라가는 사람의 활동이 가능한 층고가 필요하며, 이러한 제약조건은 공간의 변형과 다양함을 줄 수 있는 긍정적인 요소로 디자이너는 받아들여야 할 것이다. 계단의 하부공간과 중층공간을 어떻게 활용할 것인가에 대한 아이디어는 데드스페이스화 되는 공간을 활용하는 가장 근본적인 접근방법을 익히는 기회가 된다. 중층의 경우 바닥에서 천장까지 최소한 2m 높이는 확보할 수 있어야 효과적인 중층공간의 활용이 가능하다.

학생들의 cubic design에서 가장 빈번하게 나타나는 공간은 휴식공간, 침실공간, 작업공간, 욕실공간 등으로 나타난다. 각각의 기능공간에 필요한 최소한의 가구와 이들의 치수를 정확하게 알지 못하고 있다면 기본적인 평면계획을 완성하기는 어렵다. 따라서 주어진 3.3m의 공간을 위한 가구들의 치수와 사람이 활동하기 위한 신체 치수를 고려한 이동공간의 규모와 치수를 아는 것은 매우 중요한 일이다. 휴식기능을 위한 공간은 소파와 테이블, 장식장이나 책장 등으로 구성이 가능하며, 침실기능 공간의 경우는 침대와 간이 테이블, 옷장, 화장대와 의자 등으로 구성이 가능하다. 이들의 치수를 알아야 가구의 배치와 평면도를 그려 나갈 수 있게 된다. 욕실기능과 드레스 룸을 동시에 계획하는 경우, 욕조, 세면대, 비데, 샤워 부스 등으로 욕실을 구성하고 드레스 룸은 옷장과 화장대 등의 가구를 구성하여 3.3m의 공간계획이 가능하다. 드레스 룸의 경우는 사람이 이동하거나 옷을 꺼내기 위한 최소한의 여유공간 폭이 필요하며, 종종 욕실의 문을 열고 닫는 공간의 면적을 최소화하기 위해서 미닫이 형식의 문을 사용하는 경우도 있다. 욕실의 기능과 침실의 기능을 함께 디자인하는 경우는 필요한 욕실의 공간 규모와 위생기기의 크기를 반드시 알아야 하며, 침대의 크기와 배치를 검토하여 평면을 완성해 나간다. 3.3m×3.3m×3.3m의 공간을 디자인한다는 것이 그리 쉬운 작업은 아니다. 하지만 공간의 기능에 따라 기본적으로 알아야 하는 다양한 가구들의 치수와 사람이 이동하기 위해 필요한 최소한의 여유공간 등에 대한 이해를 하고 있다면, 최소한의 공간을 최대한 효과적으로 사용하기 위한 다양한 아이디어는 무궁무진하게 펼쳐질 수 있다. 공간과 가구의 관계를 명확하게 하기 위해서는 평면도에서의 가구배치와 가구들의 치수를 정확하게 아는 것이 중요하며, 이것이 우리가 큐빅디자인을 학습하는 가장 중요한 이유이기도 하다.

우리는 공간을 디자인한다. 따라서 치수에 대한 감각이 필요하며, 치수를 모르는 상태에서 그려지는 모든 스케치는 결국 도면이 아닌 그림이 되고 만다는 사실을 명심한다. 가구의 치수와 가구배치에 따른 공간의 규모, 인체 치수를 고려한 사용자의 활동범위를 공간계획에 반영하는 것이 중요하다.

B. 휴먼스케일human scale의 이해

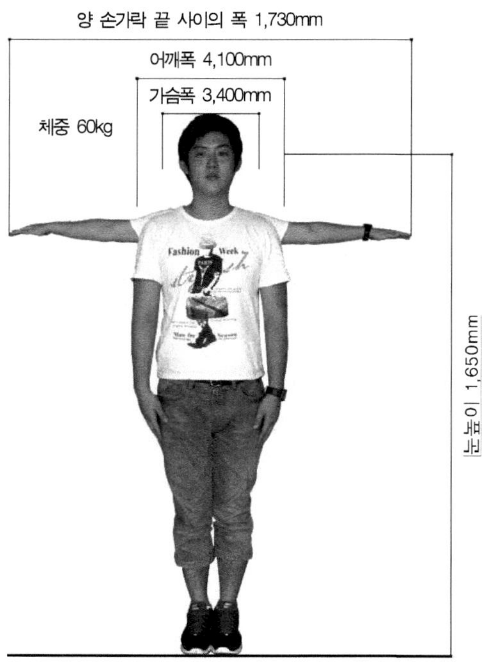

인체치수에 대한 기본적인 학습은 큐빅 공간디자인과 주거공간계획에서 가장 우선시되는 부분이다.

● 실내디자인과 인간공학

실내디자인에 있어서 인간공학은 디자이너나 사용자 모두가 만족할 수 있는 실내공간을 위하여 인간의 여러 기능을 수량적으로 파악하여 디자인에 적용된다. 따라서 인간공학은 사용하기 쉽도록 하여, 보다 능률적이고 편리하며 사전에 재해를 방지하여 안전하도록 한다. 그리고 계획 시 치수계획의 지표이며 체크수단이 되어 실내를 이루는 바닥, 벽, 천장, 계단, 문, 창, 난간, 가구, 기기, 설비에 이르기까지 전 요소에 적용된다.7)

● 가구의 응용

인체에서 실내, 건축에 이르는 과정을 인간공학적 측면에서 보면 인체→의복→인체적 가구→테이블→건축적 가구→실내→건축의 순이다. 인체적 가구에 준하여 왼쪽에 있는 인체와 의복은 계획의 원점(原點)이 인체에 있으며 건축적 가구의 오른쪽에 있는 창호, 실내, 건축은 바닥면이다.

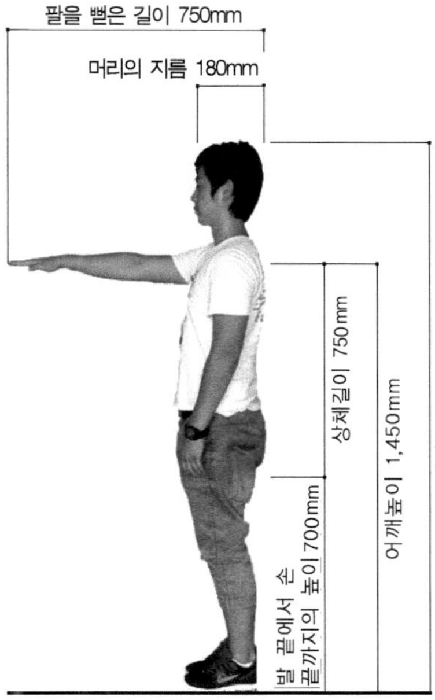

● 실제 공간에서의 연출 –실제적 스케일의 이해

자신이 디자인한 실내가 실제 공간에서 시공되거나 연출되어 완성되는 과정을 보는 일은 마치 꿈이 현실화되었을 때 느끼는 환희와 맞먹을 정도로 가슴 벅찬 일이다. 이러한 일은 직업으로서 실내디자인 실무를 수행할 때에는 늘 있는 일이지만 배우는 초보자의 입장에서는 좀처럼 얻기 힘든 경험이다. 그래서 이러한 경험을 해볼 수 있는 기회가 있다면 이론과 실제가 다르듯이 제도판 위에서 수행한 디자인이 실제와 매우 다름을 알 수 있을 것이다.

특히 1/50이나 1/30 정도로 축소하여 그려 놓은 공간의 실제 크기와 형태가 디자인할 때 상상했던 것과 매우 다르며, 가구배치와 동선은 물론 통행이나 서비스를 위해 남겨둔 여유공간이 실제로는 너무 좁거나 또는 반대로 너무 넓을 수도 있다.

또 디자인할 때에는 생각지도 못했던 문제, 즉 재료가 바뀌는 곳이나 재료와 재료가 맞닿는 곳 등에서는 이의 처리문제로 갑자기 난감해질 때도 있다. 따라서 될 수 있는 대로 작은

7) 오인욱, 〈실내디자인학〉, 기문당, 2002, p.41

공간이라도 직접 디자인하고 시공, 연출해 보는 경험을 해본다면 공간에서부터 재료의 마감 처리까지 보다 실제적인 생각을 가지고 디자인에 임할 수 있을 것이다.

실 작업 전 거주자가 지니고 있는 가구나 물품 중 다시 사용할 의사가 있는 품목을 파악하고 재료나 색채를 변경시킬 수 있는지를 파악을 해야 한다.

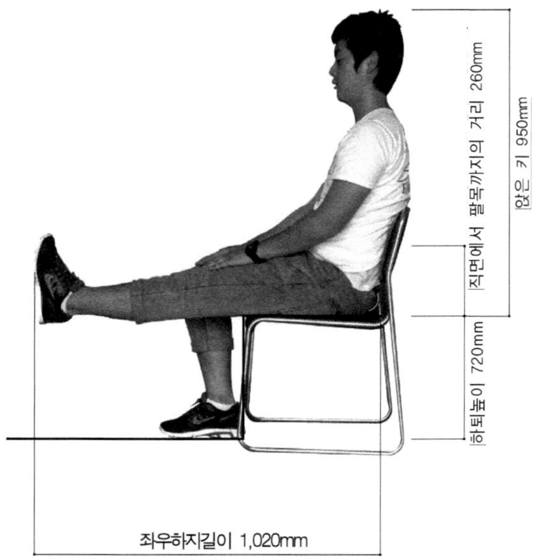

각자의 인체 치수를 실제로 재어보고 기록하고 암기하여 우리 인체 자체가 스케일을 역할을 할 수 있도록 충분한 연습을 한다.

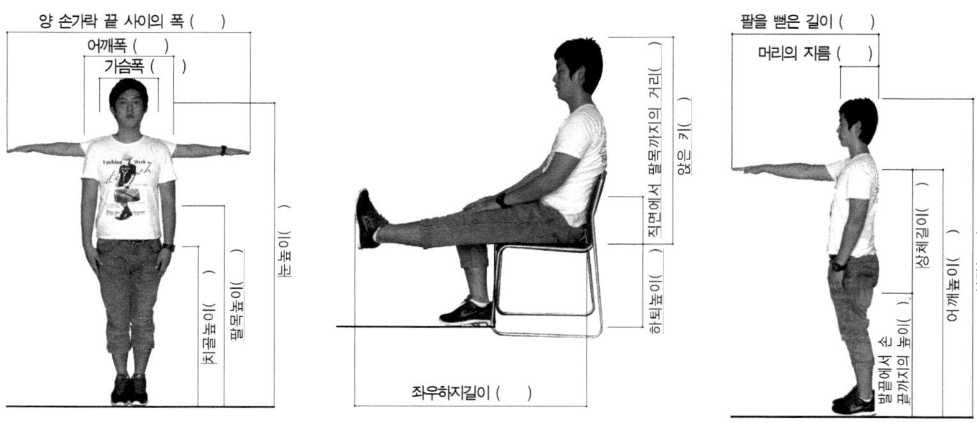

인간의 자세와 동작에 따라 공간을 점유하는 치수는 달라지며 디자이너는 공간 속에서 인간의 행태가 어떻게 달라지는가에 대해 충분한 이해를 하고 효과적인 공간 규모를 연출한다.

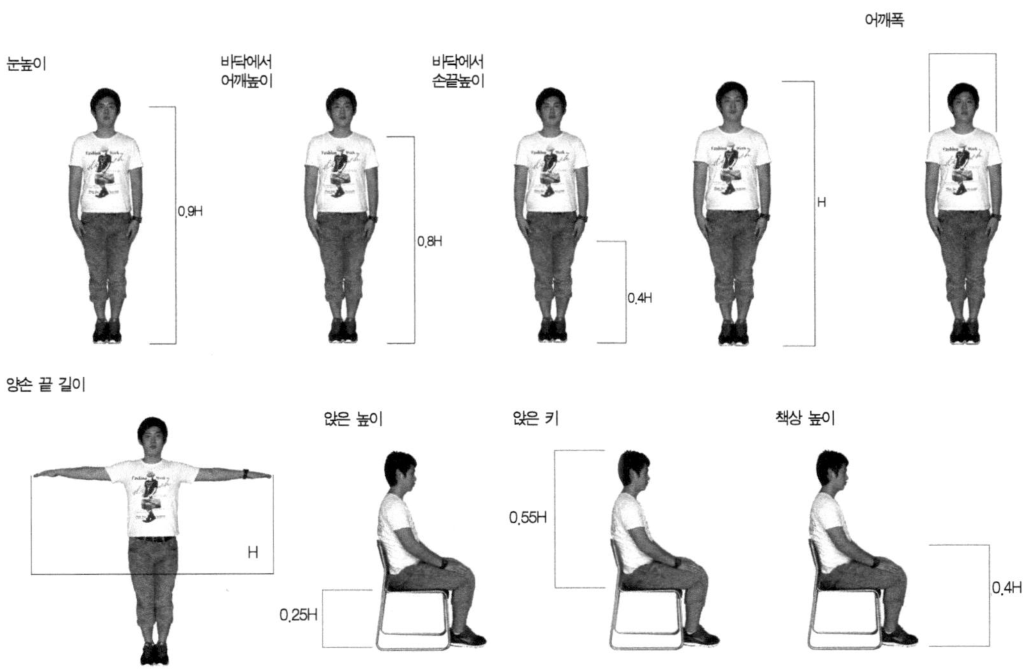

C. 공간 활용을 위한 데드스페이스dead space 최소화

좁은 규모의 공간을 계획할 때 데드스페이스를 최소화하는 것은 공간을 이해하고 디자인하는 디자이너에게는 굉장히 필요한 요소이다. 협의의 의미로 실내디자이너는 데드스페이스를 없애는 사람이라고 해도 과언이 아닐 정도로 공간 활용을 위한 데드스페이스의 최소화는 기능적으로 우선시된다.

● 붙박이장을 이용한 공간 활용

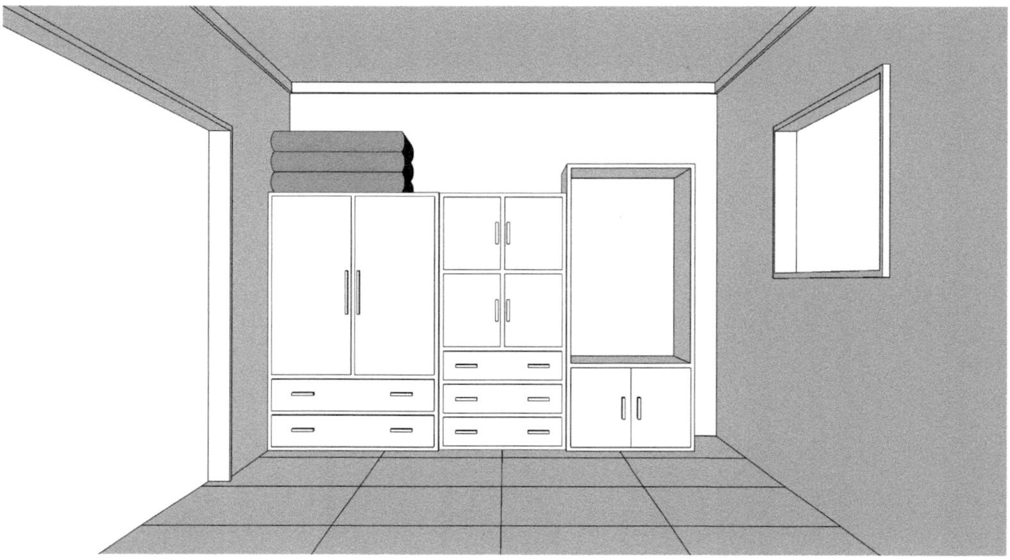

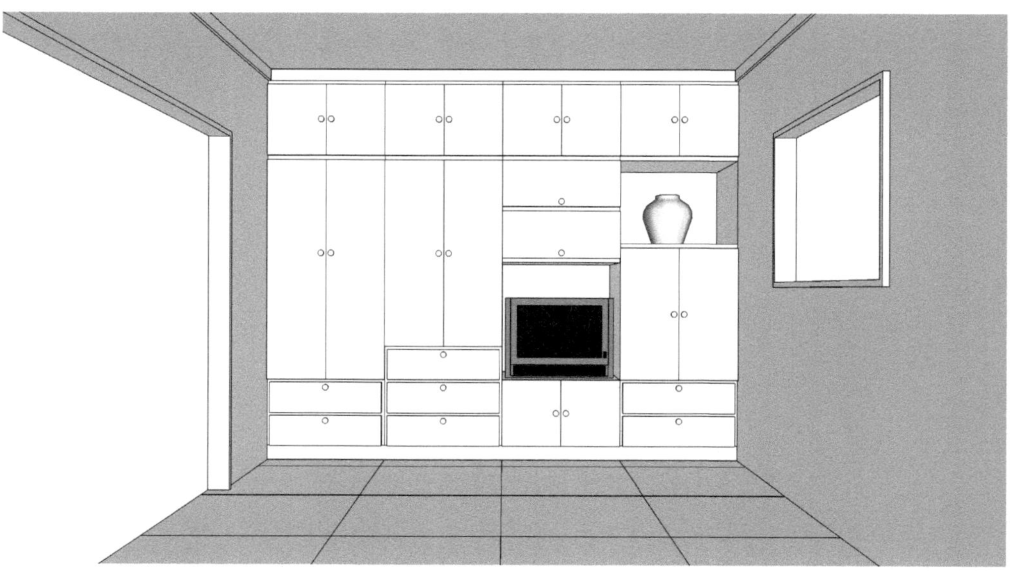

● 계단 하부공간의 공간화

계단의 하부공간을 활용하여 장식품이나 책을 수납하는 공간으로 활용할 수 있다. 큐빅디자인에서 중층 개념을 공간 속에 가져올 때 계단의 하부공간을 잘 활용하면 훌륭한 수납공간도 만들 수 있고 소규모의 작업공간도 만들 수 있다. 자투리 공간을 크게 활용하는 아이디어가 필요하다. 최소한의 공간을 최대한으로 활용하기 위한 방안은 공간계획에서 우선시 된다.

D. 시나리오scenario의 작성

큐빅(cubic)을 사용하게 될 사용자를 결정하고 사용자와 관련된 시나리오를 작성하는 작업은 공간의 명확한 컨셉과 기능을 결정하는 중요한 데이터가 된다. 시나리오를 작성할 때 고려해야 하는 사항은 우선 사용자에 대한 기본적인 프로필로서, 프로필에는 이름과 나이, 성별, 직업, 취미, 성격, 다양한 성향 등에 대한 내용이 담겨야 하며 사용자의 하루 일상에 대한 생활의 패턴과 일과를 정리하는 것인데, 이는 설계에 사용자의 생활패턴을 반영하기 위한 작업 중심으로 사용자의 라이프 사이클을 정리한다.

(사례 1)

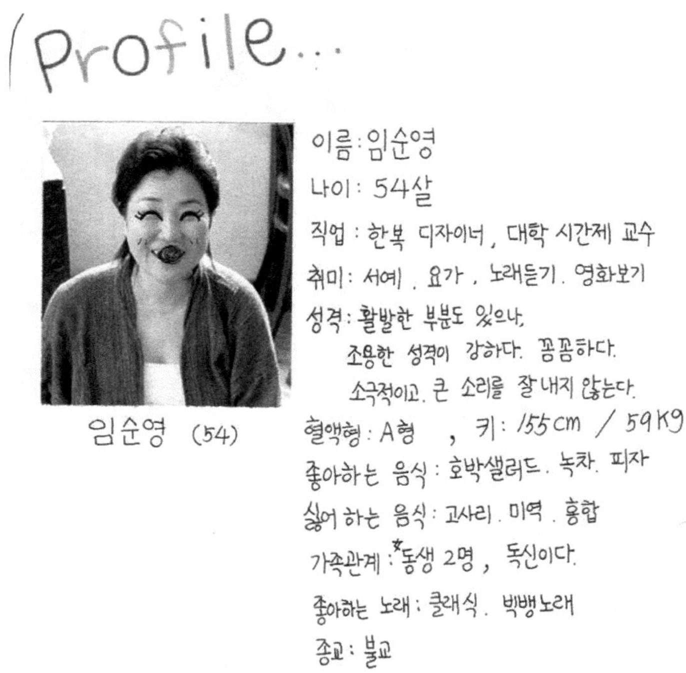

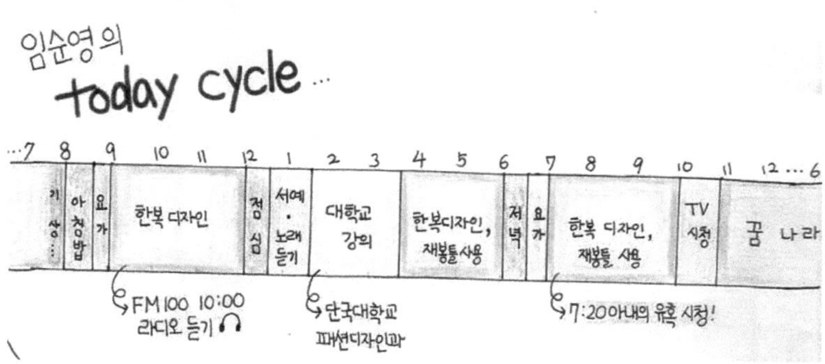

공간적 요구사항 -

** ① 많은 시간을 한 공간에서 사용하므로, TV를 볼 수 있는 휴식공간에 [TV / 노래듣기도 가능하게]

② 여러가지 원단을 넣을 수 있는 서랍공간 (서랍장)

③ 바람이 들어 올 수 있게 넉넉한 size의 창문!

실 사용 시간 : 9시간정도, 오전 9시부터 11시 까지.. 사용한다.

방문자 수 : 친구분들과. 패션쇼 준비 위원회.
(일주일에 한번)

큐빅디자인에서 공간 사용자의 프로필을 통해 상세하게 사용자와 관련된 사항을 정리하여 디자인에 반영해야 한다. 이것은 디자인 개념과 아이디어 도출의 기본적인 데이터가 된다. 예를 들어, 성격이나 취미 등을 설계에 반영하여 취미실이나 성격과 잘 어울릴 수 있는 공간의 분위기를 만들어 줄 수 있다. 또한 사례 1에서와 같이 사용자가 한복디자인 작업을 하는 시간이 많다면 이를 위한 작업공간을 처음부터 공간의 기능 설정 단계에 반영한다.

시나리오를 작성할 때, 사용자의 성장배경과 미래에 대한 희망, 가치관 등을 포함하도록 하며 사례와 같이 재미있는 만화형식의 시각적인 표현도 좋은 방법이다. 시나리오 작업이 어느 정도 마무리되면 이를 통하여 알 수 있는 공간적인 요구사항을 정리함으로써 큐빅디자인에 대한 방향성을 설정할 수 있다. 다음 사례 2와 같이 서술적으로 작성하여 컨셉과 연결시켜 디자인에 반영할 수 있다.

(사례 2)

제가 이번에 만나보게 된 클라이언트는 20대 후반인 여성인 이채린이라는 사람이었다.

이채린 씨는 지금까지 부모님이랑 같이 살아왔지만, 이젠 독립해도 될 나이가 되어 독립할 것이라는 마음을 먹었었다. 처음엔 부모님이 요즘 세상이 무섭다고, 혼자 살기엔 위험하다며 반대를 심하게 했었지만, 결국 부모님을 계속 설득한 끝에 결국 독립을 결정하였다고 했다. 이채린 씨는 지금 나에게 집 크기가 크지 않고 혼자 살기에 지장이 없는 정도의 집에서 살고 싶다고 말을 하였다. 그래서 나는 이채린 씨에게 간단한 조사를 하였다.

⌕ 이채린 씨의 직업
화장품제조사 (화장품을 만드는 직업이다.)
현재 ○○ 회사에서 근무하고 있다고 한다.

⌕ 이채린 씨의 성격
꼼꼼하고 차분하고 자기가 맡은 일에 충실한 사람.

⌕ 이채린 씨의 취미
화장품 만드는 것을 좋아한다. 특히 천연재료를 이용해서 화장품을 만드는 것을 좋아한다, 그렇기 때문에 화장품 제조사라는 직업을 가지게 된 계기가 되었다고 하였다. 이채린 씨는 자기가 직접 식물을 가꾸어 재료를 만들기도 한다. 그래서 여러 가지 허브식물이나, 또 향기가 은은한 아로마향을 무척 좋아해서 아로마 오일을 첨가한 화장품도 많이 만들기도 한다고 했다.

⌕ 이채린 씨의 취향

자극적인 것을 싫어하고, 바람이 서늘한 곳과 햇빛이 잘 들어오는 공간을 좋아한다. 그래서 그 공간에서 허브차를 마시며 휴식을 즐기는 것을 좋아한다.

⌕ 이채린 씨의 생활방식(life style)

이채린 씨는 아침 일찍 출근해서 저녁에 늦게 들어오는 사람이기 때문에 아침 일찍 일어나서 화분에 물 주는 일을 한다. 그리고 나서 밥을 먹고 출근해서, 저녁 늦게 들어와 씻고 천연화장품을 만든다고 한다. 물론 직접 가꾸고 있는 식물을 이용하지만 요즘엔 무농약 과일을 이용해서 화장품을 만드는 것을 즐기고 있다고 한다. 화장품을 만드는 것을 워낙 좋아해서 자신이 만든 것을 한 번씩 지인들에게 선물하기도 하였다. 그래서 화장품을 나누어준 지인들에게 자신이 만든 화장품을 평가한다고 하였다. 화장품을 만들고 나서 주변에 냄새가 나니까 환기를 시키고 잔다고 한다.

⌕ 이채린 씨가 살게 될 공간 컨셉 – "숲"

숲의 역할이 공기를 정화시키는 것이라고 한다.

그녀가 화장품을 만드는 것에 취미를 두었다고 하는데, 그 공간에 화장품을 만들면서 나는 여러 가지 자극적인 향기들이 생기게 되므로, 숲이라는 것으로 공기를 정화시킨다는 의미를 두고 공간에 있는 여러 가지 자극적인 향기들을 없애자 라는 것에 컨셉을 잡기로 하였다.

1 04 Design Result

A. Panel & Model

학생작품 A

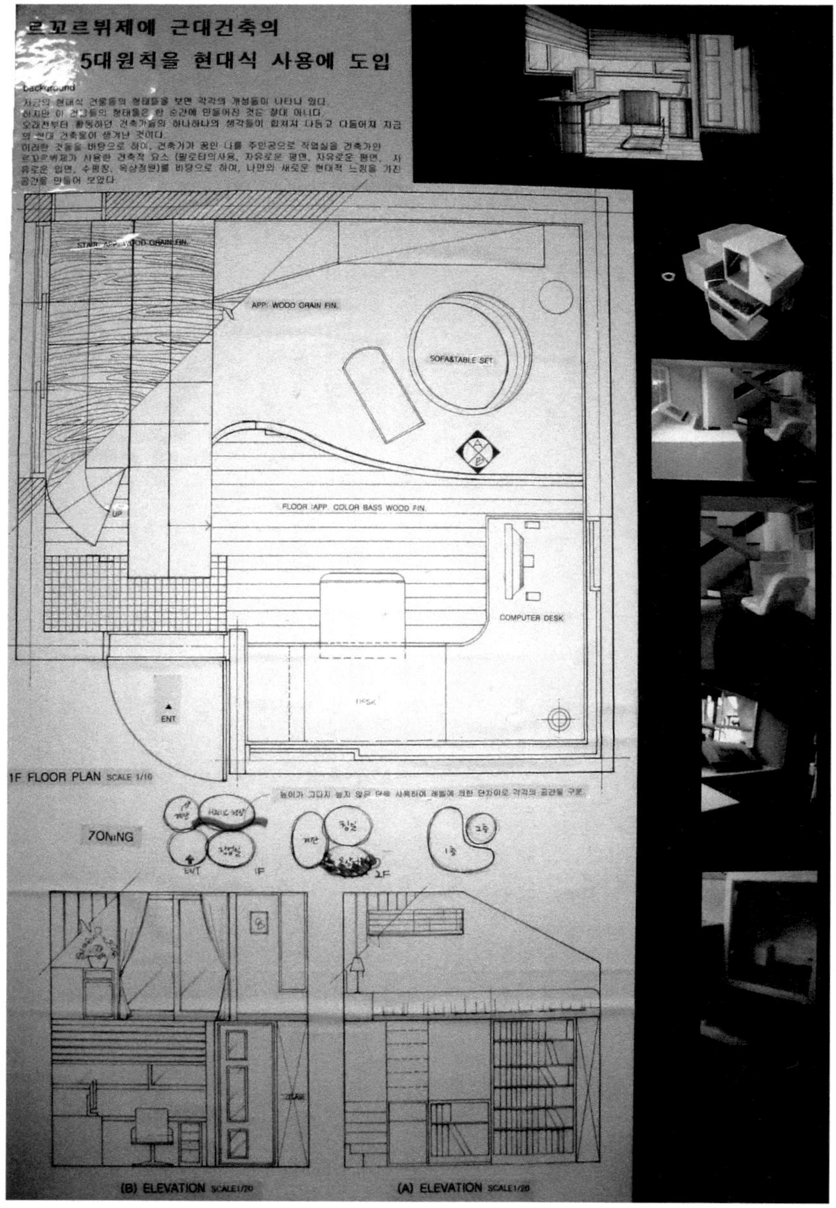

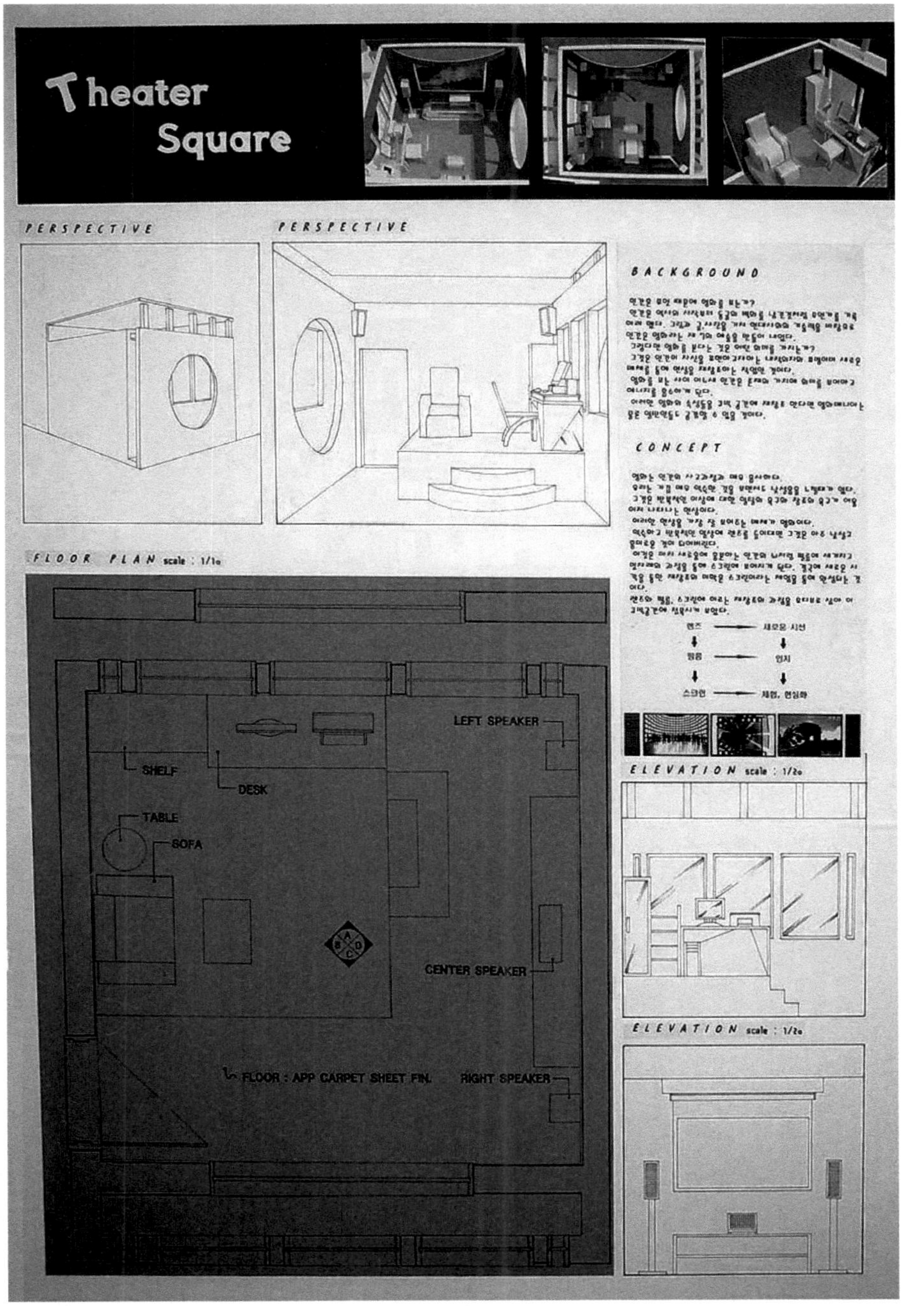
Theater Square
PERSPECTIVE
PERSPECTIVE
BACKGROUND
CONCEPT
렌즈 → 새로운 시선
필름 → 인지
스크린 → 재현, 현실화
FLOOR PLAN scale : 1/10
SHELF
DESK
TABLE
SOFA
LEFT SPEAKER
CENTER SPEAKER
RIGHT SPEAKER
FLOOR : APP CARPET SHEET FIN.
ELEVATION scale : 1/20
ELEVATION scale : 1/20

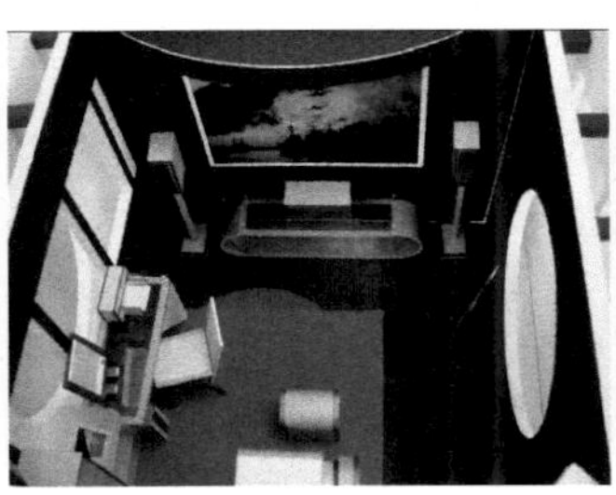

학생작품 C

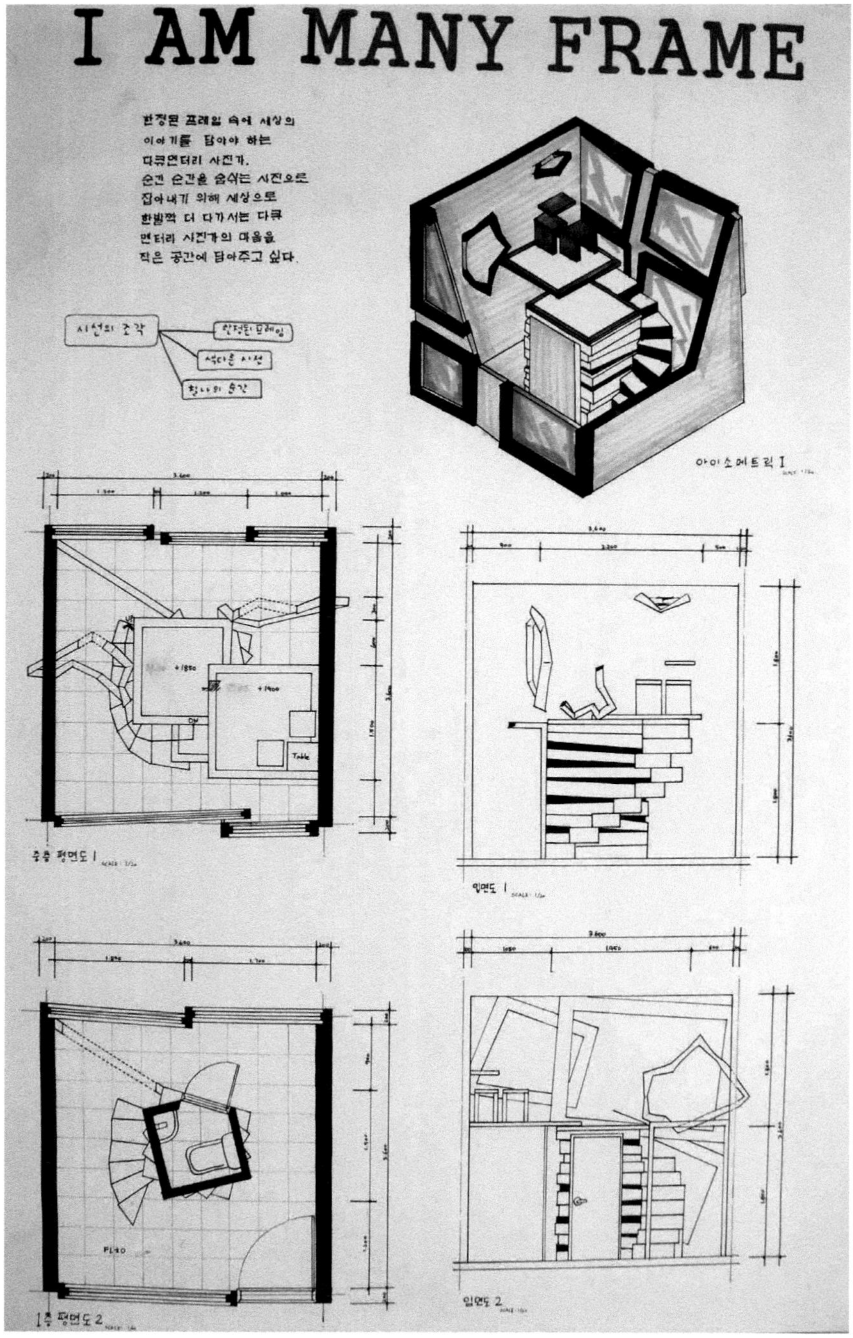
I AM MANY FRAME
한정된 프레임 속에 세상의
이야기를 담아야 하는
다큐멘터리 사진가.
순간 순간을 숨쉬는 사진으로
잡아내기 위해 세상으로
한발짝 더 다가서는 다큐
멘터리 사진가의 마음을
작은 공간에 담아주고 싶다.
시선의 조각
한정된 프레임
색다른 시선
찰나의 순간
아이소메트릭 I
Table
입면도 1
1층 평면도 2
입면도 2

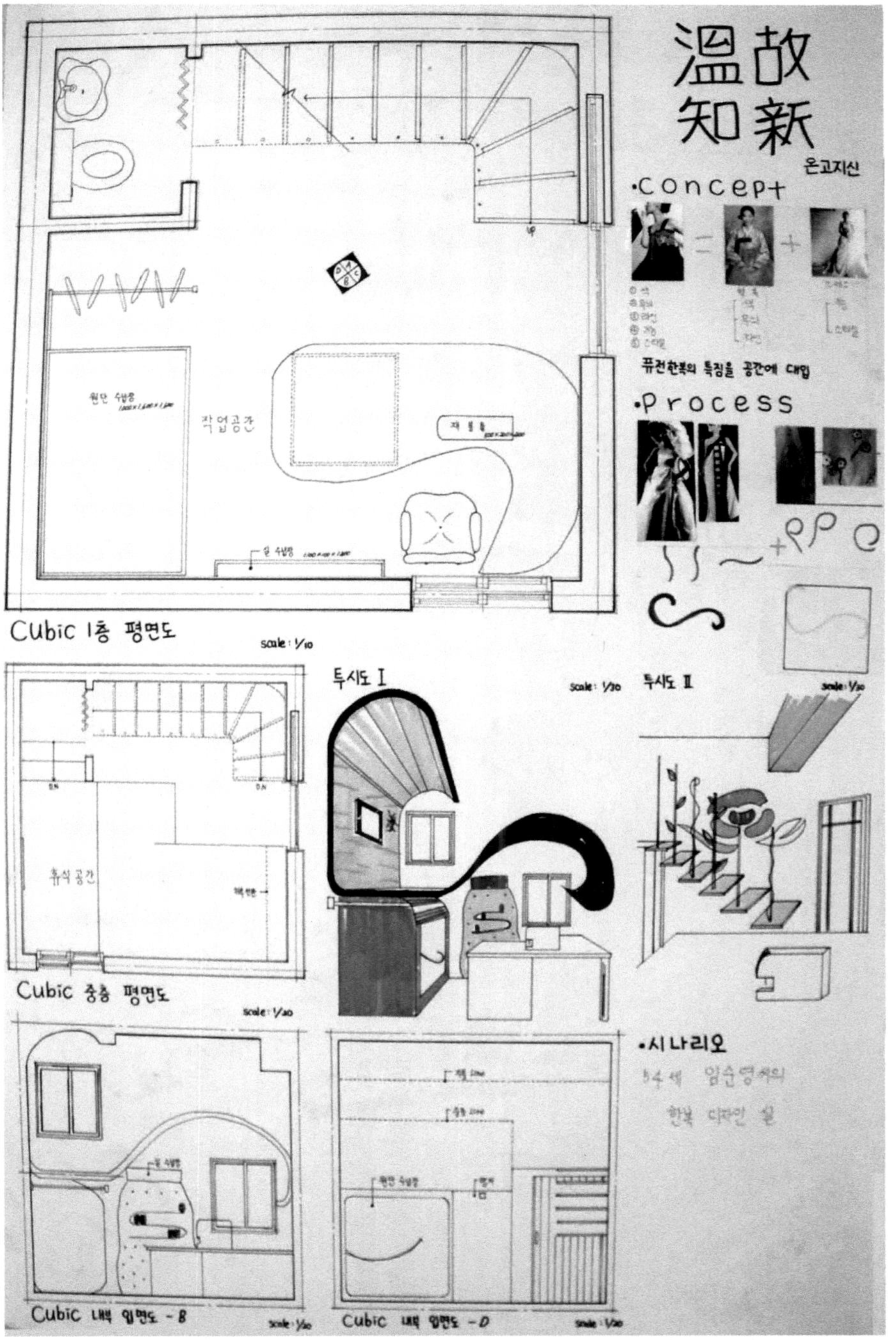
溫故知新
온고지신
·concept
퓨전한복의 특징을 공간에 대입
·Process
Cubic 1층 평면도
작업공간
투시도 Ⅰ
투시도 Ⅱ
Cubic 중층 평면도
휴식공간
·시나리오
54세 임순영씨의
한복 디자인 실
Cubic 내벽 입면도 - B
Cubic 내벽 입면도 - D

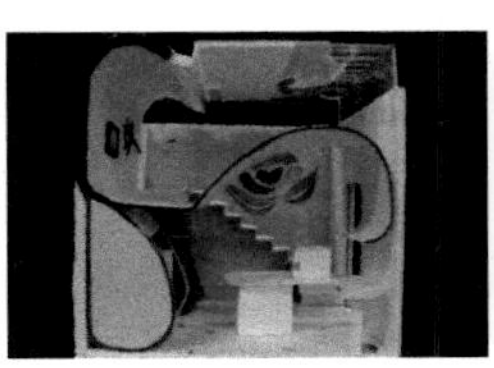
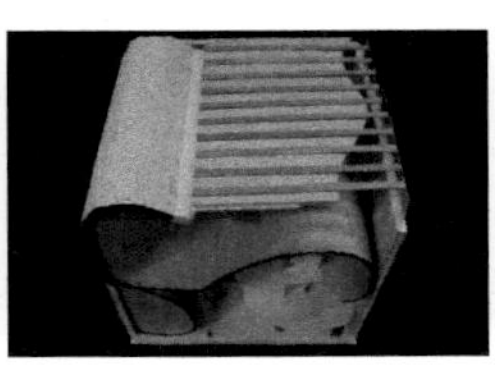
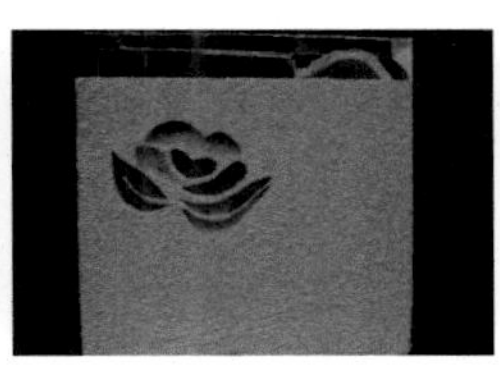
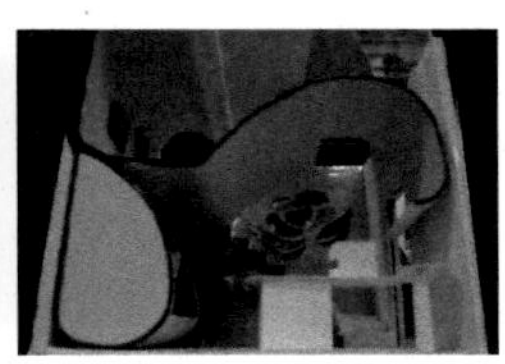

학생작품 E

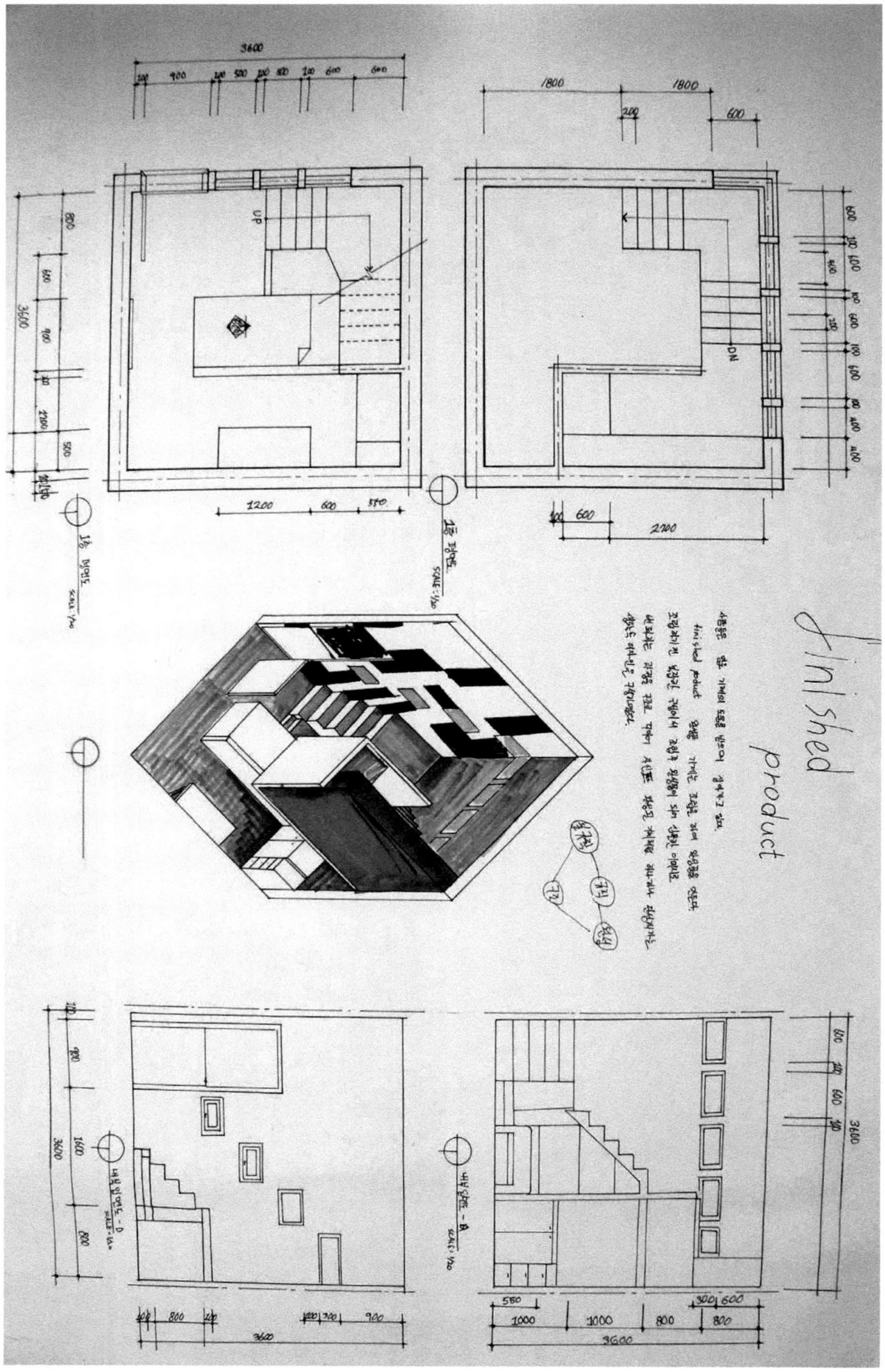

B. 제안서 PPT

학생작품 A

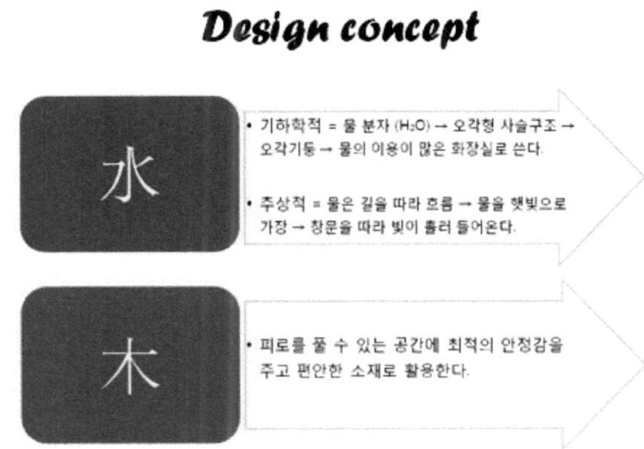

Plan

1F

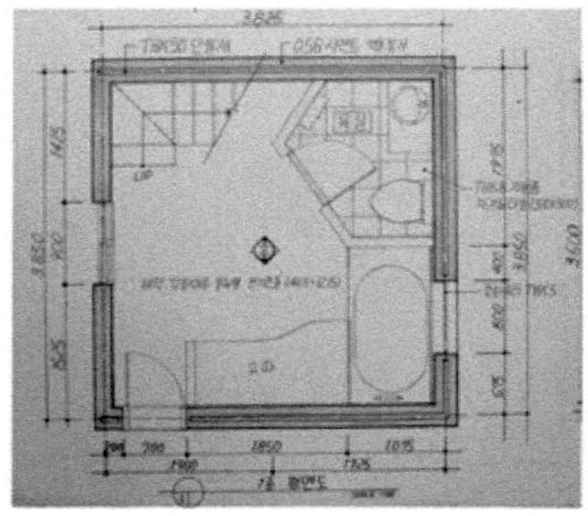

SCALE: 1/20

2F

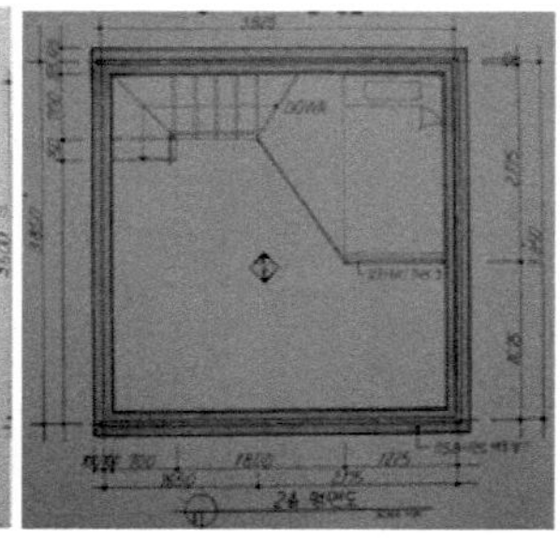

SCALE: 1/20

Elevation

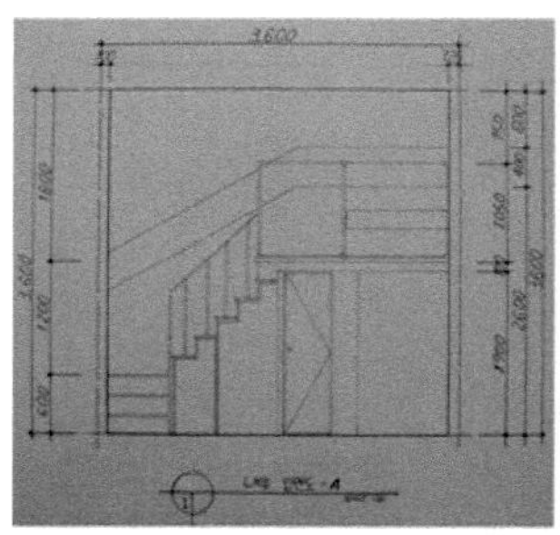

A-A' Elevation
SCALE: 1/20

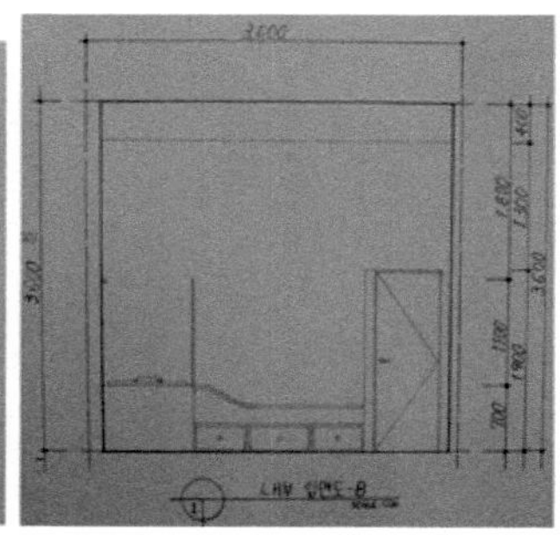

B-B' Elevation
SCALE: 1/20

Perspective.

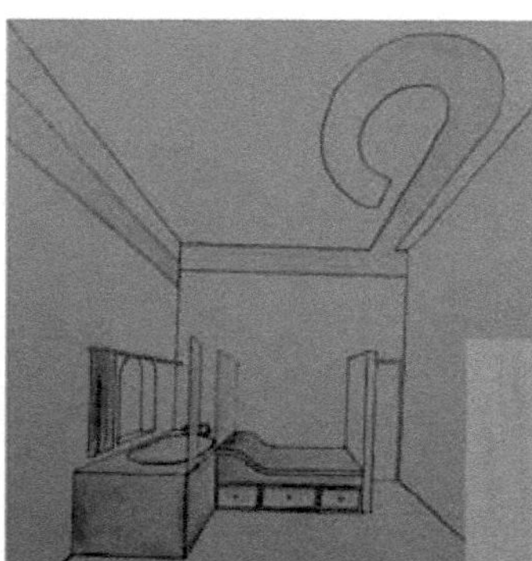

Panel photo

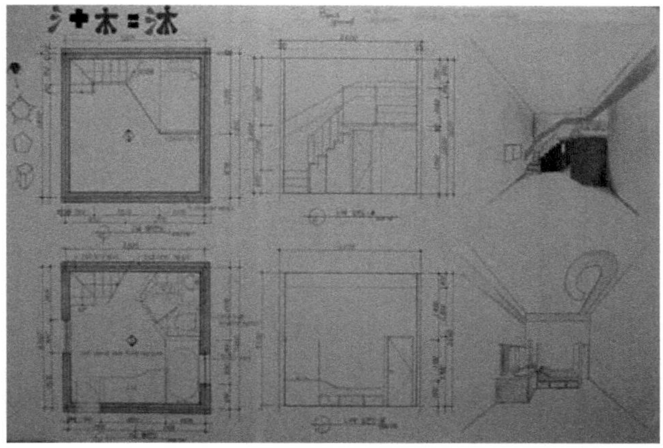

Model photo

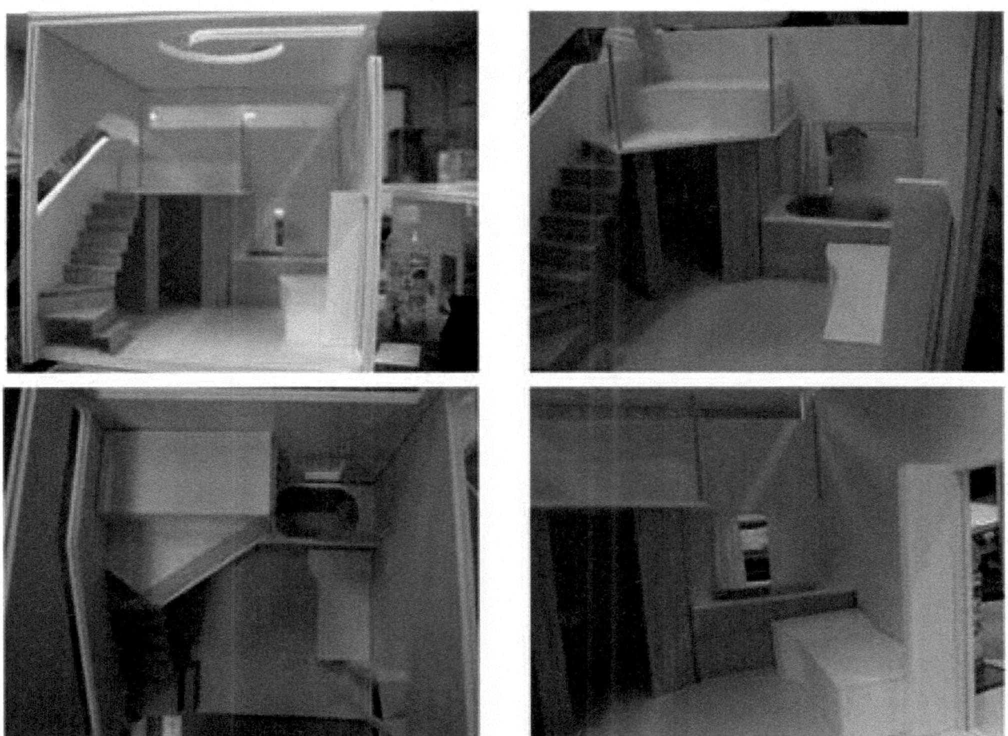

학생작품 B

Cubic space
Hide and seek

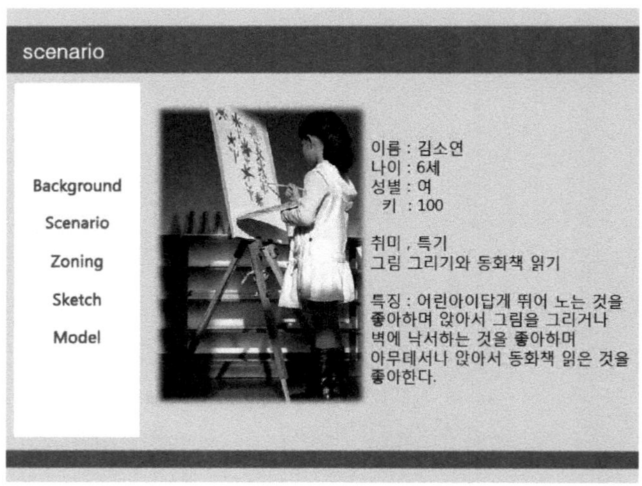
scenario
Background
Scenario
Zoning
Sketch
Model
이름 : 김소연
나이 : 6세
성별 : 여
키 : 100
취미 , 특기
그림 그리기와 동화책 읽기
특징 : 어린아이답게 뛰어 노는 것을
좋아하며 앉아서 그림을 그리거나
벽에 낙서하는 것을 좋아하며
아무데서나 앉아서 동화책 읽은 것을
좋아한다.

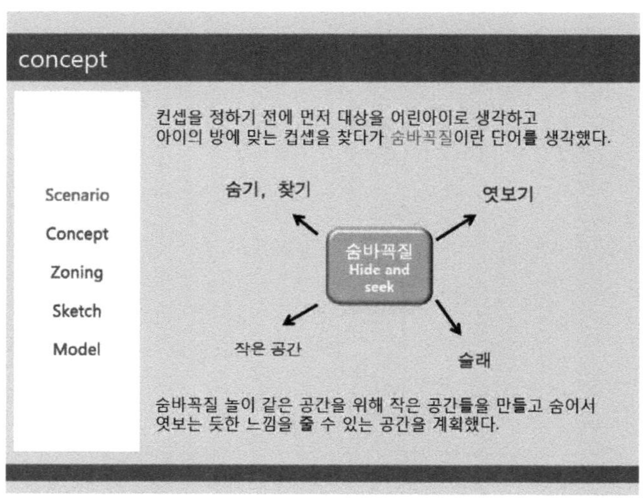
concept
Scenario
Concept
Zoning
Sketch
Model
컨셉을 정하기 전에 먼저 대상을 어린아이로 생각하고
아이의 방에 맞는 컨셉을 찾다가 숨바꼭질이란 단어를 생각했다.
숨기, 찾기
엿보기
숨바꼭질
Hide and seek
작은 공간
술래
숨바꼭질 놀이 같은 공간을 위해 작은 공간들을 만들고 숨어서
엿보는 듯한 느낌을 줄 수 있는 공간을 계획했다.

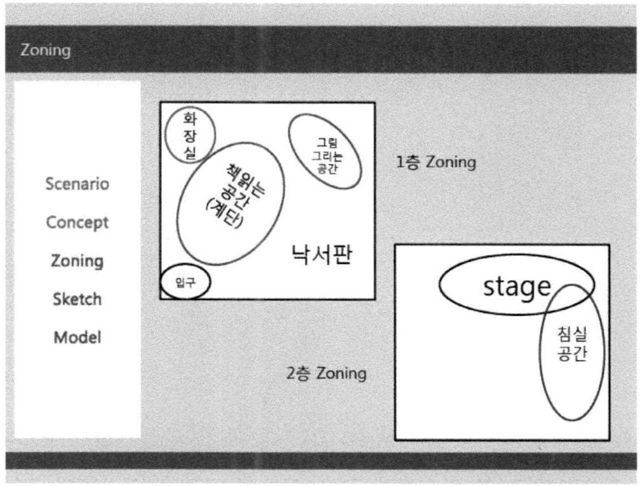
Zoning
Scenario
Concept
Zoning
Sketch
Model
화장실
그림 그리는 공간
책읽는 공간 (계단)
낙서판
입구
1층 Zoning
stage
침실 공간
2층 Zoning

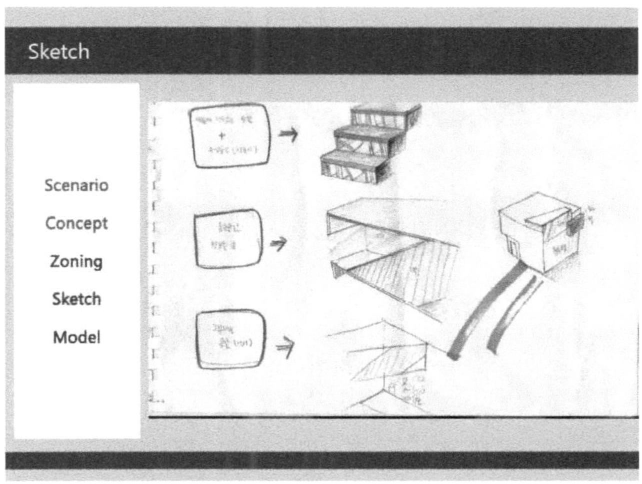
Sketch
Scenario
Concept
Zoning
Sketch
Model

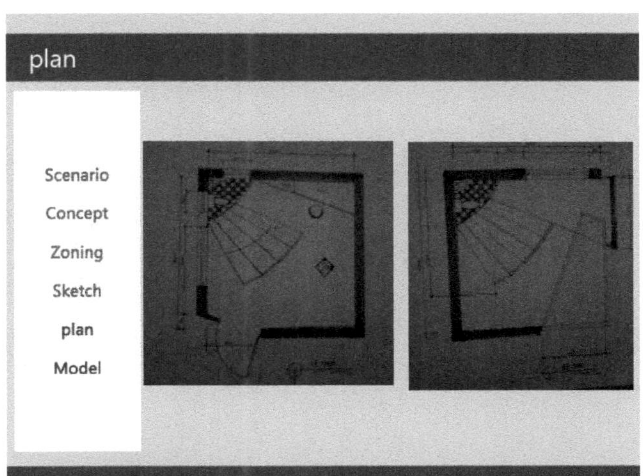
plan
Scenario
Concept
Zoning
Sketch
plan
Model

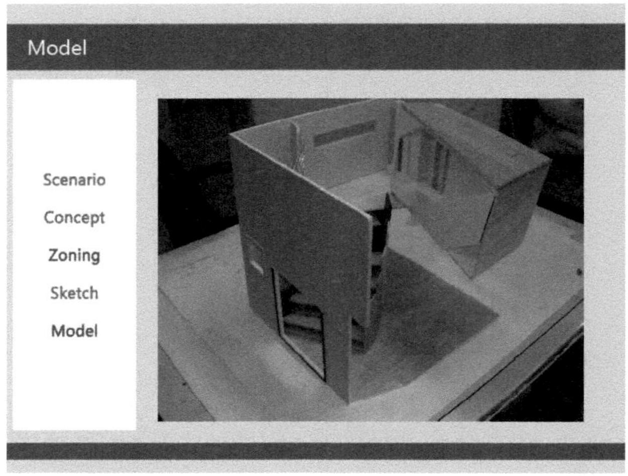
Model
Scenario
Concept
Zoning
Sketch
Model

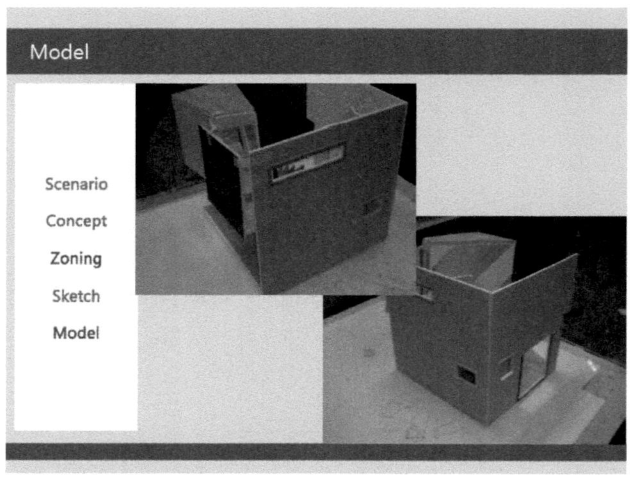
Model
Scenario
Concept
Zoning
Sketch
Model

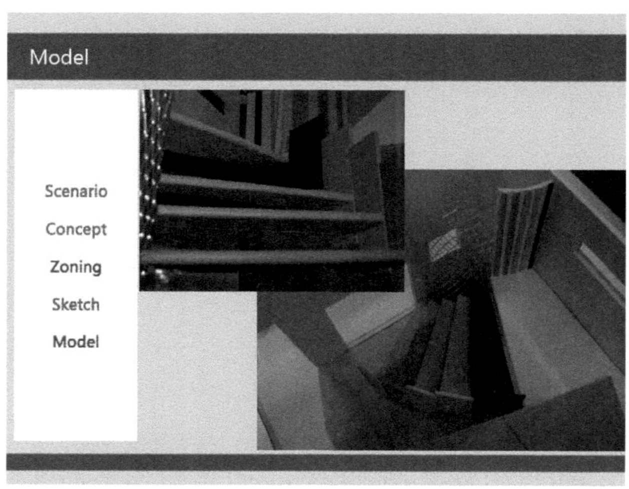
Model
Scenario
Concept
Zoning
Sketch
Model

2 HOUSING

2 01 Space Introduction

A. Housing Design 개요

주거공간디자인은 큐브공간 디자인에서 1인 거주를 위한 공간 설정을 통해 최소한으로 다루어졌던 주생활의 영역을 가족 구성원의 거주를 위한 영역으로 확대하여 구성원들이 가족이라는 통합체를 이룰 때 나타나는 거주방식을 이해하고, 이러한 가정생활을 공간에 담아 가상으로 설정된 가정의 정주방식을 계획하는 과정이다. 임의로 선정한 대지 내에 조건을 검토하고 공간디자인 컨셉을 부여하고, 주거기능의 단위공간에 대한 이해를 중심으로 공간의 성격을 이해하고 디자인하는 방법을 숙지한다.

의 · 식 · 주는 인간이 생활을 영위하는 데 기본적으로 필요한 요소이다. 그 중에서 의와 식은 주공간 내에서 이루어지므로 주거와 긴밀한 관계를 갖고 있다. 이러한 주거공간은 육아, 교육, 사교, 오락 등 인간의 제반생활과 밀접한 관계에 있다. 또한 주거공간은 추위나 더위, 천재지변 등의 자연환경에 대응하여 가족의 생명과 재산을 보존하는 곳이고, 사회생활의 최소단위인 가족의 생활을 유지하는 곳이며, 에너지 재충전의 장소이며, 구성원들의 삶과 가치, 인격 등 개개인의 정체성이 표현되는 곳이다.

일반적으로 사람은 하루 중 적어도 1/3 이상의 시간을 주거 내에서 보낸다. 주부나 재택근무자, 어린이, 노인들은 훨씬 더 많은 시간을 주거 내에서 보낸다. 따라서 주거공간의 거주자들이 가장 편안한 상태로 휴식을 취할 수 있는 환경이어야 한다. 쾌적한 주거환경을 조성하기 위해서 제반 환경적인 요소와 정서적 · 심미적 요소를 고려하여 편안하고 안락한 분위기 조성이 되도록 계획해야 할 것이다.

또한 주거공간디자인은 단순히 인간이 거주하기 위한 도구로써 형성될 뿐 아니라 사회 문화적, 정치 경제적 상황 및 과학기술의 발전에 따른 기술적 가능성에 따라 그 시대의 문화적 정체성이 가정생활에 담겨질 수 있도록 해야 한다. 그러므로 디자이너는 새로운 유형의 라이프스타일을 제안하여 시대가 제공하는 문화적 혜택을 주거공간 내에서도 향유할 수 있도록 사회적 가치나 제반 상황에 대한 충분한 이해가 선행되어야 한다.

주택의 기능 및 소요 Zoning은 다음과 같이 분류된다.

- **개인공간** : 침실, 욕실, 서재
- **가사공간** : 부엌, 서비스 야드, 창고, 가사실
- **공동공간** : 거실, 가족실, 응접실, 식당, 테라스

주거공간계획의 첫 단계는 가상의 클라이언트를 정하여 계획의 기본조건을 설정하는 시나리오 작성 단계이다. 시나리오가 완성되면 설정된 상황을 바탕으로 디자인의 목적과 목표를 설정하고 이에 관련된 자료를 수집하여 분석하는 작업이 실행되어진다. 이때 주거공간계획의 동기, 경제력, 가족구성 및 생활양식, 건축주의 요구 및 취향 등을 정확하게 파악하여 계획의 기본방향을 수립하고 이에 따른 컨셉을 도출해야 한다.

다음 단계는 도출된 설계조건을 바탕으로 이를 해석하고 프로그래밍하여 컨셉을 도출하는 과정이다. 이 단계는 기본적인 인간의 행태가 복합화된 3차원적 공간 안에서 인물의 추상적 특질이 공간 속에서 구체화될 수 있는 설계방향과 개념적 관점을 도출하는 과정이라 할 수 있다. 시나리오 작업을 통해 도출되는 설계조건은 크게 공간기능이 구현되는 물리적 조건과 거주인의 정신적 요구가 표현되는 추상적 조건으로 분류되는데, 이러한 조건들의 수용과정을 통해서 각 클라이언트의 아이덴티티를 표현할 수 있는 방향의 컨셉이 도출되도록 해야 한다.

다음 단계는 도출된 컨셉을 바탕으로 실제 공간을 계획하는 것이다. 기능적 프로그램과 추상적 프로그램을 바탕으로 평면과 천장, 입면을 연계적으로 계획하여 3차원의 볼륨을 인간의 행위분석을 기반으로 구조화하고 복합화 하는 작업을 진행한다. 세부 계획의 과정은 도면과 함께 스터디 모델을 통해 3차원적으로 시각화하고, 이러한 과정의 진행을 통해 기본적 구조 및 설비, 채광, 환기에 대한 이해를 바탕으로 자신이 설정한 사용자의 요구조건을 만족시키는 공간을 창조하도록 한다.

B. 설계 주안점

(1) 상황 설정

- 가족 구성원의 라이프스타일 예측이 가능한 직업이나 성격을 설정함으로써 공간 내에서 점유되어지는 구체적 행태에 대한 스토리를 구성할 수 있다.
- 가족 구성원의 라이프 사이클이나 성격, 직업 등의 조건은 구체적이며 전체적으로 일관된 흐름으로 설정하여, 상황에 대한 분석과 수용을 통해 드러나는 가족 전체의 공통적인 아이덴티티가 공간의 성격으로 자연스럽게 유도되도록 한다.
- 상황의 전개방향은 되도록 최소화하되 구체적으로 구성하여 최종 공간 구현 시에 의도된 물리적, 추상적 개념이 분명하게 드러나도록 한다.

(2) 컨셉 도출

- 시나리오 작업을 통해 도출되는 설계조건을 크게 공간기능이 구현되는 물리적 조건과 거주인의 정신적 요구가 표현되는 추상적 조건으로 분류하여, 두 가지 범주가 통합된 공간체험을 통해 개념이 더욱 분명해질 수 있도록 구상한다.
- 강렬한 개념 표현을 위해서는 시나리오에 설정된 가족의 구성원의 가장 중요한 라이프 스타일의 행태가 공간의 형태로 치환되는 것이 폭발적 컨셉을 표현하는 좋은 방법이다.
- 거주를 통해 향후 발전적 비전을 제시할 수 있는 방향을 먼저 설정하고, 다음 단계로 이러한 비전을 실현시킬 수 있는 도구로 작용되어질 구체적이고 분명한 컨셉을 도출한다.

(3) 기능적 프로그램 설정

- 시나리오에서 계획된 라이프스타일과 라이프 사이클의 분석을 통해 zoning과 circulation을 구성하여 독특하고 구체적인 공간구성을 통해 컨셉이 효과적으로 드러날 수 있도록 계획한다.
- 불가피하게 발생되는 dead space에 대한 탐구와 해석을 통해 기능적인 면이나 형태적인 면에서 독창적인 공간을 구성할 수 있도록 한다.
- 입면디자인과 내부의 인공조명디자인을 통해 적절한 채광을 제공할 수 있도록 한다.
- 주거기능 및 소요공간을 분석하여 공적공간과 사적공간 동선을 체계화한다.
- 대지에 대한 조건을 충분히 연구한 후 향에 의한 합리적인 배치계획을 세운다.
- 공간 흐름은 공적공간에서 사적공간으로 계획위계를 적용한다.

- 통과 동선이 발생되지 않게 한다.
- 높은 빈도의 동선은 짧게 배치한다.

(4) 형태적 표현

- 주거의 가장 중요한 기능인 휴식환경을 조성하기 위해서 제반 물리적인 요소와 정서적 · 심미적 요소를 고려하여 편안하고 안락한 분위기 조성이 되도록 계획한다.
- 독창적 단면계획을 통해 공간감을 극대화할 수 있도록 한다.
- 테라스를 이용한 다양한 입면을 적용하여 가족 구성원이 여가를 위한 공간적 배려와 표현을 한다.

2 02 Excercise Information

A. 목표

주택설계 프로젝트는 공간계획에 있어서 가장 기초적 과정이다. 주거기능의 단위공간에 대한 이해를 중심으로 공간의 성격을 이해하고 디자인하는 방법을 숙지한다. 임의로 선정한 대지 내에 조건을 검토 하고 공간디자인 컨셉을 부여한다. 이와 더불어 배치방법, 공간계획 및 형태디자인 등 설계에서 요구되는 전 과정을 연습하게 된다. 또한 주거공간에 요구되는 기능성, 편리성, 독창성, 조형성 등의 가치를 창출하고 디자인해 나가는 과정을 습득한다.

B. 설계조건

- 대지 : 특정 대지를 임의로 선정(토지이용계획확인원, 지적도)
- 규모 : 대지면적 330㎡(100평), 연면적 180㎡(50평) 정도의 2층 건물(지하층 가능)
- 요구기능 : 거실, 식사실, 욕실, 현관, 주방, 안방, 자녀방, 발코니, 복도, 다용도실
- 옥외공간 : 주차대수 1대, 옥외공간에 마당, 조경, 시설물을 배치
- 법적 검토 : 건폐율, 용적률, 정북방향 일조권 제한, 인접도로면 사선제한

D. 제출형식

- 패널 : 60cm×90cm 2매(혹은 120cm×90cm 1매) / 모형 : scale 1/30
- 패널은 수작업과 컴퓨터 작업을 혼용한다.

C. 세부 진행 스케줄

프로젝트	주차	일자	수업 진행내용	특기사항
Housing Design	1		강의 개요 및 프로젝트 주제 발표	
			사례조사 및 도면읽기	
	2		대지선정 및 분석	법규의 이해
			client research (시나리오 작성)	
	3		아이디어 스케치 / 컨셉 도출	
			space program / zoning	
	4		디자인 컨셉 / 컨셉 모델	
			배치 및 평면계획	
	5		스터디 모델 / 평면 및 입단면계획-1	
			스터디 모델 / 평면 및 입단면계획-2	
	6		천장계획 및 가구배치계획	
			도면작성 / 컨셉 적용 안 제시	
	7		재료 및 색채디자인	
			CAD도면 및 투시도작업	
	8		패널 레이아웃 및 모형계획	
			최종 표현(패널 및 모형제작)	
	9		작품 제출	presentation
			포트폴리오 제작	

E. 평가내용

- 부지에 대한 이해와 해석이 합리적으로 반영되었는가.
- 각자 설정한 컨셉에 따른 창의적인 형태와 공간구성이 이루어졌는가.
- 기능의 합리적인 조닝과 기본적인 치수와 스케일이 정확하게 반영되었는가.
- 모든 제출도면이 정확하게 표현되었는가. 패널 배열과 모형의 완성도가 좋은가.
- 마감시간 내에 제출하였고 프레젠테이션을 잘 준비하였는가.

2 03 Design Criteria

A. 주거공간의 조닝과 동선

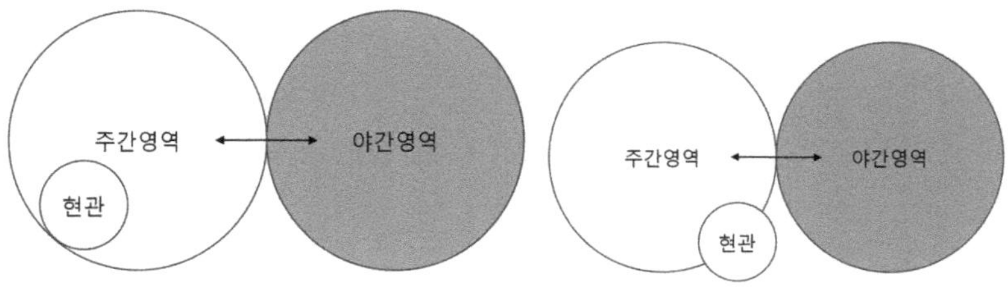

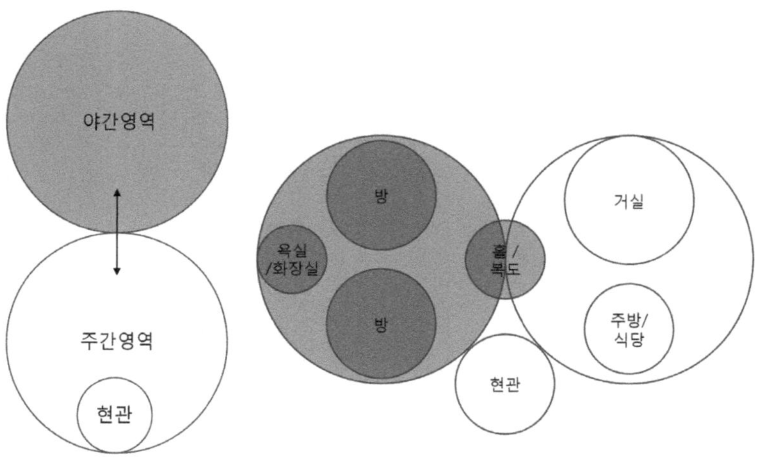

조닝이란 공간을 어떻게 배치하여 사람들이 어떻게 이동하여 사용하도록 할 것인가에 대한 과정이다. 공간은 그 성격에 따라 공적공간과 사적공간, 정적공간과 동적공간으로 나누어 생각할 수 있다. 공적인 성격과 동적인 성격, 사적인 성격과 정적인 성격의 연관관계에 대한 이해와 그 차별성을 충분히 이해하여 공간화하는 것이 중요하며, 특히 이러한 공적 · 사적, 정적 · 동적의 공간성격과 함께 주거공간에서는 밤의 공간과 낮의 공간으로 분류하여 주거공간을 이해할 수 있다. 주간영역 안에 있는 응접실과 부엌과 식사공간, 야간영역 안에 있는 복도공간과 화장실, 침실로 나누어 생각할 수 있으며, 각각 공간의 면적을 계산하고 영역에 대한 관계를 찾아낸다. 예를 들어, 밤의 공간에 있는 복도공간은 화장실로 가기 위한 필터로 작용한다.

공간에 대한 정의는 논리적 시퀀스 안에 벽들의 근접한 배치규정을 할 수 있다. 부엌과 가까운 식사공간, 기술적으로 출구에서 멀리 위치한 부엌, 휴식, 놀이, 공부와 수납공간 등이다.

세밀하고 차별적으로 각각의 내부공간의 기능성을 규정하기 위해서는 한 목적을 가지고 세밀하게 나누어지는 실내공간의 분배를 연구해야 한다. 영역의 크기에 따라, 공간들을 사용하는 사람들의 요구에 따라 공간의 형태와 디자인은 달라진다. 대화를 위한 공간, 식사를 위한 공간, 또는 음악, 휴식, 놀이를 위한 공간 등으로 구체적으로 생각해 본다.

부엌공간의 주변에 식사공간과 또 다른 작업공간을 위치시킬 수 있고, 마찬가지로 침실엔 다른 휴식공간과 그리고 이러한 방식으로 앞으로 거주할 사람들의 요구를 만족시킬 수 있는 공간을 위치시킬 수 있다. 출입구, 밤공간과 낮공간 사이의 기능적인 측면에서 공간의 연관성을 충분히 표현한다.

위의 그림에서 낮의 공간은 응접실과 식사공간으로 구성된다. 사용자는 현관에서 한쪽으로는 대화의 공간에 또 다른 한쪽으로는 부엌과 붙어있는 식사공간으로 이를 수 있다. 낮의 공간은 응접실의 공간으로 한정된다. 입구에서부터 바로 대화의 공간에 다다를 수 있고, 반면에 왼쪽 공간은 더 아늑한 휴식의 장소로 남는다.

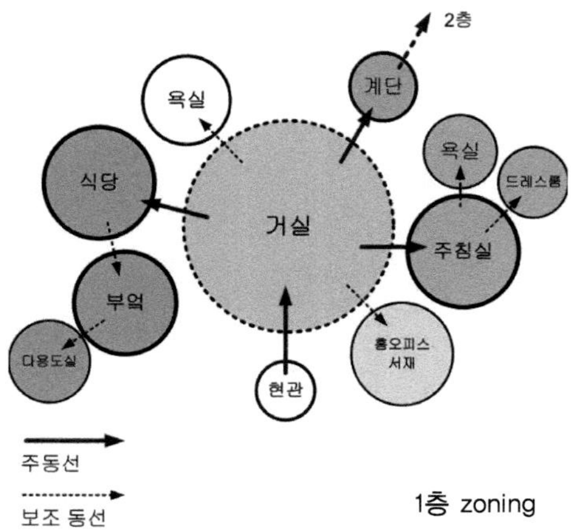

1층 zoning

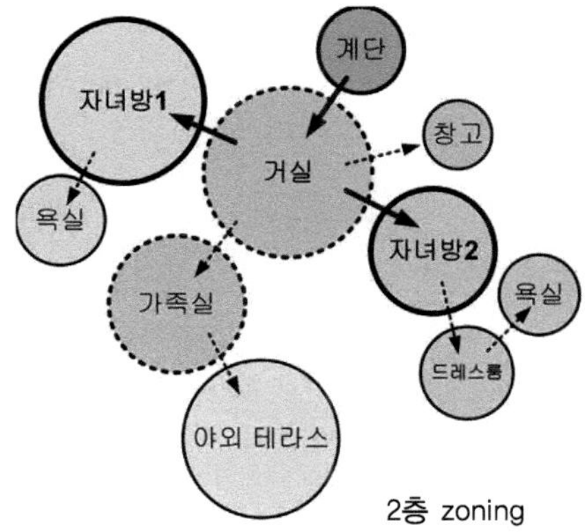

2층 zoning

조닝다이어그램은 각 실 간의 면적과 위치, 각 공간과 공간의 연결관계를 모두 알 수 있도록 작업한다. 주택의 조닝 다이어그램에서 버블의 크기는 공간의 대략적인 규모를 나타내며 선의 굵고 가는 것은 공간의 빈번도를 표현한다. 또한 버블의 외곽선을 실선과 점선 및 두께로 구분하여 각각의 공간성격과 연결관계를 다이어그램으로 정리하고 한눈에 알아볼 수 있게 한다. 또한 공간의 위치와 연결관계가 명확하게 표현되도록 하고 사용자의 동선이 한눈에 읽혀질 수 있도록 한다.

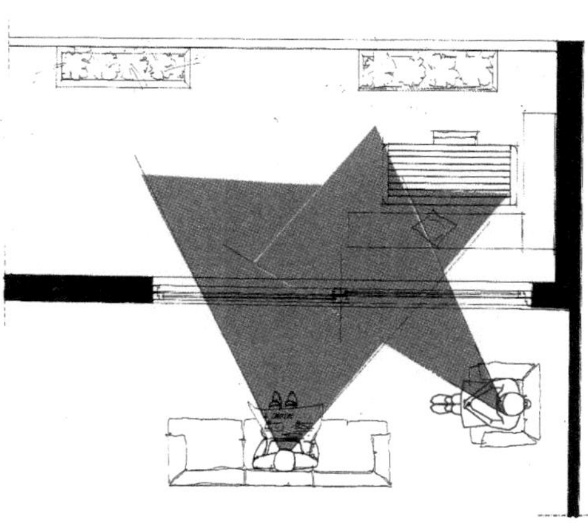

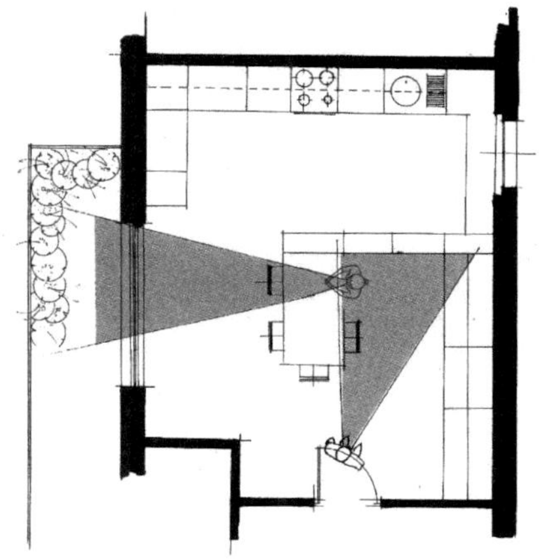

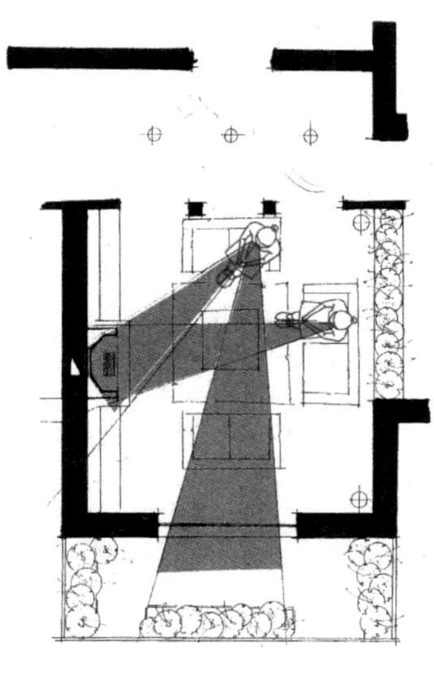

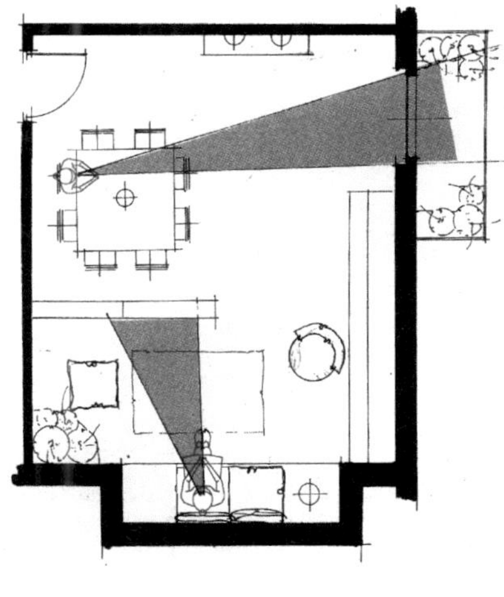

공간 조닝에서 앞서 설명한 밤의 공간과 낮의 공간을 고려하되 주어진 조건에서의 전망과 사용자의 시선에 대한 고려가 상당히 중요하다. 디자이너는 사용자가 앉았을 때와 섰을 때 또 낮과 밤에 시각적으로 무엇을 볼 수 있는지에 대한 기본적인 스케치와 고민을 해야 한다.

동선은 사람이나 물건이 움직이는 선을 연결하여 만들어지는 선이다. 모든 동선의 시작은 (현관문, 문, 도로)이 있고 연속적인 공간을 통하여 목적하는 동선까지 이어진다. 이 동선이 짧으면 짧을수록 효율적이나 공간의 성격에 따라 길게 하여 더 많은 시간 동안 머물도록 유도되기도 한다. 사람이나 물건의 통행량과 함께 동선의 방향 교차, 통행량, 이동상태, 물건의 부피에 따라 적정 통로폭을 가져야 한다. 디자이너는 동선에 대한 고려를 통한 공간계획 시 사용자가 머물게 할 것인가, 지나가게 할 것인가를 결정하고 공간에 반영해야 한다.

공간의 논리적 연속성은 주거공간의 실내에서 발전되어야만 하는데, 이것은 동선에 의해서 결정된다. 동선계획은 사용자가 힘들고 불편하며 무의미하게 걷지 않도록 하며 공간과 공간의 연결이 즉각적이 되도록 한다. 이러한 이유로 가구의 배치는 주거자의 동선을 장애받지 않게 하고 규모와 운반의 측면에서도 충분이 검토되어야 한다.

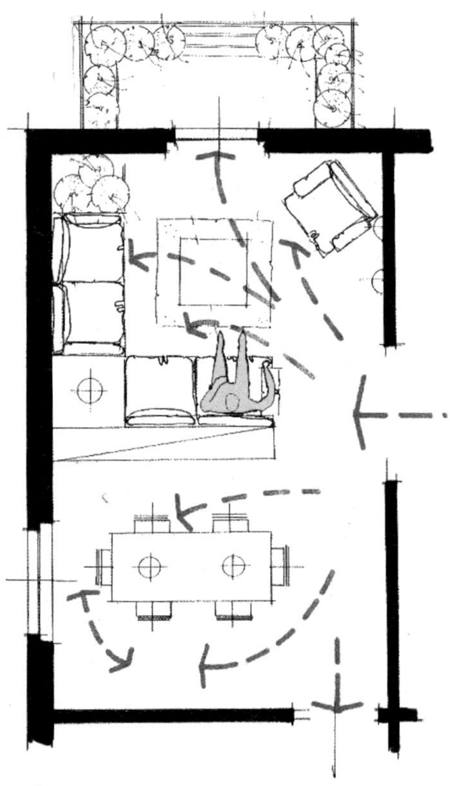

A

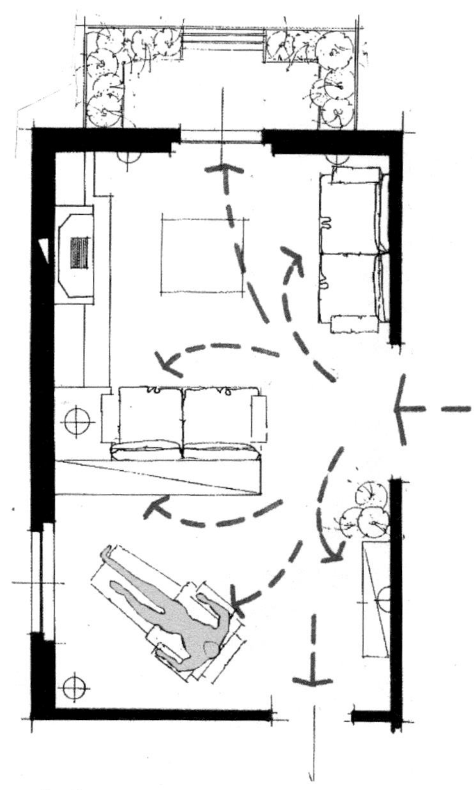

A–1

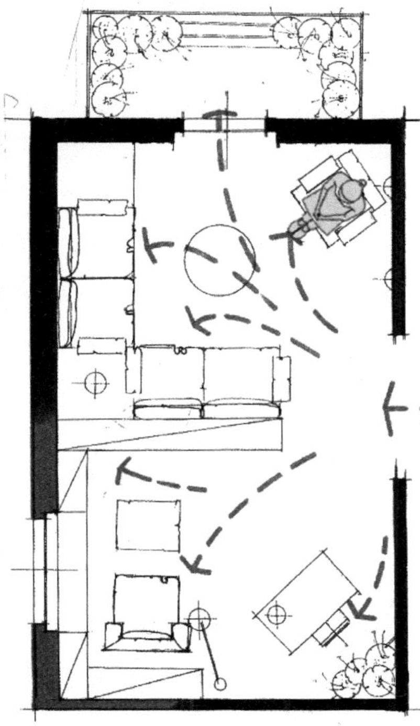

A–2

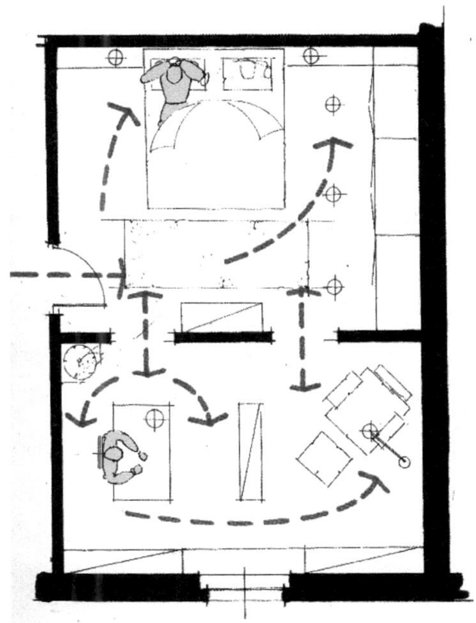

B

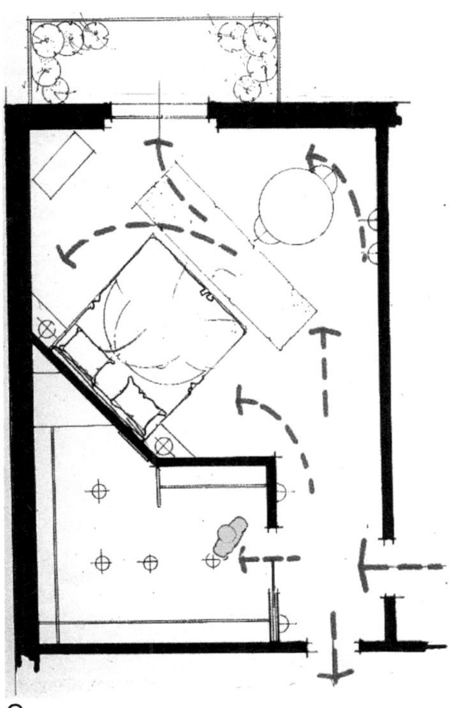

C

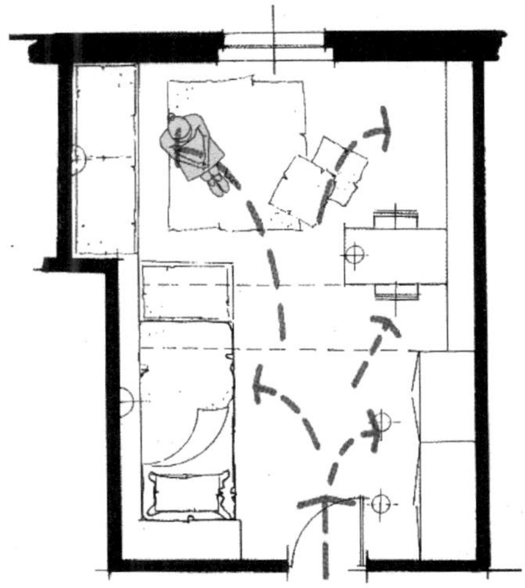

D

B. 가구의 기본치수와 규모

큐빅공간에서 다룬 바와 같이 인체의 치수와 공간은 매우 중요한 연관성을 가진다. 공간별 사용되는 가구의 치수와 그 치수의 유추 과정을 반드시 이해하여 단순한 암기가 아닌 인체치수에 근거한 가구의 기A본치수와 규모를 이해한다. 또한 인간의 행태와 움직임을 고려하여 공간의 적정 규모를 찾아낸다.

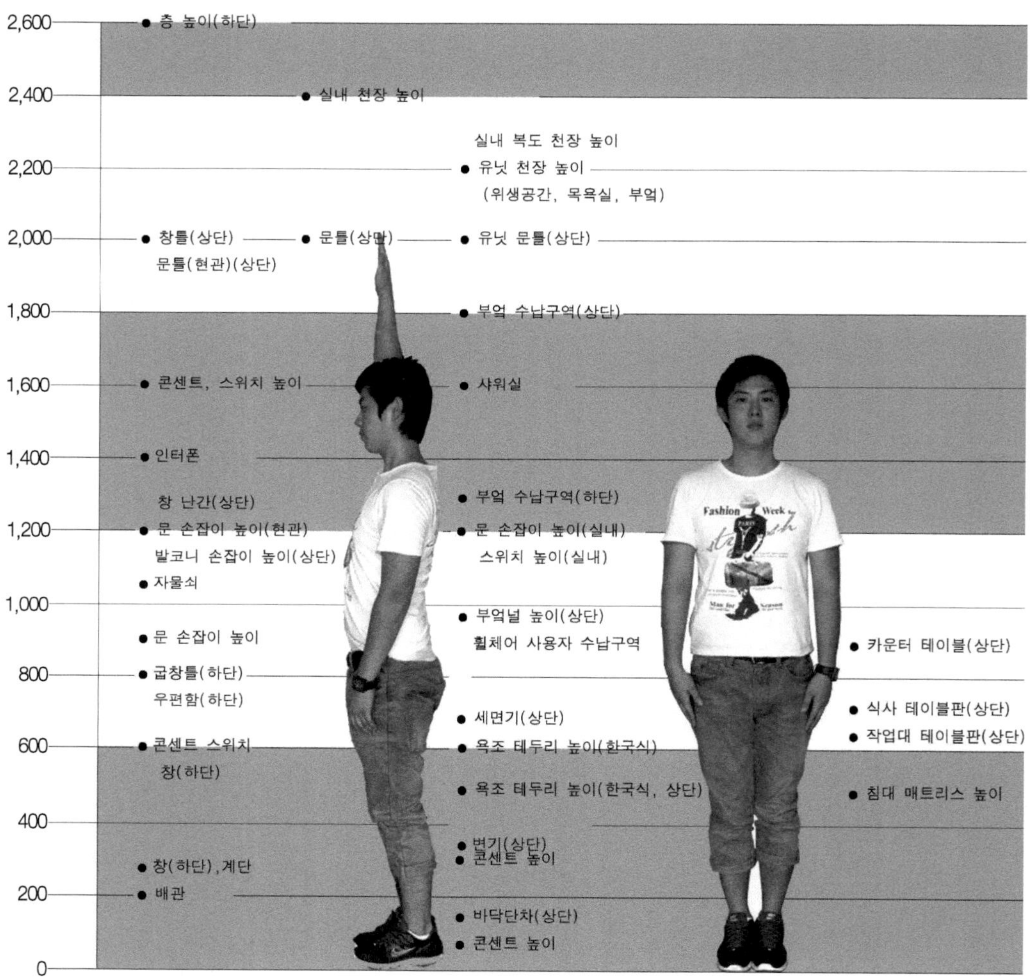

● 거실 가구의 기본치수

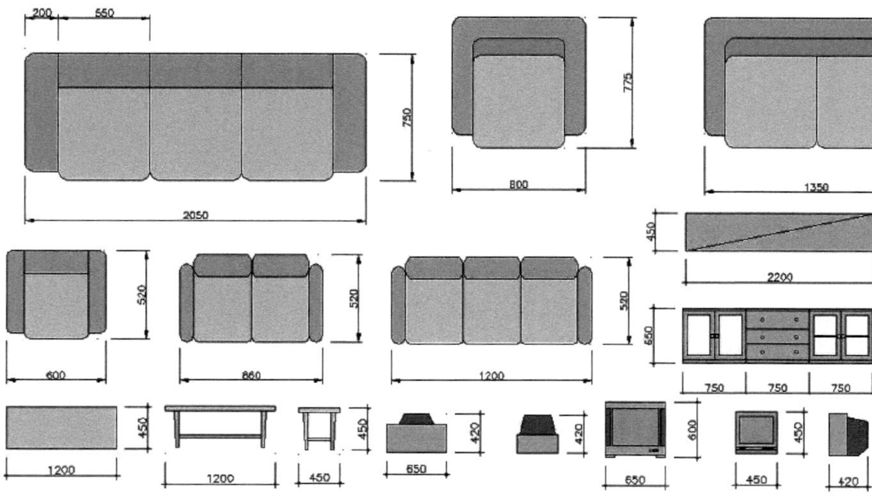

● 부부침실 가구의 기본치수

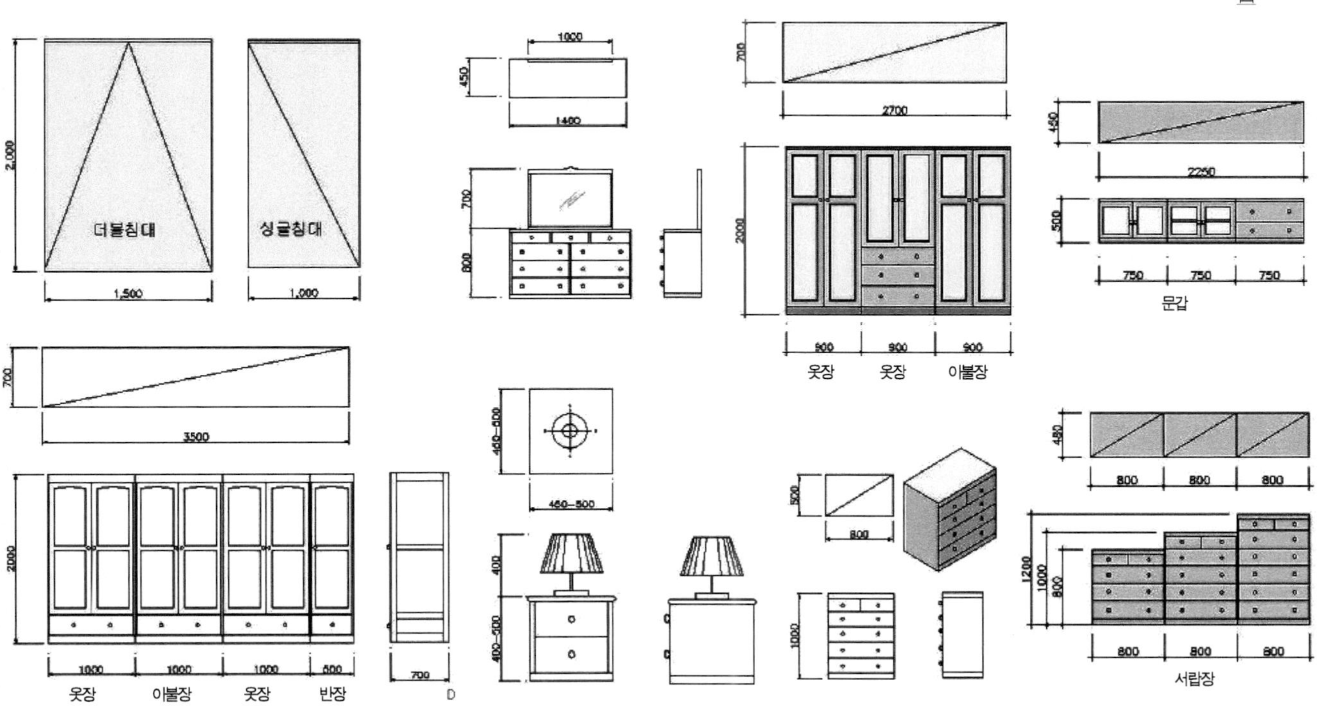

● 자녀침실 가구의 기본치수

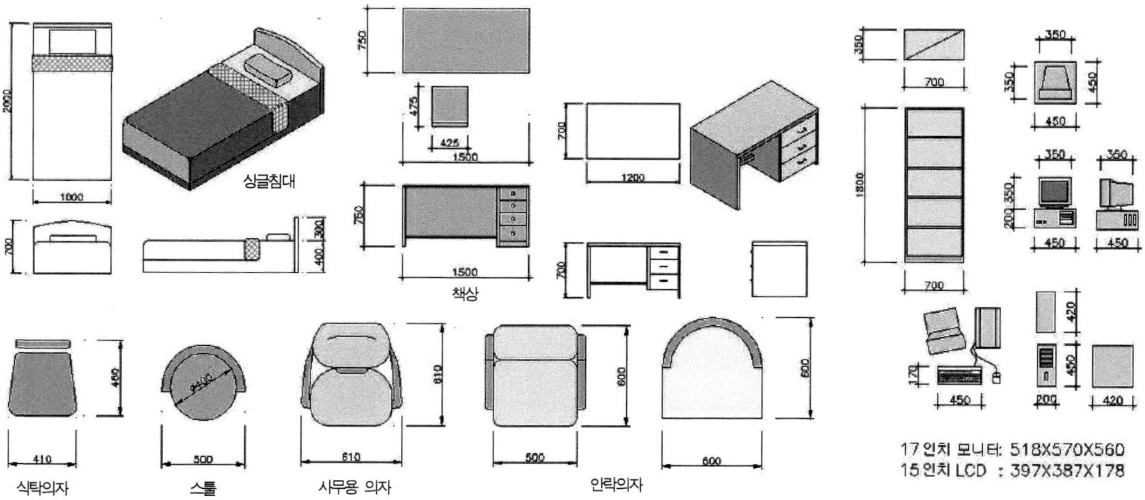

● 주방 가구의 기본치수

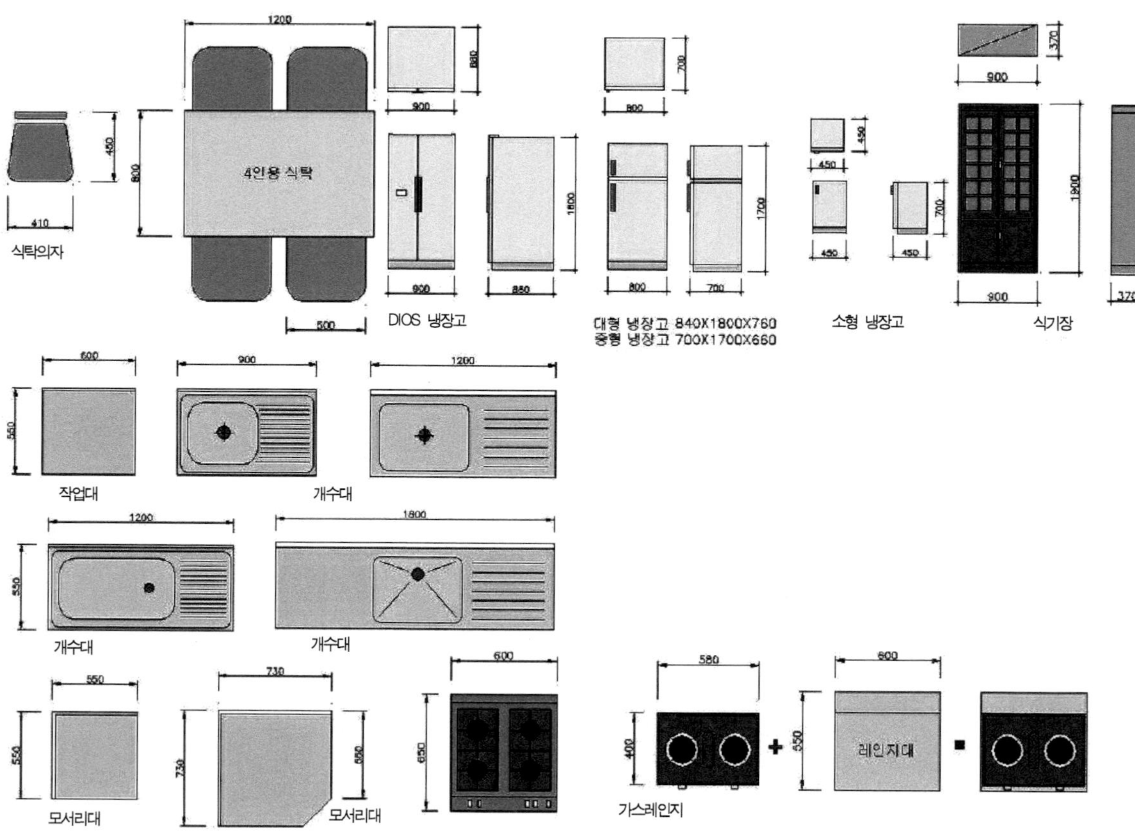

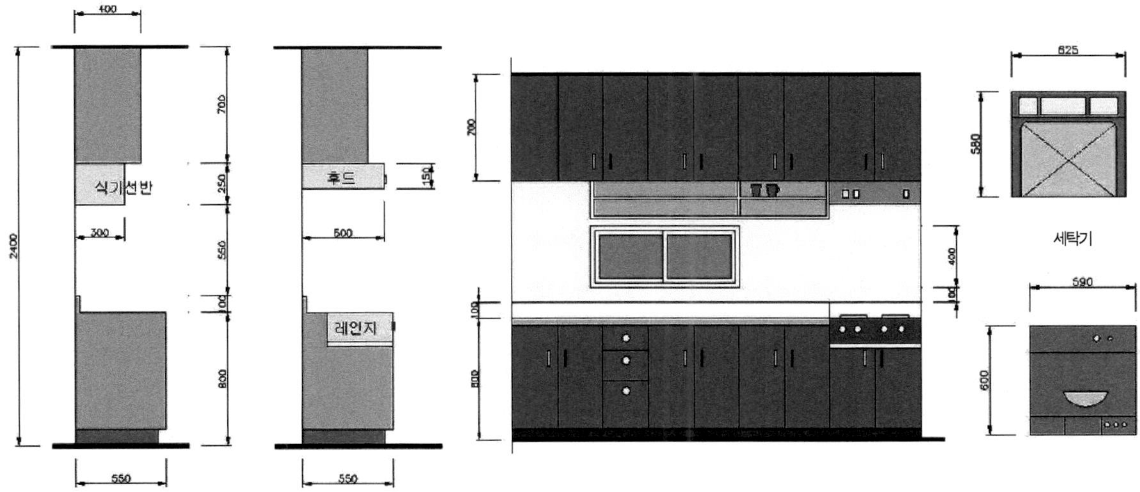
식기선반
후드
레인지
세탁기
400
2400
700
250
550
100
800
300
500
150
550
625
580
590
600

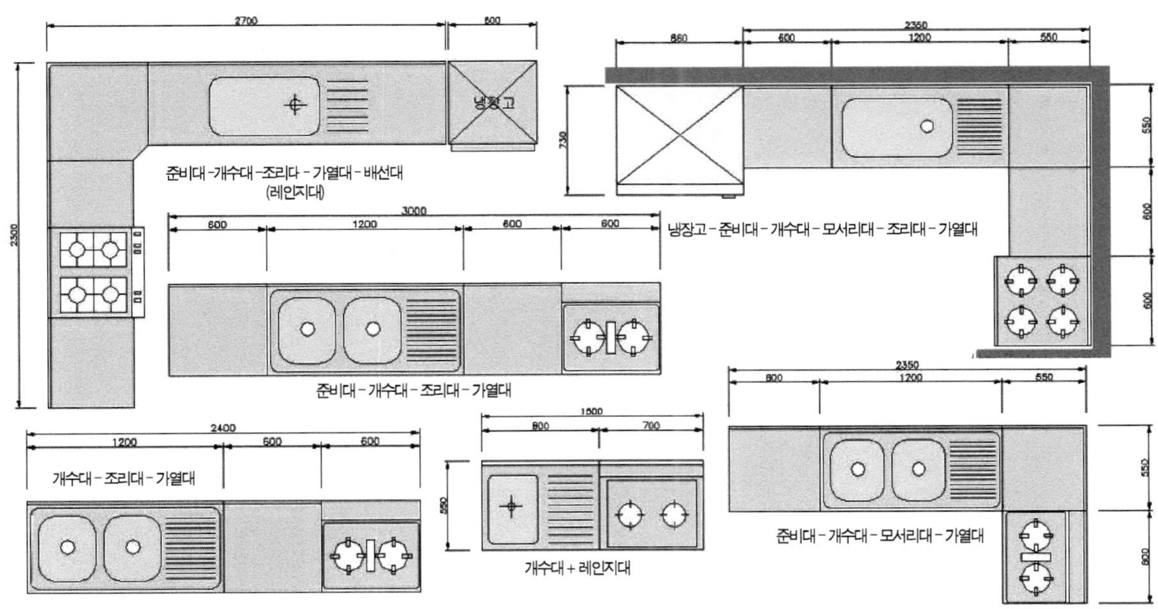
냉장고
준비대-개수대-조리다-가열대-배선대
(레인지대)
준비대-개수대-조리대-가열대
냉장고-준비대-개수대-모서리대-조리대-가열대
개수대-조리대-가열대
개수대+레인지대
준비대-개수대-모서리대-가열대

● 욕실 · 현관 가구의 기본치수

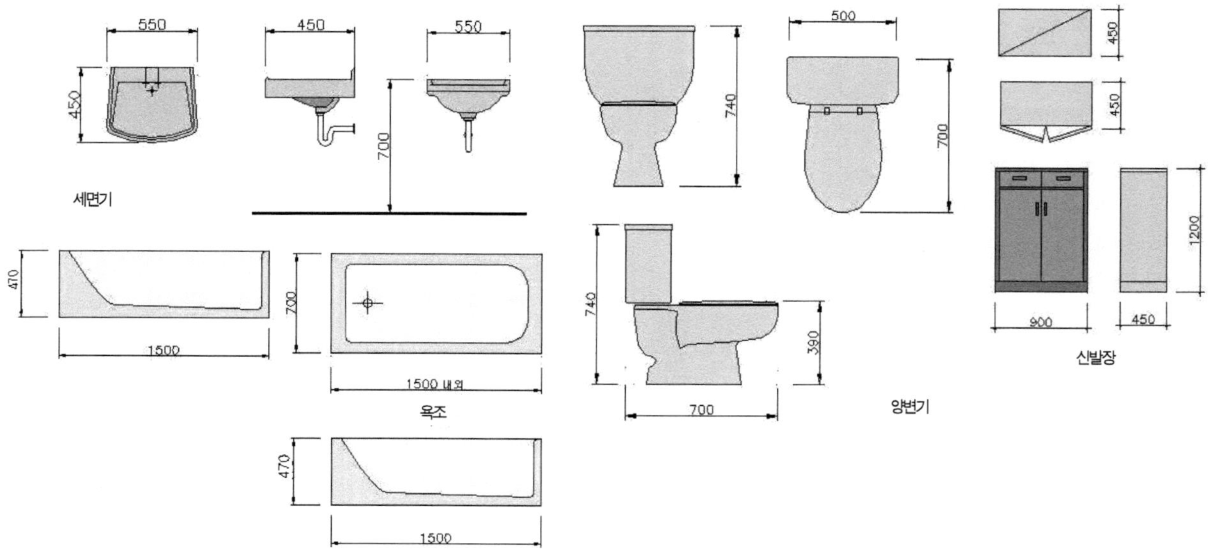

실내계획에 있어 규모 및 치수 산정(인간공학 + 감성공학)은 인체치수를 기본으로 하되 인간의 생리적, 심리적 측면을 고려해야 한다. 규모계획에 있어서 그 접근방법은 크게 빌드 업(build-up : 조합)과 분할(break-down : open plan)방식으로 구분된다. 빌트 업 방식은 행위에 따른 인체치수, 활동면적, 물품치수, 가구치수 및 배치의 면적 등을 합하여 소요면적이나 단위공간의 크기를 정하거나, 각 단위공간의 면적 및 필요한 규모를 쌓아서 전체 규모를 산정하는 방법이다. 그리고 분할법은 우선 전체규모를 정하고, 이것을 가구배치의 면적, 단위공간을 비롯하여 필요한 제부분의 면적으로 배분하는 방법으로 공간의 부족, 낭비가 없도록 충실한 space program을 작성해야 한다. 규모의 결정은 공간의 감각적 크기를 고려한 객관적 자료를 근거로 공간의 사용목적에 따른 실, 사용자, 가구 등의 수량적인 측면과 소요면적의 관계, 빈도수를 파악한다.

치수계획은 생활과 물품, 공간과의 적정한 상호관계를 만족시키는 치수를 구하는 과정이다. 바닥, 벽, 천장, 개구부, 구조체, 설비뿐만 아니라 가구, 설치물 등 각종 실내공간 구성요소들의 크기를 정한다. 정해진 크기의 치수는 실의 넓이와 형상을 규정지을 뿐만 아니라 생활에 규제를 가하고, 행동을 유도하며, 인간의 심리적 · 정서적인 반응을 유발시킨다. 치수로 정해지는 크기는 다음과 같이 여러 가지 표시된다.

① 넓이, 즉 면적(가로×세로)이다. 평면의 형태는 사용에 영향을 미치는 것을 고려한다.

② 크기는 면적뿐만 아니라 높이(H)를 갖는 용적이다.

③ 절대값이 아니라 공간을 사용하는 사람의 1인당 넓이나 용적으로 파악된다.

예를 들어, 복도의 단면에서 폭과 넓이는 통행하는 사람의 수, 보행상태 등 동선에 따라 결정된다. 또한 치수는 시설과 지점간의 거리, 사람과 시설, 지점 사이의 거리 등 위치를 규정한다. 치수계획은 규모계획과 같이 공간에 대응한 생활을 양적인 측면으로 다루므로 동시적으로 또는 연속적으로 진행된다. 따라서 합리적인 규모계획의 결과는 적절히 치수화되어 공간을 다차원적으로 표현한다.8)

주택공간에서의 기능은 우리가 평소에 친숙한 공간들로 구성되어 있다. 일반적인 주거공간에서 요구되는 공간의 기능을 살펴보면, 현관은 주택의 내부공간으로 진입하기 위한 공간. 신발장, 우산 등의 수납장 등이 배치된다. 거실은 주택의 중심이 되는 공공공간(public space)으로 가족의 휴식, 사교, 접객, 아동들의 놀이 등 다목적 기능을 수용하는 공간으로 디자인된다. TV나 소파, 테이블, 장식장 등의 가구가 배치되는 경우가 일반적이다. 식사실은 가족이 함께 모여 식사를 하기 위한 공간으로 즐겁고 단란한 분위기 창출이 중요하며 주택에 있어서 거실과 함께 중심공간이 되고 식탁과 의자가 배치된다. 부엌은 음식을 조리하거나 보관하는 기능을 가진 공간으로 주부를 중심으로 디자인되어야 하며 싱크대, 조리대, 냉장고, 수납장, 식기세척기 등으로 구성된다. 다용도실은 수납공간과 함께 최근 상당히 중요시되는 공간으로 세탁기, 김치냉장고, 다리미대 등이 배치된다. 침실은 잠을 자거나 편안한 휴식을 위한 개인적인 공간으로 침대, 옷장, 소지품의 수납, 간이 테이블과 의자 등이 배치된다. 드레스룸은 수납전용 공간으로 침실과 함께 배치되어 옷을 입고 보관하는 수납장과 화장대 등이 구성되는 경우가 많다. 욕실은 입욕, 세면, 배설 등의 기능을 위한 공간으로 욕조와 세면대, 거울, 욕실용품 수납장, 휴기걸이, 수건걸이, 비데 등으로 구성된다. 주택의 규모에 따라서 욕조공간과 세면 및 비데가 설치된 공간을 분리하거나 독립적으로 샤워실을 구성하는 경우도 있다. 가족실은 거실의 기능과 달리 가족의 오락과 단란을 위해 AV room이나 게임기, 당구대 등을 배치하여 가족이 함께 모여 즐길 수 있는 공간이다. 창고는 주거생활에 필요한 다양한 물품을 보관하기 위한 공간으로 선반대나 수납장으로 구성된다. 서재는 독서와 도서의 수납을 위한 공간. 책장이나 장식장, 책상과 의자, 컴퓨터 등으로 구성되며, 복층 주택인 경우는 1층에서 지하로 내려가거나 1층에서 2층으로 올라가는 공간구조인 경우에는 계단을 설치하기 위한 공간이 필요하다.

내가 계획할 주택의 공간 능을 선정하였다면 해당 공간에서 사용자의 행태 유추와 가구

---

8) 오인욱, 〈실내계획론〉, 기문당, 2001, p.26~27

사용을 통한 치수와 규모 산정을 우선적으로 하여 충분한 공간감을 익히고, 이러한 기능공간 등을 어떻게 배치할 것인가를 결정해야 한다.

C. 대지의 분석과 법규의 이해

주택설계에 있어서 가장 먼저 해야 할 일은 내가 설계할 대상 대지를 찾는 작업이다. 대지를 찾는 과정은 자신이 설계할 대지를 학생이 스스로 찾아 대지의 조건과 주변 환경 등을 조사하고 분석하는 과정을 알기 위해서다. 주어진 설계조건에 부합하는 적당한 규모의 대지를 찾았다면 주소를 확인하고 주소지의 관할 구청에 가서 아래 보이는 토지이용계획확인서와 지적도 등본을 발급받는다. 토지이용계획확인서와 지적도 등본을 발급 받았다면 용도 지역과 지구를 알 수 있고 대지의 지도를 얻게 될 것이다. 이를 통하여 설계를 위한 대지에 대한 기초적인 자료 구비가 완료된다. 기초자료가 완비되면 해당 대지를 찾아가서 그곳에 대한 사진촬영과 함께 현황을 파악해야 한다. 대지 사진은 나중에 실내투시도에 활용 가능하다. 대지에 대해 조사해야 할 내용을 구체적으로 살펴보면, 주요 도로에서부터 대지까지의 진입 동선으로, 이때 차량 동선과 보행 동선 모두 파악한다. 인근 주변 건축물의 층수와 용도, 대지로부터 외부로의 조망과 소음, 인근 지역의 수목상태나 현재 대지 내에 있는 조경 등을 조사한다. 대지가 경사진 지역이라면 경사도를 대략적으로 파악하여 이를 설계에 반영한다. 이상을 다이어그램 형식으로 정리한다.

(1) 토지이용계획확인서

토지이용계획확인서란 토지에 대한 공법상의 제한사항을 확인할 수 있는 서류로 도시관리계획의 결정 · 고시된 내용, 다른 법률에 의해 결정 · 고시된 지역 · 지구 · 구역 등의 지정, 토지의 용도 및 도시계획시설의 결정 여부 등에 관한 계획을 확인할 수 있는 서류를 말한다.

즉, 해당 토지를 개발하고자 할 때 토지가 어떻게 이용 가능한지, 어떤 종류의 건축물을 지을 수 있는지, 건물의 면적 제한사항이 있는지, 토지거래 허가구역에 속해 있는지 등의 토지이용 전반에 관한 각종 제한사항을 확인할 수 있다.

(2) 지적도

지적도는 지적법상 지적공부 중의 하나로서 ① 토지의 소재, ② 지번, ③ 지목, ④ 경계, ⑤ 도면의 색인도 · 제명 및 축척, 도곽선 및 도곽선 수치, 좌표에 의하여 계산된 경계점 간거리 등의 도면을 말한다. 지적도의 축척은 500분의 1, 600분의 1, 1,000분의 1, 1,200분의 1, 2,400분의 1이 있다.

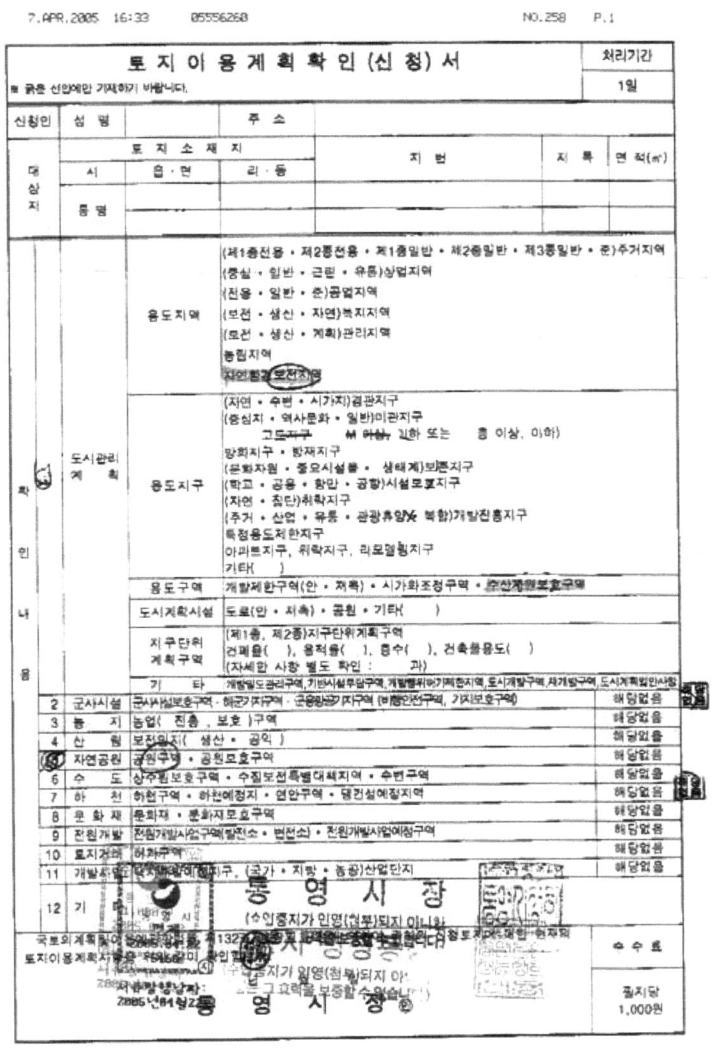

7.APR.2005 16:33 05556260 NO.258 P.1

토 지 이 용 계 획 확 인 (신 청) 서

※ 굵은 선안에만 기재하기 바랍니다.

처리기간
1일

신청인	성 명		주 소			
대상지	토지소재지			지 번	지 목	면 적(㎡)
	시	읍·면	리·동			
	동 명					

확인내용			
1	도시관리계획	용도지역	(제1종전용·제2종전용·제1종일반·제2종일반·제3종일반·준)주거지역 (중심·일반·근린·유통)상업지역 (전용·일반·준)공업지역 (보전·생산·자연)녹지지역 (보전·생산·계획)관리지역 농림지역 자연환경보전지역
		용도지구	(자연·수변·시가지)경관지구 (중심지·역사문화·일반)미관지구 고도지구 (층 이상, 이하 또는 층 이상, 이하) 방화지구·방재지구 (문화자원·중요시설물·생태계)보존지구 (학교·공용·항만·공항)시설보호지구 (자연·집단)취락지구 (주거·산업·유통·관광휴양·복합)개발진흥지구 특정용도제한지구 아파트지구, 위락지구, 리모델링지구 기타( )
		용도구역	개발제한구역(안·저촉)·시가화조정구역·수산자원보호구역
		도시계획시설	도로(안·저촉)·공원·기타( )
		지구단위계획구역	(제1종, 제2종)지구단위계획구역 건폐율( ), 용적률( ), 층수( ), 건축물용도( ) (자세한 사항 별도 확인 : 과)
		기 타	개발밀도관리구역, 기반시설부담구역, 개발행위허가제한지역, 도시개발구역, 재개발구역, 도시계획입안사항

2	군사시설	군사시설보호구역·해군기지구역·군용항공기지구역(비행안전구역, 기지보호구역)	해당없음
3	농 지	농업(진흥 , 보호)구역	해당없음
4	산 림	보전임지(생산 · 공익)	해당없음
5	자연공원	공원구역·공원보호구역	해당없음
6	수 도	상수원보호구역·수질보전특별대책지역·수변구역	해당없음
7	하 천	하천구역·하천예정지·연안구역·댐건설예정지역	해당없음
8	문 화 재	문화재·문화재보호구역	해당없음
9	전원개발	전원개발사업구역(발전소·변전소)·전원개발사업예정구역	해당없음
10	토지거래	허가구역	해당없음
11	개발사업	택지개발예정지구, (국가·지방·농공)산업단지	해당없음
12	기 타		

국토의계획및이용에관한법률 제132조 ... 토지이용계획사항을 위와같이 확인합니다.

2005년04월2 통 영 시 장

(수입증지가 인영(첨부)되지 아니한 경우에는 그 효력을 보증할 수 없습니다)

수 수 료
필지당 1,000원

(3) 대지와의 관계

- **대지면적** : 대지의 수평투영면적, 대지 안에 건축선이 정해진 경우 그 건축선과 도로사이의 대지면적은 제외, 대지 안에 도시계획시설인 도로, 공원 등이 있는 경우 그 도시계획시설에 포함되는 대지면적은 제외
- **대지경계선** : 인접대지경계선과 도로경계선
- **인접대지경계선** : 도로경계선 이외의 대지경계선, 즉 대지와 인접한 다른 대지의 경계선

- **도로경계선** : 대지와 인접한 도로와의 경계선, 신설도로, 최소폭 미달 도로, 가각전제에 의해 변경될 수 있다.

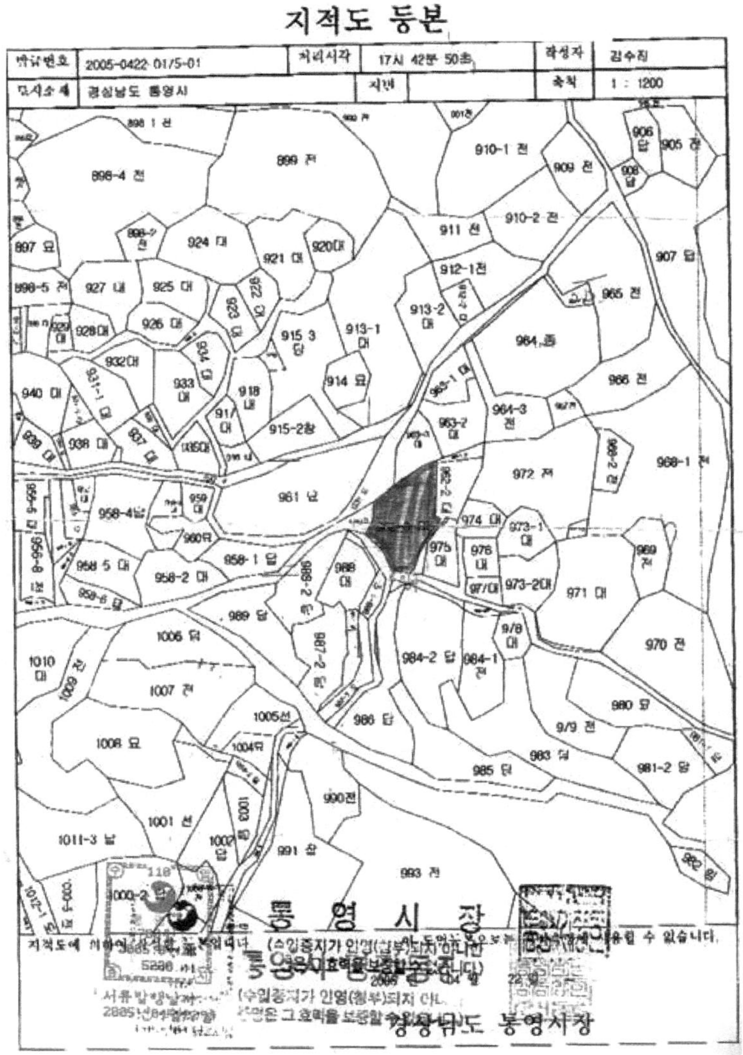

- **건축선** : 건축물을 건축할 수 있는 선, 건축물과 담장은 건축선의 수직면을 넘어서면 안 된다. 법률과 조례에 의해 건축선은 대지경계선으로부터 이격하여 지정될 수 있다. 또한 실제 건축물이 지어질 수 있는 위치 또한 법률과 조례에 따라 건축선으로부터 이격될 수 있다.

  건축물의 높이 제한

  가로구역별 최고높이 지정

- **도로사선제한** : 건축물 각 부분의 높이는 그 부분으로부터 전면도로의 반대쪽 경계선까지의 수평거리의 1.5배를 초과할 수 없다(조례에 따라 따로 정할 수 있음).
- **일조권 확보를 위한 높이 제한** : 전용주거지역 및 일반주거지역 안에서 건축하는 건축물의 높이는 일조 등의 확보를 위해 정북방향의 인접대지 경계선으로부터의 거리에 따라 대통령령이 정하는 높이 이하로 해야 한다.

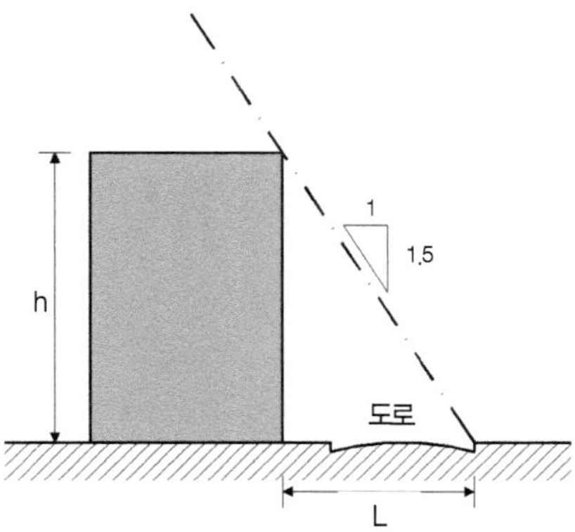

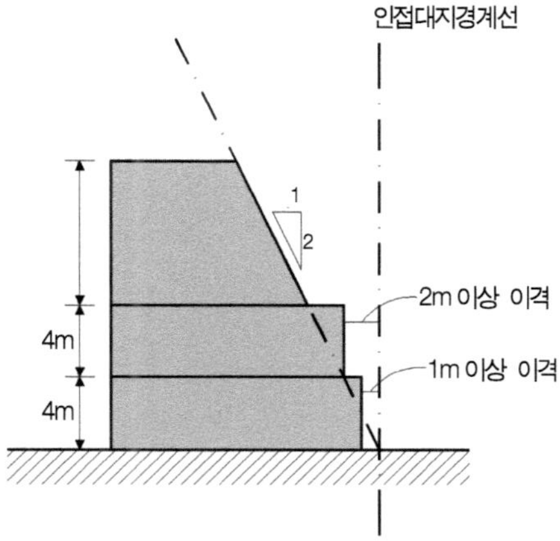

(4) 건폐율

- **정의** : 건폐율이란 대지면적에 대한 건축면적의 비
  건폐율의 제한은 용도지역에 따라 조례에서 정한다.
- **산정식** : 건폐율 $= \dfrac{\text{건축면적}}{\text{대지면적}} \times 100(\%)$
- **목적** : 건축물이 축조되는 대지에 최소한도의 공지를 확보하여 일조 · 채광 · 통풍 등의 환경조성 및 재해 시의 연소확대 방지 및 피난 · 소화활동을 용이하게 한다.

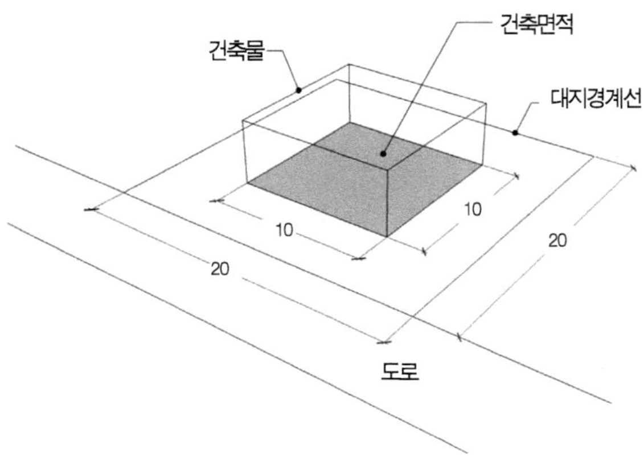

- 건축면적의 산정기준
  - 건축물의 외벽(외벽이 없는 경우 외곽부분의 기둥)의 중심선으로 둘러싸인 부분의 수평투영면적
  - 2 이상의 건축물이 있는 경우 건축면적의 합계
  - 이중벽인 경우 벽체두께 합의 중심선으로 하지만 태양열을 이용하는 주택의 경우 내측 내력벽의 중심으로 산정
  - 지표면에서 1m 이하인 부분은 면적 산정에서 제외함
  - 차양, 처마, 부연, 단독주택 및 공동주택의 발코니의 경우 외벽의 중심선으로부터 수평거리 1m 이상 돌출부분은 끝에서부터 1m(창고인 경우 3m, 한옥인 경우 2m) 후퇴한 나머지 부분만 산입

(5) 용적률

- 정의 : 용적률은 대지면적에 대한 연면적의 비
  용적률의 제한은 용도지역에 따라 조례에서 정한다.
- 산정식 : $용적률 = \dfrac{연면적의\ 합계(지하층\ 면적을\ 제외한)}{대지면적} \times 100(\%)$
- 목적 : 도시공간의 과밀화 방지와 당해 대지의 채광통풍 등을 위한 공간을 확보하기 위한 입체적 제한규정이다.

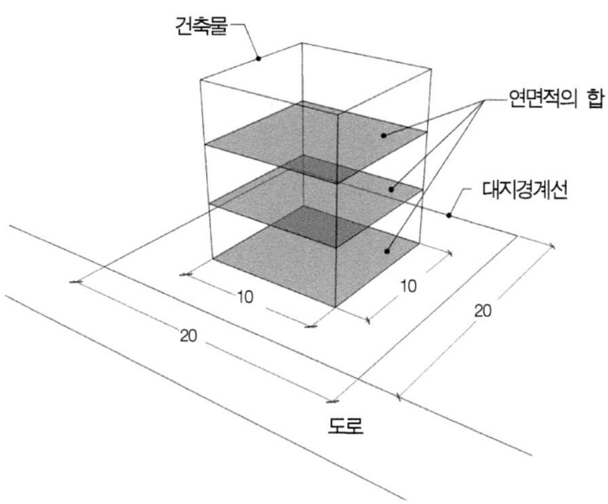

- 연면적의 산정기준
  - 동일 대지 내에 2동 이상의 건축물이 있는 경우에는 각 동의 연면적을 합한 합계면적을 기준으로 한다.

– 연면적은 하나의 건축물 각층 바닥면적의 합으로 산정되나 용적률 적용 시에는 지하층 바닥면적과 부속용도로 사용되는 주차장면적을 제외한 면적을 기준으로 한다.

(6) 조경면적

대지 안의 조경은 도시 내의 녹지공간을 확보함으로써 도시경관의 향상 및 쾌적한 환경의 조성에 목적이 있다. 조경기준은 면적 200㎡ 이상인 대지에 건축물을 건축하는 경우 조례가 정하는 기준에 따라 조경 등에 필요한 조치를 해야 함을 원칙으로 한다.

옥상조경의 경우 국토해양부 장관이 고시하는 기준에 따라 조경 및 기타 필요한 조치를 하는 경우 조경면적의 3분의 2에 해당하는 면적을 대지 안의 조경면적으로 산정할 수 있다. 단, 이 경우 법정 조경면적의 100분의 50을 초과할 수 없다.

(7) 주차

"주차장"이란 자동차의 주차를 위한 시설로서 노상주차장, 노외주차장, 부설주차장으로 구분할 수 있다. 특히 부설주차장이란 건축물과 같이 주차수요를 유발하는 시설에 부대하여 설치된 주차장으로서 해당 건축물 · 시설의 이용자 또는 일반의 이용에 제공되는 것을 말한다. 주차방식에 따라 주차면의 크기와 통로폭을 정확히 적용한다. 수직주차, 평행주차에 따른 주차면의 사이즈를 반드시 확인한다.

2 04 Design Result

A. Panel & Model

학생작품 A

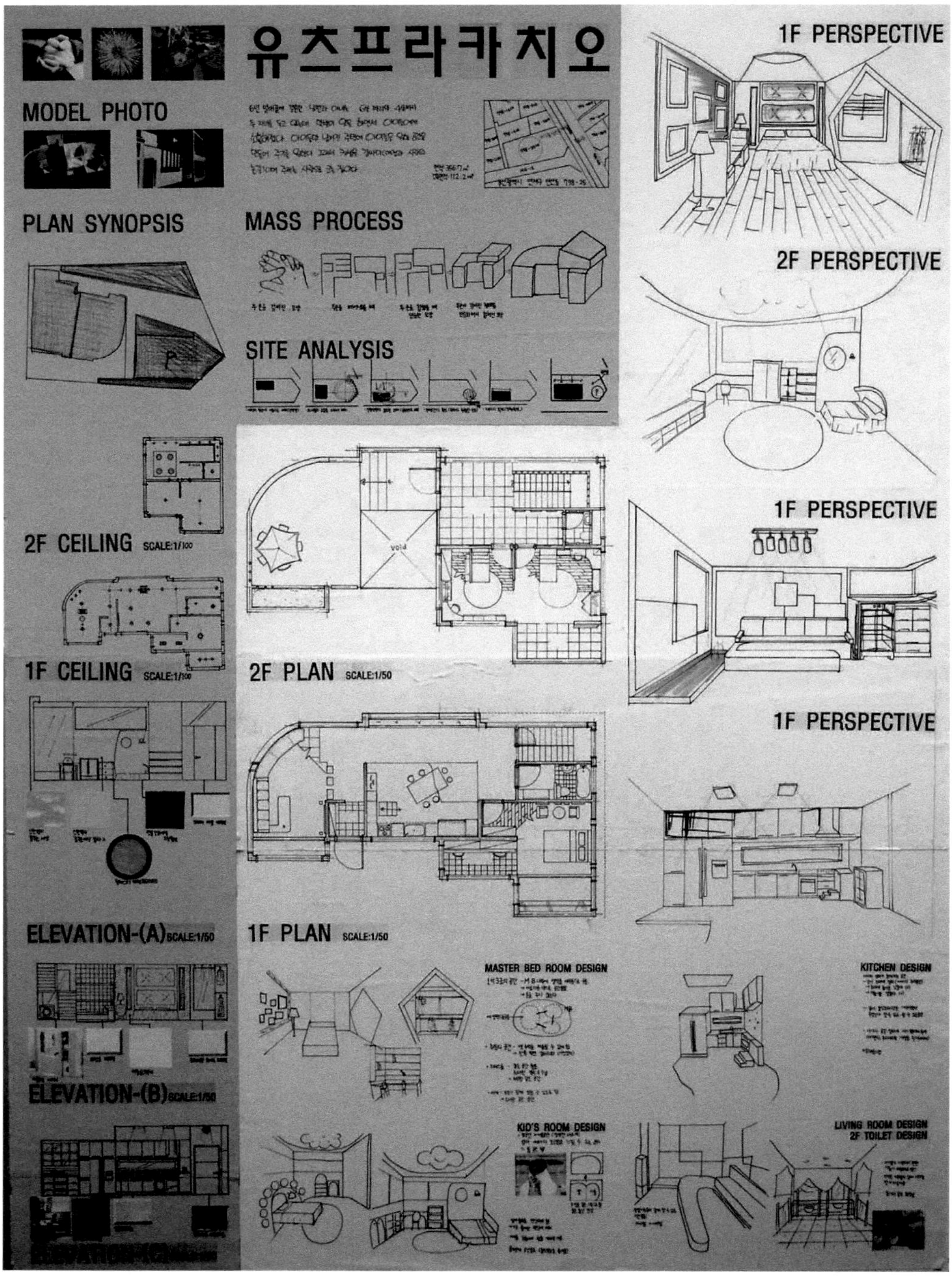

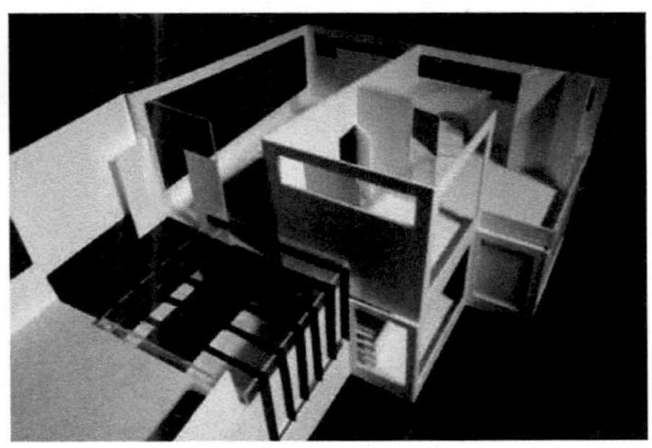

학생작품 B

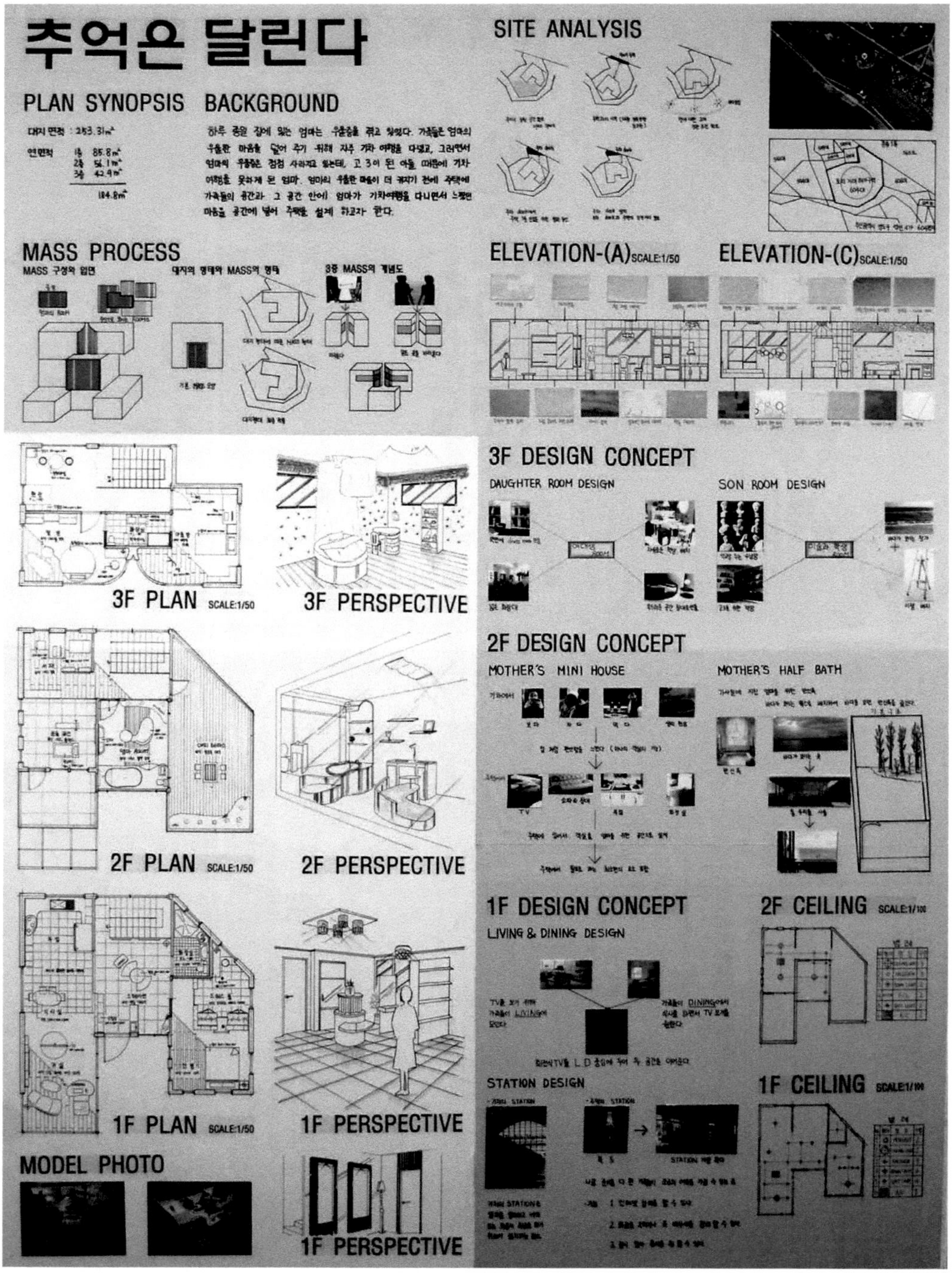
추억은 달린다
PLAN SYNOPSIS
대지 면적 : 253.31m²
연면적 1층 85.8m² 2층 56.1m² 3층 42.9m²
184.8m²
BACKGROUND
하루 종일 집에 있는 엄마는 우울증을 겪고 있었다. 가족들은 엄마의 우울한 마음을 덜어 주기 위해 자주 기차 여행을 다녔고, 그러면서 엄마의 우울증은 점점 사라지고 있는데, 고 3이 된 아들 때문에 기차 여행을 못하게 된 엄마. 엄마의 우울한 마음이 더 커지기 전에 주택에 가족들의 공간과 그 공간 안에 엄마가 기차여행을 다니면서 느꼈던 마음을 공간에 넣어 주택을 설계 하고자 한다.
SITE ANALYSIS
MASS PROCESS
MASS 구성와 입면
대지의 형태와 MASS의 형태
3층 MASS의 개념도
ELEVATION-(A) SCALE:1/50
ELEVATION-(C) SCALE:1/50
3F PLAN SCALE:1/50
3F PERSPECTIVE
3F DESIGN CONCEPT
DAUGHTER ROOM DESIGN
SON ROOM DESIGN
2F PLAN SCALE:1/50
2F PERSPECTIVE
2F DESIGN CONCEPT
MOTHER'S MINI HOUSE
MOTHER'S HALF BATH
1F PLAN SCALE:1/50
1F PERSPECTIVE
1F DESIGN CONCEPT
LIVING & DINING DESIGN
STATION DESIGN
2F CEILING SCALE:1/100
1F CEILING SCALE:1/100
MODEL PHOTO
1F PERSPECTIVE

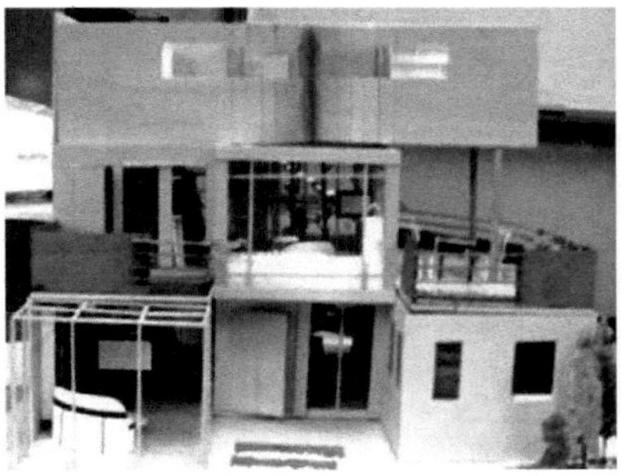

학생작품 C

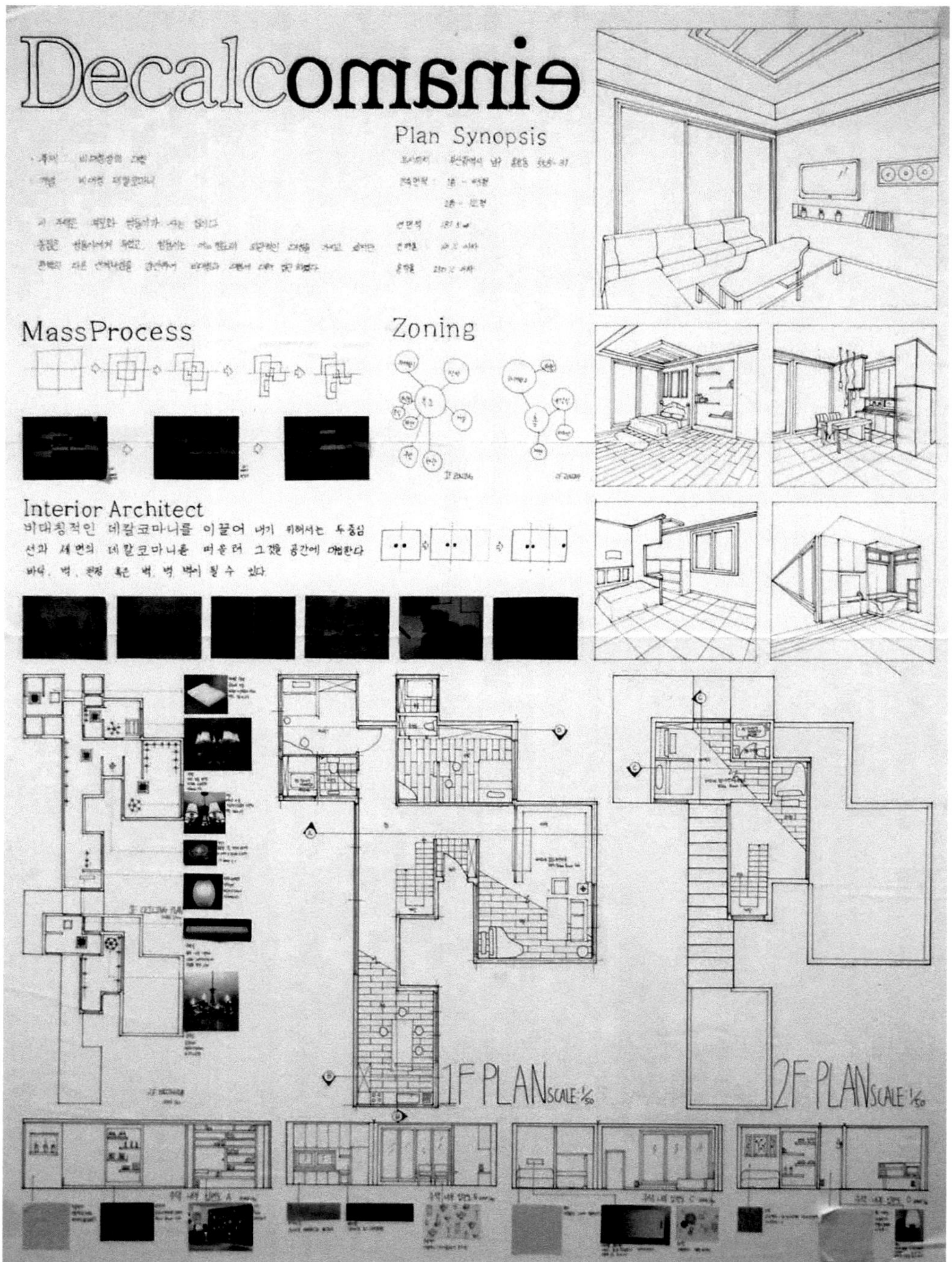
Decalcomanie
Plan Synopsis
MassProcess
Zoning
Interior Architect
1F PLAN SCALE 1/50
2F PLAN SCALE 1/50

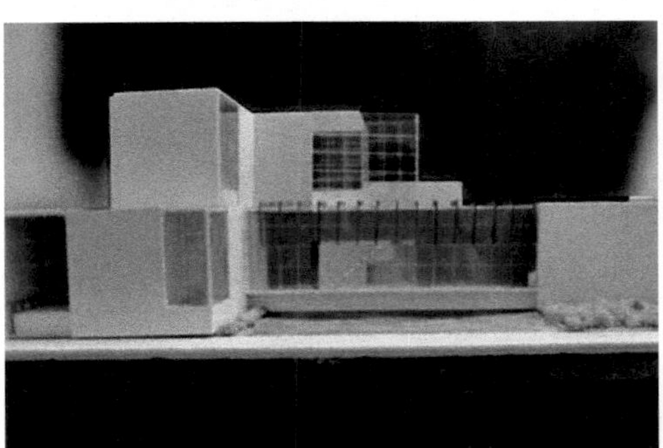

학생작품 D

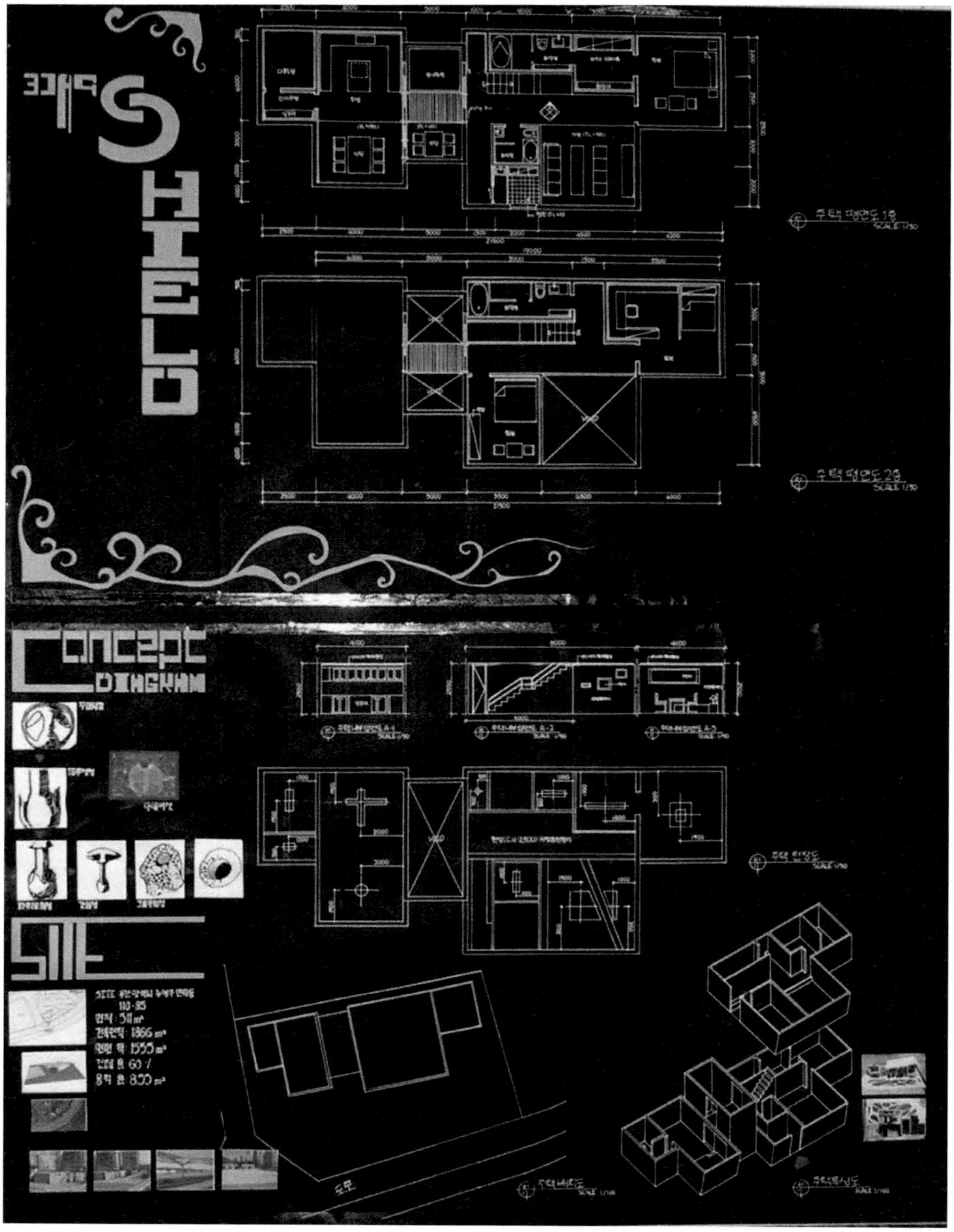

학생작품 E

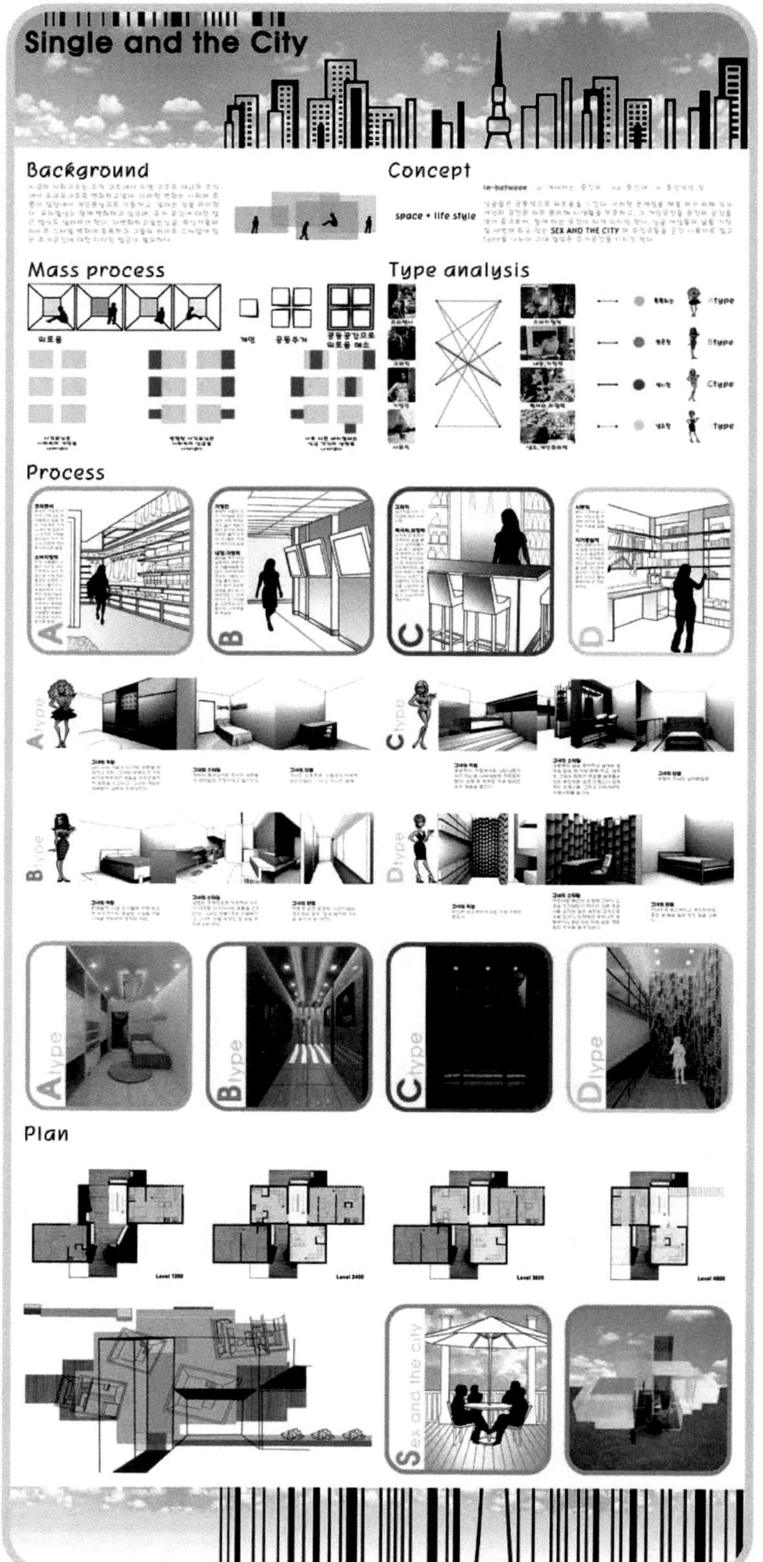
Single and the City
Background
Concept
space + life style
Mass process
Type analysis
Process
Plan

B. 제안서 PPT

학생작품 A

HOUSING PROJECT

樂&rock

Design Proposal

Design Story & Scenario
Design Concept
Plan (1층 평면도 / 중층 평면도)
Elevation
Perspective & AXONOMETRIC
Panel Photo
Model Photo

Design Proposal for Housing

▶ Design Story & Scenario

Scenario

아버지는 50세 고등학교 국어 선생님이다. 어머니는 가구 리폼 디자이너 이다. 집에서 작업공간을 통해서 가구를 리폼하고 인터넷으로 리폼한 가구를 판다. 그리고 딸이 하나 있다. 딸은 대학생으로 공부를 잘한다. 취미생활을 피아노를 다루는 것이다. 이들 가족들의 공통 취미생활을 악기를 다루는 것이다.

Design Story

컨셉 에 맞게 즐겁고 경쾌하게 집을 주기 위해서 사선을 통해서 사용하였다. 하나의 사선은 긴장감과 불안감을 주지만 사선이 일정한 리듬감을 가지면서 연속적인 패턴으로 간다면 충분히 경쾌함을 줄수 있다고 생각했다.

1

Design Proposal for Housing

▶ Design Concept

Concept Diagarm

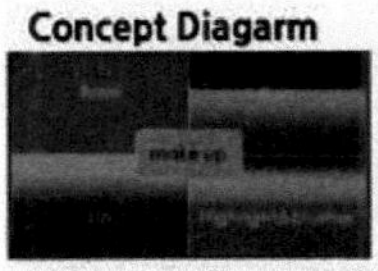

즐겁고 경쾌한 집을 위해서 밝은 화이트 인테리어로 집 전체에 접목 시키고 사선을 통한 경쾌함으로 거주자가 즐거움을 느낄 수 있도록 하였다.

**동선의 시각화: 동선이란 사람이 움직이는 보이지 않은 선이다.
그런 보이지 않은 선을 시각화 하여서 사람과 동선이 같이 움직일 수 있도록 재미남을 부여하였다.**

**유리통로 : 실에서 실로 이동할 때에는 복도를 이용한다.
여기서는 그런 고정관념을 버리고 공간 안이 아닌 공간 밖으로 이어지는 통로를 통해서 기존의 틀을 버리고 재미남을 계획하였다.**

2

Design Proposal for Housing

▶1층 평면도_scale : 1/50

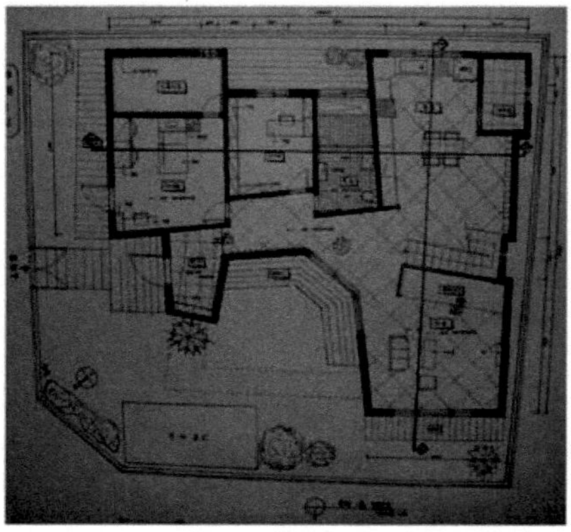

3

Design Proposal for Housing

▶ 2층 평면도_scale : 1/50

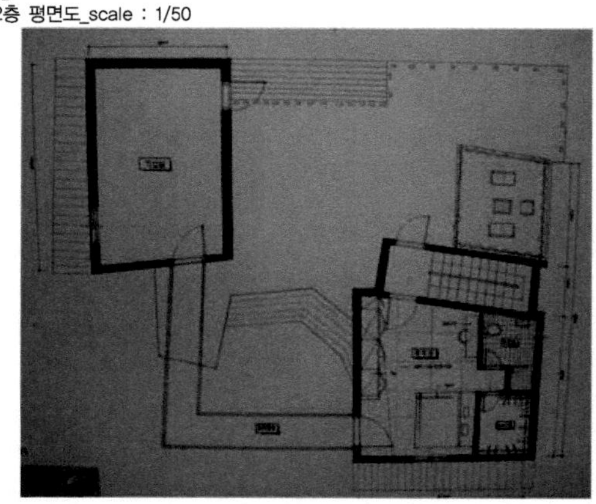

4

Design Proposal for Housing

▶ 단면도

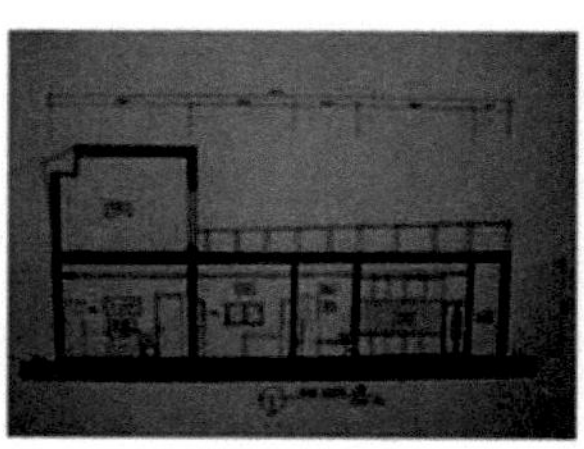

A-A' 단면도

SCALE : 1/50

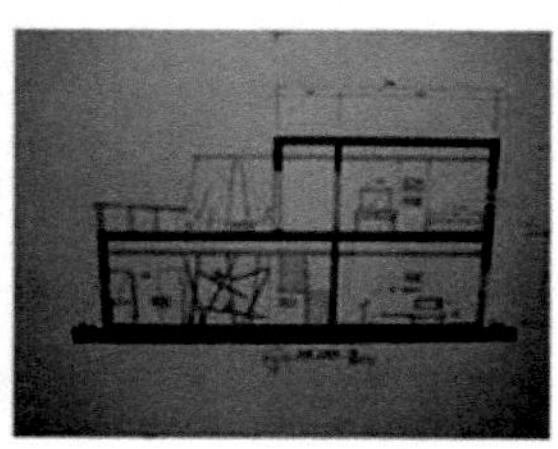

B-B' 단면도

SCALE : 1/50

5

Design Proposal for Housing

▶ Perspective

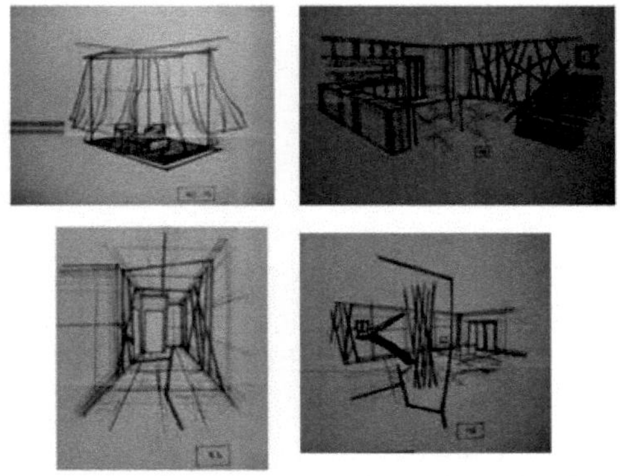

6

Design Proposal for Housing

▶ Panel Photo

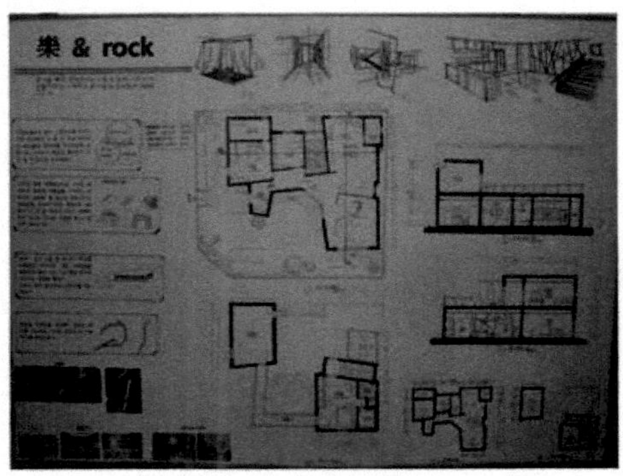

7

학생작품 B

Design Proposal

Design Proposal for Housing

Design Story & Scenario

Design Story

RECOVER

파일럿이었던 자신의 과거를 생각하며 회춘을 떠올린다. 늙어 아들 내외와같이 생활하는 집을 설계 하고자 한다 4명의 노인들이 거주하는 공간이니 편리성을 강조함.자연을 많이 접하게 하고 키워드를 젊어지다 라고 설정하였다.

Scenario

옛날 자신이 파일럿이었던 과거를 생각하면서 자신도 모르게 회춘의 감정을 느낀다. 파일럿이었던 자신의 모습과 그것의 느낌을 살려 주택을 살려 보고자 함으로 주택설계를 하였다. 공간의 컨셉키워드를 젊어지다 라고 설정을 하고 그것들을 외부와 내부 둘 다 접목시켜보았다.

Design Proposal for Housing

대지조건 검토 & 대지배치 대안

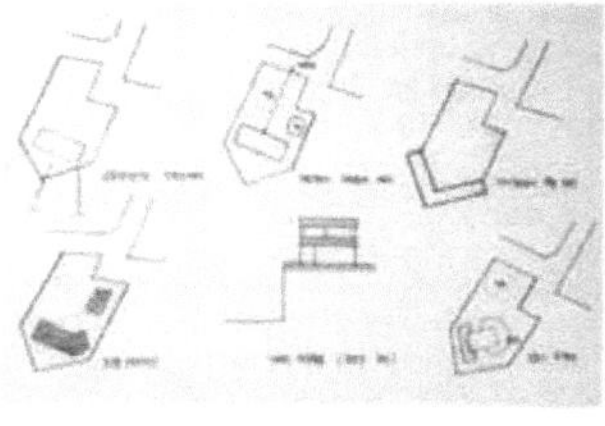

남향의 일조건이 참 좋고 도로와는 소음 장애 이런것 때문에 전면도로와는 이격하여 배치해야 한다고 설정했고. 대지가 뾰족한것 만큼 그런조건을 고려해서 대지의 형상을 그게 걸맞게 바꾸었고. 높은 경사가 있어서 밑에서 보면 집이 떠 보이고 부유하게 보이는 것도 있는것 같아 이대에서의 건물배치를 이렇게 구성하였습니다.

Mass Process

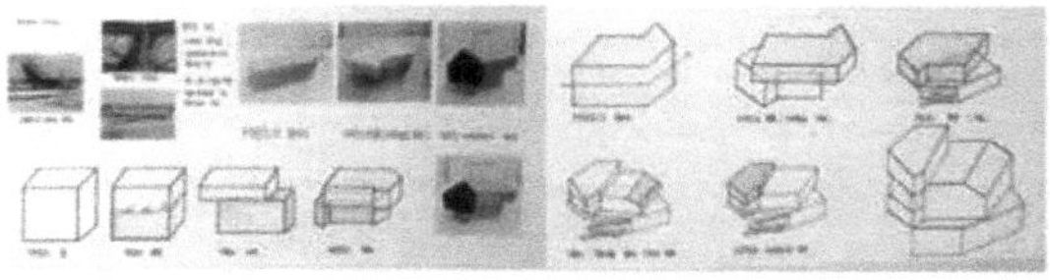

첫비행의 햇을때의 긴장감과 이륙을 했을때의 안도감을 매스에 넣고자 함
이런것들을 비정형적인 느낌으로봄
처음 정형의 물에서 나뉘고 정형의 물이 비정형적인 매스의 형태를 불러 일으킨다.
이렇게 매스를 변형시킨 이유는 대지의 형상을 따라간것과 위의 매스를 붕뜨는 느낌이 들기
위해 위에매스를 더크게 튀어나오게 만들었다.

▶ Design Concept

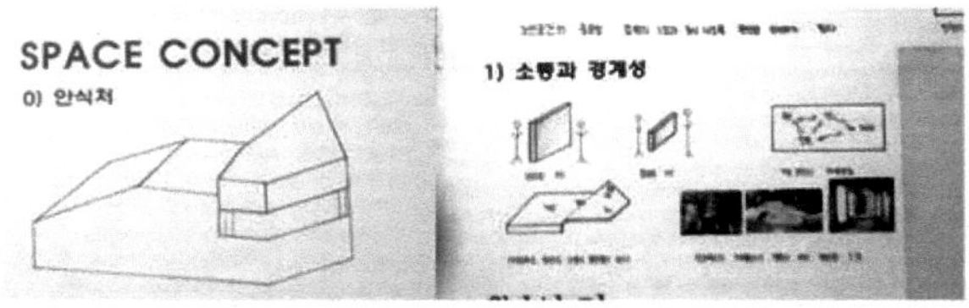

안식처라는공간 은 노인공간을 부각시키고 안에서 느꼈을때 밖에서 바라다 보이는 그런 시각적인 뷰를 통해 안식처라는 느낌이 들고. 옛날 어른들은 소통을 하는데 불편함이 없으셨지만.최근 들어 생기신 소통의 불편함을 없애고자 기능의 불편함을 없앴다.
노인들이 어디를 가도 편히 생활 할수 있는 기능적인 부분을 고려하였다.

▶ Design Concept

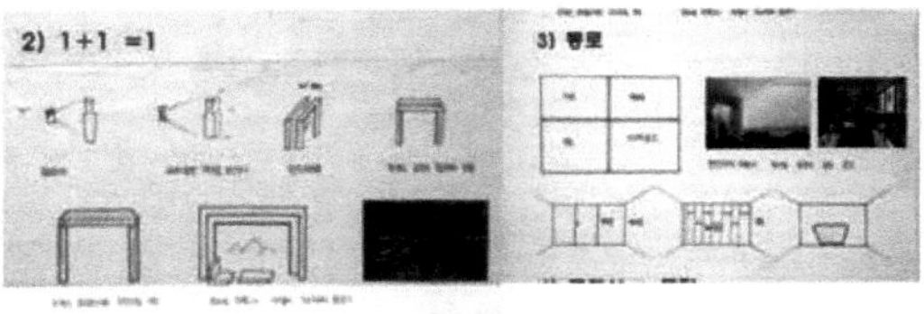

집안에 크나큰 프레임을 하나 두고 그프레임과 창문밖에서 보이는 프레임과의 합을 시켜
집안에 크 나 큰 조경의 액자를 만들었다.

Design Proposal for Housing

Design Concept

집안의 공간 분위기는 현대이미지의 모던에 옛 풍의 클레식을 포인트를 주었고. 밖에서 선 보였던 상승의 느낌을 안에서도 주고자 노인공간으로 올라갈때램프를 만들어상승의 느낌을 주었다.

4

Design Proposal for Housing

▶ Perspective

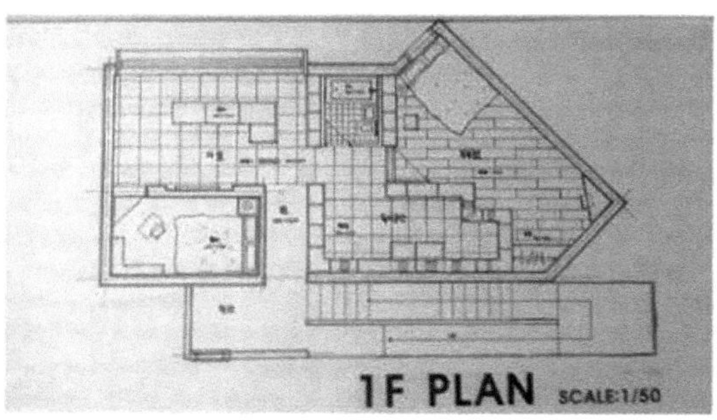

6

Design Proposal for Housing

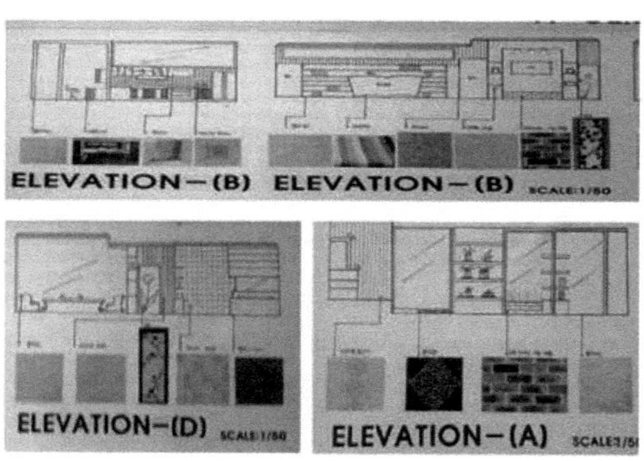

7

Design Proposal for Housing

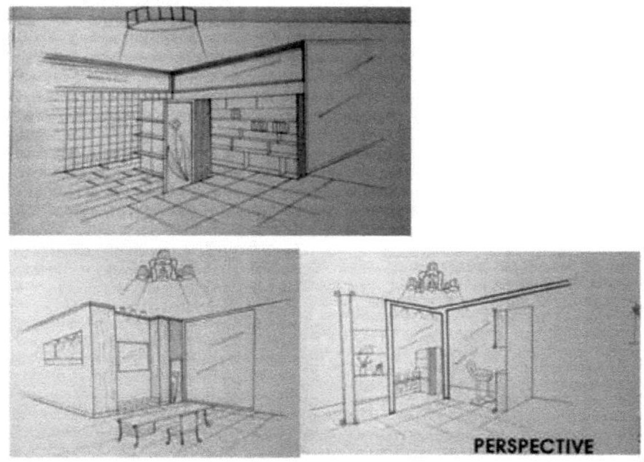

8

3 RETAIL SHOP

3 01 Space Introduction

A. Shop Design 개요

상점의 실내계획은 상점의 판매환경을 구성하는 상품 · 공간 · 고객 · 시간의 요소들을 종합적이고 체계적으로 분석하여 공간을 디자인하는 것으로 판매자와 구매자 간에 존재하는 상행위를 위한 총체적인 과정의 전달이 가능하도록 모든 물리적 · 경영적 요소를 구체적으로 시각화 작업이라고 할 수 있다.

상업공간의 실내디자인은 실내 · 외 공간을 창조적이고 효과적으로 계획하여 수익의 증가를 기대하는 의도적인 창조행위이다. 따라서 기능적인 편리성뿐만 아니라 독특한 아이덴티티(identity)에 의해 표현되는 시각전달의 장으로 공간을 조형화하여 심미적, 심리적 만족을 줄 수 있어야 한다. 따라서 상업공간의 디자인은 대상 고객층을 정확히 파악하여 각 브랜드의 고유한 이미지, 디자인 개념의 설정이 보다 중요하다. 오늘날 상업공간 디자인 개념의 경향은 물리적 기능 조건보다 상점 내 전체의 통일성과 개성을 추구하는 공간을 지향하고 시각적 조형을 통해 판매공간의 이미지를 추구한다. 그러므로 상업공간의 디자인은 변화하는 욕구와 이에 따른 소비생활 패턴이 고려된 미래 지향적인 계획이 되어야 한다.

현대의 소비자들은 상품을 구입하는 데 있어서 상품 구입의 일시적인 충족뿐만 아니라 쾌적함과 정보의 습득, 편리함 등의 심리적인 충족을 원하므로 상품의 부가가치를 높이기 위한 공간디자인의 역할을 인지하여, 클라이언트는 물론 그곳을 방문하게 되는 소비자, 도시공간에 미치는 영향까지도 고려하여 계획한다. 즉, 소비자의 생활 문화적 흐름을 예측하고 정확한 방향을 결정하여 문화의 동향을 선도할 수 있는 계획이 요구된다.

상업공간은 상점규모, 상품 구매방식, 상품용도에 따라 크게 다음과 같이 분류된다.

- **규모별** : 쇼핑센터, 백화점, 도매점, 전문점, 일반점포
- **상품 용도** : 의류품점, 일용잡화점, 문화용품점, 식료품점
- **구매방식** : 의복, 장식품, 화장품 등의 충동구매형 공간과 양복, 귀금속, 시계 등의 계획구매형 공간

공간구성은 크게는 판매부분인 매장, 관리시설을 포함하는 제반 부대부분, 파사드인 입구부분과 정면으로 분류된다. 매장은 다시 도입공간, 통로공간, 상품 전시공간, 서비스 공간으로 분류되고, 제반 부대부분은 후생복지부분, 영업관리부분, 시설관리부분, 상품관리부분 및 주차장으로 분류되며, 파사드는 출입구 쇼윈도, 홀, 아케이드, 광고판, 사인물 및 외부장치 일체를 포함한 구성요소로 분류한다.

계획의 시작은 설계를 위한 기본방향을 수립하기 위한 가상의 상황 설정을 위한 시나리오를 작성하는 작업으로서 실무에서는 기획의 단계로 간주할 수 있다. 판매상품의 선정 및 브랜드 분석, 상점 입지의 개략적 특성, 운영방법, 대상고객 분석 등의 마케팅적 관점에 입각한 세분화된 사항들까지도 종합적으로 고려하여 분석된 사항을 바탕으로 판매로 이어질 수 있는 적합한 공간 컨셉을 도출하여 시각화시킨다. 이에 대한 효과적 접근을 위해서는 마케팅의 관점에서 시작된 VMD의 개념을 이해해야 한다. (VMD : 점 구성의 기본이 되는 상품계획을 시각적으로 구체화시켜 점 이미지를 경영전략 차원에서 고객에게 인식시키는 표현전략)

시나리오 작업 시 거주인의 개인적 성향과 요구를 구체적으로 계획하는 것이 다음 단계의 컨셉 도출과정의 구성요소로 작용하고, 전체 작업의 단계에 개연성을 부여할 수 있다.

다음 단계는 도출된 설계조건과 함께 고객에게 어필되어질 상품의 주요 이미지를 해석하고 프로그래밍하여 판매공간의 컨셉을 도출하는 과정이다. 이 단계는 고객의 구매욕구 증진이라는 비전을 실현시킬 수 있는 개념적 도구를 설정하는 단계로서 복합화된 구매자의 심리와 행태가 의도된 공간 안에서 판매로 이어질 수 있는 데 방향이 집중되어져야 한다.

B. 설계 주안점

(1) 상황 설정

- 시나리오에 있어 가장 선행되어야 할 사항은 팔고자 하는 상품에 대한 성격, 대상 고객층의 선정 그리고 이들의 구매형태, 판매형태를 결정하는 일이다.
- 상점의 위치 설정은 입지에 대한 타당성 조사가 우선으로 이루어지나 보통사람들이 많

이 모이는 번화한 장소가 택해지며, 대상 지역의 특성, 규모, 경쟁상대인 인근 상점, 입지 상권과 도로 및 교통사정과 함께 취급하는 상품의 특성, 판매형식, 예상되는 대상 고객의 계층, 구매행동 등을 종합하여 기획에 반영한다.

(2) 컨셉 도출

- 소비자의 마음을 움직여 고객을 창조하는 활동을 비전으로 설정하고 컨셉을 도출한다.
- 시나리오에서 설정된 각 상점의 고객 지향적 점포전략을 이해하고, 이에 적합한 공간 디자인의 컨셉을 설정해야 한다.

(3) 기능적 프로그램

- 점 내에 고객의 적절한 휴식공간을 계획하거나 주동선과 함께 보조동선을 계획하여 고객의 체류시간을 연장한다.
- 판매방식에 근거한 블록의 구획과 각 블록이 갖는 영역과 매장 전체의 동선과 시선이 유기적으로 연결되도록 한다.
- 분류 편집된 각 코너의 포인트를 정확히 파악하며, 구체적인 집기의 배치 및 유형을 결정해야 한다.
- 불가피하게 발생되는 dead space에 고객 휴식공간이나 오브제를 계획하여 공간 전체가 유기적으로 순환되도록 한다.
- 상품과 판매방식을 고려하여 고객영역과 판매영역의 적절한 zoning과 circulation으로 판매 및 구매행위에 기능적으로나 심리적으로 지장을 주지 않도록 한다.
- 카운터는 고객의 입 · 출입 제어가 가능한 위치에 두어 관리가 용이하게 계획한다.

(4) 형태적 측면

- 판매공간에서 파사드는 고객의 관심을 유도하는 가장 일차적이고 강력한 시각적 단서로 작용된다.
- 파사드를 통해 출입구방향에서 정면의 시야에 연출되는 이미지 월은 점의 강력한 아이덴티티 요소로 작용함으로써 여러 방향으로 조직화된 점 내에 질서요소로 작용한다.
- 판매공간에서 사인은 상품과 점의 가치를 높이고 각인시키는 중요한 시각적 요소로 작용함으로써 VMD개념에 입각하여 통일된 디자인의 디테일을 표현하도록 한다.
- 상품의 종류에 따라 달라지는 상품과 배경과의 관계를 설정하여 이를 위해 효과적인 컬

러나 스케일, 재료, 비품, 조명효과를 적용한다.

3 02 Excercise Information

A. 목표

실내디자인에 있어 판매공간에 대한 설계는 가장 자주 직면하게 되는 실제적 프로젝트이다. 설계 1에서 건축적인 부분과 인테리어적인 부분에 대한 공부를 함께 했다면 설계 2에서는 인테리어 설계에 대한 구체적인 프로세서와 실재적 작업을 배우는 매우 중요한 단계이다. 팔고자 하는 상품과 브랜드의 성격을 충분히 이해하고 마케팅적 관점에서 분석한 후 공간을 아이덴티티화 하는 과정을 학습하며, 이때 디자인 공간은 상품의 배경이 되어야 하며 무엇을 파는 곳인지 바로 알도록 하는 것이 실무적 해석의 기본적인 목표이다.

팔고자 하는 물품에 대한 이해, 상점 위치의 대한 타당성, 파사드디자인, 바닥, 벽, 천장 디자인으로 나누어 기초적 접근을 실시한다.

B. 설계조건

- **대상 공간 선정** : 실제 운영 중인 소규모 shop을 임의로 선정하여 리모델링
- **용도** : 소규모 전문상점 또는 로드 샵
- **규모** : 매장규모는 단층 20평 내외(70㎡ 이하)로 제한 함(부분적인 중층 구성은 가능함).
- 상품 구입 위주의 shop으로 구성하되 취급품목에 대한 구체적 범주가 명확할 것, 특정 브랜드를 선정하여 기존 디자인에 대한 충분한 조사분석 실시, 이용대상을 구체화하여 주 고객층을 설정할 것
- 파사드디자인, 구매력을 높이고 능률적인 매장 디스플레이를 포함할 것
  1면 이상의 파사드 구성계획을 반드시 포함할 것
- **소요시설** : 매장과 이와 관련된 부속시설, 공동의 공간 등 기능적인 소요공간으로 구성할 것

C. 세부 진행 스케줄

프로젝트	주차	일자	수업 진행내용	특기사항
Project 1. Retail Shop	1		강의 개요 및 프로젝트 주제 발표	컨셉과 디자인
			사례조사 및 각론조사	
	2		브랜드 선정 및 분석	
			대상 공간 선정 및 대지현황 분석 /marketing	
	3		아이디어 스케치 / 컨셉 도출	
			space program / zoning	
	4		디자인 컨셉 / 컨셉 모델	
			평면계획 및 입단면계획	
	5		스터디 모델 / 파사드디자인	
			스터디 모델 / 상품 디스플레이	
	6		도면작성 / 컨셉 적용 안 제시	
			요소결정(재료/색채/조명/가구/패턴)	색채재료보드 제작
	7		DETAIL 및 투시도작업 / 패널 레이아웃	
			최종표현(패널/모형제작)	
	8		작품 제출 / critic	presentation
			포트폴리오 제작	

D. 제출형식

- **최종 패널 규격** : 900mm×1200mm 1매
- **최종 모형 규격** : 축척 1/20, 1/30 안을 들여다 볼 수 있는 구조
- 파사드디자인 표현(간판 포함)
- **모형재료** : 폼보드, 하드보드지, 우드락 + 젯소, 우드락 위 색지 등 다른 재료 부착, 포맥스, 아크릴, 각종 모형목재(발사), 절제, 점토, 석고, 금속판
- 패널은 전체를 컴퓨터 작업으로 표현하되 부분적으로 수작업(투시도, 스케치)도 가능
- 수작업에 의한 도면을 패널에 삽입할 때는 스캔하여 포토샵이나 일러스트레이션으로 패널을 완성

- concept diagram, 설계개요, 모형사진 2컷 이상
- **평면도** : 1층 평면도 1/50, 2층 평면도 1/50, 가구배치, 바닥 패턴, 실명, 재료 표기, 도면기호 등을 명확히 표현할 것.
- 입면도 3면 이상 scale 1/50, 1/30, 외부파사드, 단면도 1면
- 아이소메트릭 / 실내투시도 2컷 (max나 수작업 모두 가능)
- 천장도 scale 1/50 (조명의 배치와 천장의 형태)
- **포트폴리오** : 작품의 전체 내용을 A4 포트폴리오로 재편집하여 제출할 것.
- **파일 제출** : 포트폴리오, 모형, 도면, 개념, 스케치, 디자인 진행과정 등을 하나의 폴더로 정리

E. 평가내용

- 각자 설정한 테마에 따른 창의적인 공간구성이 이루어졌는가.
- 진열방법과 상품계획이 동선계획과 함께 구체적으로 표현되었는가.
- 상품과 브랜드에 대한 공간의 아이덴티티가 표현되었는가
- 공간디자인이 상품의 배경이 되었는가.
- 파사드디자인과 사인에 대한 충분한 검토가 이루어졌는가.
- 모든 제출도면이 정확하게 표현되었는가.
- 패널 배열이 잘 되었는가. 모형의 완성도가 좋은가.
- 작품 마감시간 내에 제출하고 프레젠테이션을 잘 준비하였는가.

3 03 Design Criteria

A. VMD와 디스플레이

상업공간이란 우선적으로 무엇인가를 팔고, 이에 대한 이윤을 창조하는 공간이다. 상업공간디자인에 있어 디자이너는 무엇보다도 합리적인 디자인을 통한 충분한 이윤 창출을 가능하게 하는 것이 중요하며, 이것은 기능과 아름다움의 공간 표현 이상의 마케팅적 요소의 적용이 필요하다. 따라서 상점디자인에서는 기본적으로 팔고자 하는 상품에 대한 디자이너의 충분한 이해가 전제되어야 한다. 어떠한 브랜드에 어떠한 대상과 품목, 상품의 사이즈와 형태, 가격대 등 상품과 브랜드에 대한 명확한 조사와 분석이 필요하다.

VMD Visual Merchandising는 V(Visual : 전달 기술로서의 시각화)와 MD(Merchandising : 상품계획)를 조합한 말로써 점 구성의 기본이 되는 상품계획을 시각적으로 구체화시켜 상점 이미지를 경영전략 차원에서 고객에게 인식시키는 표현전략을 말한다. 상업공간은 겉모습보다 '판다'라는 기업의 목표에 부합되고 영업의 효과를 거둘 때 비로소 훌륭한 인테리어로 평가받을 수 있다. 따라서 상품을 올바르게 보여줄 수 있는 매장구성과 각 층별 집기 등의 계획에 있어 VMD를 정확히 이해하는 것은 이상적인 상점디자인의 기본이다.

VMD 전개의 목적은

① 상점과 상품의 이미지를 높인다.

② 타 점과의 차별화 전략으로 활용한다.

③ 즐거운 쇼핑 분위기를 제공한다.

④ 효율적인 매장을 구성한다.

로서 고객 입장에서는 고르기 쉽고 구매하기 쉬운 매장이어야 하며, 판매자 입장에서는 팔기 쉽고 관리가 쉬운 매장이어야 한다. 상점설계에서 고려해야 할 사항은 매장 레이아웃 측면에서 고객이 보기에 편한 동시에 상품을 정보 제공형으로 진열하는 상점디자인의 역할이 중요하다.

CI Corporate Identity는 기업의 동질성을 갖게 하는 것으로 마크, 로고 타입, 기업 컬러 등의 비주얼 요소의 아이덴티티 차원을 넘어 기업의 조직과 경영 목표에 부합되도록 하여 기업의 이미지를 형성하려는 경영전략의 일환이다. 따라서 올바른 SI Store Identity의 확립을 위해서는 CI의 이해가 우선하며, 스토어 디자인에서는 디자인 컨셉 설정과 컬러계획 또는 사인계획 등에서 실제 적용된다.

SI는 'Store'와 'Identity'의 2가지 용어가 결합된 복합개념으로서 스토어의 이미지 동일화 작업, 또는 판매환경 차별화 계획으로 정의를 내릴 수 있으며, 기업의 이미지를 추출, 발전시켜 통일된 기호를 제공함으로써 가능하다. SI의 구현을 위한 디자인 구성요소를 살펴보면 외부 구성요소로서 파사드, 쇼윈도, 간판, 배너 등의 사인물, 차양막이며 내부 구성요소는 동선, 집기, 조명, 소도구 및 소품, POP, 상품 연출 등이다.

기본전략계획 ⇨ 마스터 플랜 ⇨ 스토어 플랜 ⇨ 스토어 디자인 ⇨ VMD 전개

마케팅을 달리 표현하면 고객의 마음을 움직여 소비를 창조하는 활동으로 설명할 수 있으며, 출발점은 고객으로 고객의 욕구에 초점을 맞추어져야 하며, 목적은 고객만족을 통한 이익 확보에 있다. 따라서 디자인에 앞서 고객 지향적 점포 전략을 이해하고 이에 적합한 공간디자인 컨셉을 설정한다.

상점계획에 있어 우선 고려되어야 할 사항은 팔고자 하는 상품에 대한 성격, 대상 고객층의 선정 그리고 이들의 구매형태와 판매형태를 결정하는 일이다. 고객의 상품 구매방식에 따라 계획적 구매와 충동적 구매로 구분할 수 있는데 계획적 구매는 욕구를 유발시키나 상표, 지명의 성격, 유행, 평판 등에 영향을 받으며 충동적 구매는 시간, 장소, 점원의 서비스 등 우연적 요소가 작용하는 경우이다. 불특정다수의 고객을 상대로 충동구매의 가능성이 높은 업종의 상점은 파사드를 포함한 도입공간이 강조적으로 계획되어야 한다.

상품의 판매방식은 대면판매와 측면판매, 셀프서비스 판매로 구분된다. 대면판매는 고객과 종업원이 쇼케이스를 가운데 두고 상담, 판매하는 방식으로 고객과 바로 대면하여 상품 설명이 편리하고 판매원의 위치를 정하기 쉽다. 반면, 판매원이 차지하는 영역이 커서 진열면적이 감소되고 쇼케이스가 많은 형태를 취하므로 전체적으로 상점의 형태가 딱딱하여 고객에게 부담감을 주기도 한다. 일반적으로 대면판매를 하는 상품은 화장품, 시계, 귀금속, 핸드폰 등 소형의 고가상품이다. 측면판매는 고객이 직접 상품과 접촉하여 만지고 확인할 수 있도록 하여 자연스런 충동적 구매를 유도하고 선택이 용이하다. 판매원의 면적이 크게 필요하지 않고 진열면적에 여유가 있고 상품에 친근감이 가는 방식이나, 판매원의 위치를 정하기 어렵고 상품의 포장이나 설명이 쉽지 않다. 측면판매를 하는 상품은 전자제품, 침구, 운동용품과 같이 대형의 제품이거나 서적, 의류 등과 같이 그 종류가 방대한 상품들이 포함된다.

이러한 상품은 주력상품(중점상품), 보조상품, 자극상품(기획상품)으로 나눌 수 있고, 이것은 매장 동선계획 및 상품 배치계획에서 가장 중요시되어야 하는 부분이다. 매장 전체의 배치계획은 특수의 고급상품이 아닌 경우를 제외하고 전체적으로 한눈에 파악될 수 있어야 하고 판매와 구매를 위한 혼잡에 대응할 수 있어야 한다.

● 상품종류와 고객 동선에 따른 상품배치

A	주력상품(중점상품)	감각상품(계절상품), 희귀상품, 고수량, 주 통로진열
B	보조상품	적정가격 상품(상비상품), 일용상품, 중수량, 주 통로진열
C	자극상품(기획상품)	개발상품, 특가품, 상황에 따라 조절, 코너진열

VMD에 의한 디스플레이 구성시 상품 배치방법에는 원리가 있다. 일반적으로 중점 상품은 출입문에서 4m 이내의 거리에서 보이도록 해야 한다. 머리를 움직이지 않고 상품을 볼 때 대략 중앙 56° 의 범위 안에 들어오도록 배치하면 고객은 상품을 인식하고 이미지를 기억하기 쉽다. 이는 상품과의 거리 900mm를 기준으로 했을 때 약 960mm 정도의 폭에 해당하며, 머리를 회전하면서 보는 경우 120° 의 범위 안에 가시범위의 폭은 4,200mm에 해당하며 이것은 가로 진열폭이 된다.

인간의 시야는 세로와 가로의 비가 1 : 1.4이므로 주어진 관찰거리에서 이 시야의 범위 내로 중점상품을 보여주도록 하는 것이 중요하며, 골드 라인(gold line)과 골드 존(gold zone)을 활용한 중점상품의 디스플레이를 연출한다. 눈높이, 시야의 중심에 있는 골드 존은 동선의 흐름에 따라 이동하게 되어 상품의 진열위치에 따른 우선순위가 달라진다. 원거리에서 전면의 디스플레이를 바라보는 경우 진열된 상품의 위치는 공간의 중요도에 따라 정해지는데 골드존은 중앙–우측–좌측의 순으로 평면상, 단면상 우선순위가 정해진다.

골드 라인이란 고객의 눈높이를 중심으로 아래로 10~40° 의 범위이다. 수직진열 범위 중에서 시각적 효과가 가장 크다. 수직진열 범위는 바닥에서 600~2,100mm까지의 범위이며 골드라인은 스테이지 디스플레이의 경우 600~1,250mm, 선반진열의 경우 950~1,300mm 정도의 범위이다. 골드 라인 중에서도 10~20° 범위가 가장 좋으므로 기획상품과 신상품의 전시에 활용하고 20~40° 범위가 차선으로 효과적인 진열공간 영역이 된다. 이상의 골드 라인과 골드 존의 정확한 파악은 진열장 및 공간디자인 계획에서 디자이너가 반드시 고려해야 할 부분이며, 이에 맞추어 실내계획의 이미지 작업이 이루어져야 한다.[9)]

9) 한국실내디자인학회 편, 〈실내디자인각론〉, 기문당, 2009, pp.344~370 재인용

● 골드 존과 상품배치 우선순위

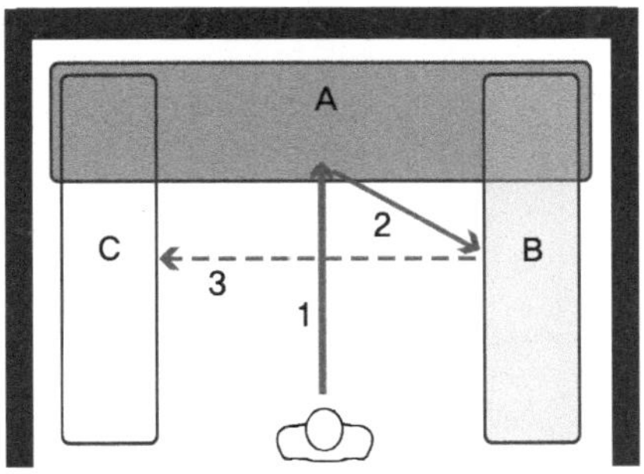

(a) 평면상 골드 존

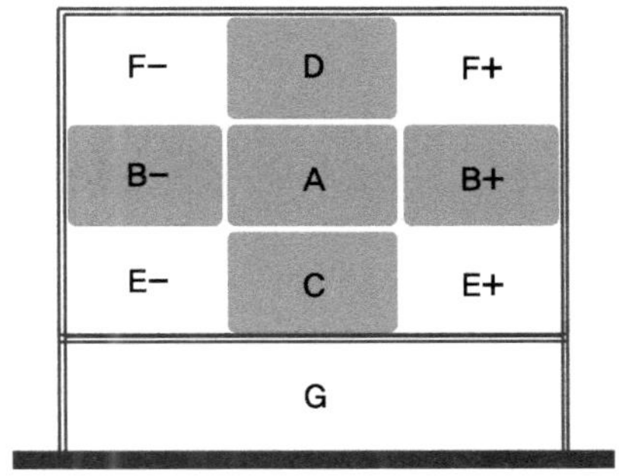

(b) 단면상 골드 존

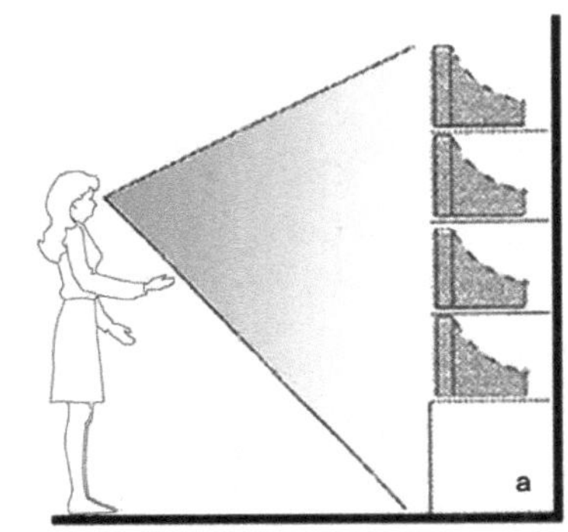

(a) 수직으로 진열된 폭넓은 선택의 범위를 통해 상품들을 비교하기 어려우며 상품의 특성을 보여주기 어렵다.

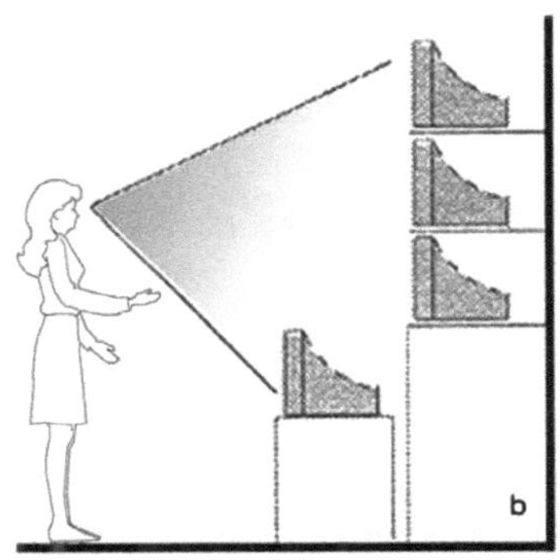

(b) 상품들을 서로 비교하기 수월하며 중점상품, 기획상품 등을 제안하기 쉽고 3차원적인 매장 디스플레이가 연출될 수 있다.

● 골드라인과 수직진열 범위

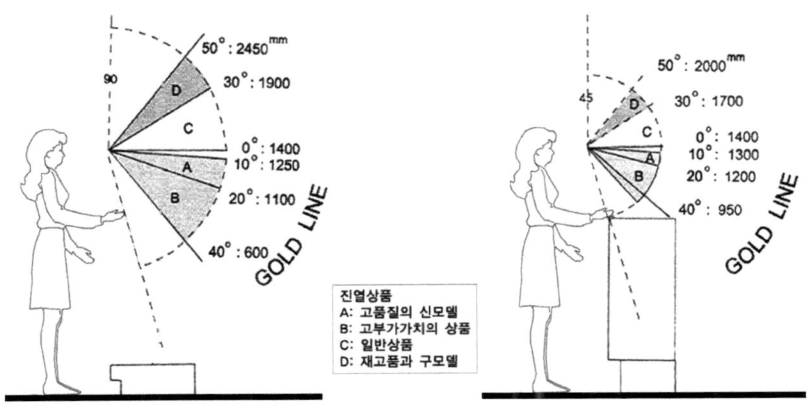

(a) 스테이지 위의 진열

(b) 선반 위의 진열

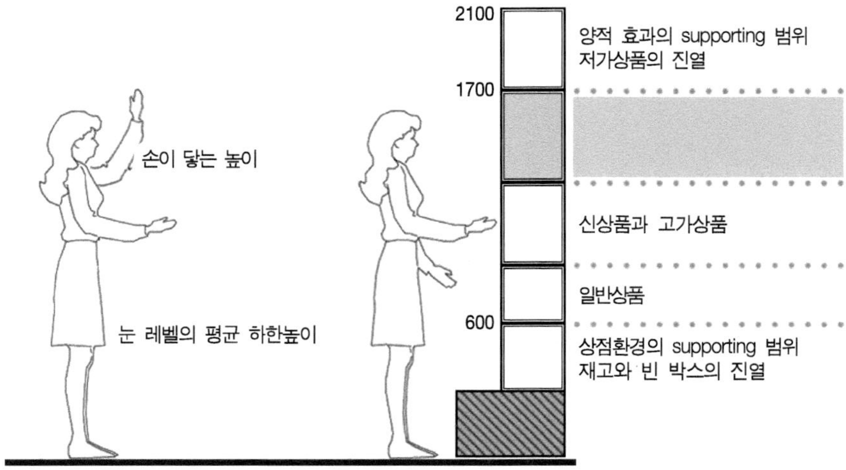

B. 공간구성과 동선계획

상점디자인은 파사드에서부터 실내를 구성하는 디스플레이 집기와 포장에 이르기까지 브랜드의 이미지가 일관하도록 계획되어야 한다. 일차적으로 매장의 구성을 위해 제품이 진열된 고객의 이용공간이 설계의 중요부분이지만 매장의 규모가 중·대형일 경우에는 서비스 공간과 매장의 종사자를 위한 부대시설의 디자인에 소홀하여서는 안 될 것이다.

매장 전체를 보면 어디에 어떠한 상품이 있는지 파악할 수 있도록 계획하는 것이 가장 이상적이다. 소규모 매장에서는 디스플레이와 상품보관의 기능을 겸하게 되므로 개개의 상품이 분류되고 정리되어 제품을 보고, 만지고, 선택하기 쉽도록 계획한다. 진열하기 불리한 바닥이나 천장 인접 장소는 데커레이션 디스플레이나 수납공간으로 이용하는 것이 좋다. 패션숍에서는 제품의 색상이 정확하게 전달되어야 하므로 조명은 연색성이 우수한 광원의 선택이 필수적이다.

상점은 상품별에 따라 크게 패션전문점, 잡화점, 생활용품점, 디지털 관련 전문점 등으로 분류할 수 있다. 상점의 바닥은 도로면에서 자연스럽게 유도하여 계단이나 단 차이가 가능한 없도록 수평으로 연결한다. 바닥, 벽, 천장은 상품에 대해 배경적 역할을 해야 하며 상품과 적절한 균형을 이루도록 한다. 전문점으로서 상점의 공간계획은 기본평면이 유사하더라도 각 부의 기능들의 배치와 면적배분을 어떻게 하느냐에 따라 전혀 다른 이미지를 나타낸다. 상점은 판매부분인 매장, 부대부분, 외관 파사드로 구성된다.

① **판매부분** : 직접적으로 판매활동에 사용되는 매장공간으로 도입통로부분, 상품전시공

간, 서비스 부분으로 구성되며 도입통로부분은 외부에서 판매부분까지의 어프로치 부분으로 고객과 종업원의 동선부분이다. 상품 전시부분은 VP, PP IP Shelf, Hanger, Display stage 등 상품이 전시되는 공간이며 접객공간, 화장실, 피팅룸, 카운터 등 고객을 위한 시설로서 서비스 부분이 있다.

② **부대부분** : 판매를 위해 간접적으로 사용되는 부분으로 사무, 통신, 구매, 영업의 관리부분과 반입, 반출, 재고, 배송의 상품부분으로 나누어지며 주차장 및 옥외시설과 연계된다. 종업원을 위한 탈의실, 화장실, 출입구 등 종업원 후생복리공간이 포함된다.

③ **파사드 부분** : 파사드는 쇼윈도, 출입구, 광고판, 사인 외부장치를 포함한다. 외부와 내부의 연계성을 갖는 공간으로서 고객을 도로에서 매장 안으로 유도하는 역할을 한다. 파사드디자인은 고객의 구매욕구를 자극하여 매장의 이미지를 좌우하므로 고객의 심리적 요소를 포함하여 시각적 이미지를 전달할 수 있도록 디자인되어야 하며, 상점의 취급상품과 업종을 쉽게 알 수 있도록 한다.

공간구성에 있어 동선계획은 매장을 능률적이고 합리적으로 계획하는 데 있어 필수적인 요소로 존을 명확히 구분함으로써 동선이 혼란을 막고 효과적인 상품연출을 할 수 있다. 판매공간의 동선계획은 이동과 관람을 위한 기능을 적절히 배려해야 하는데 이동의 흐름을 막힘이나 혼잡이 없도록 한다. 또한 판매공간에서 동선의 흐름은 시선의 흐름과도 같으므로 입체적인 관점에서 다루도록 한다. 기능에 따라 크게 주동선과 부동선으로 나눌 수 있으며 주동선은 고객을 매장 안으로 끌어들이는 유도역할을 하며, 상점 내 진열상품을 다각도에서 폭넓게 볼 수 있는 시인성이 높게 하여 매장 깊숙이 들어갈 수 있도록 계획한다. 또한 매장이 넓고 쾌적하게 느껴질 수 있도록 심리적 효과도 고려하며 보조동선을 연계시켜 고객을 분산시킴으로써 쾌적한 쇼핑공간이 되도록 한다. 부동선은 주동선에서 나누어지는 보조동선으로 고객이 자연스럽게 구석까지 이동할 수 있게 함으로써 가능한 한 매장에 오랫동안 머무를 수 있도록 한다. 판매공간에서는 사용자를 중심으로 고객 동선, 종업원 동선, 상품 동선으로 분류되며 각각의 동선은 교차되지 않도록 한다.

① **고객 동선** : 입구에 섰을 때, 고객의 시선이 매장 전체에 분산되어 매장이 한눈에 들어올 수 있도록 한다. 고객 동선은 가능한 길고 자유롭게 보행할 수 있도록 배회율을 높이며, 고객을 위한 통로폭은 최소 900mm 이상이어야 하며 주계단과 부계단과의

관계, 계단경사도 등은 고객의 흡입력과 밀접한 관계가 있다.

② **종업원 동선** : 종업원의 판매행위나 출납, 사무의 동선으로 고객동선과 교차되지 않도록 하며 가급적 동선길이를 짧게 하여 피로를 적게 한다. 고객 동선과 종업원 동선이 만나는 곳에 카운터나 쇼케이스 등을 배치한다.

③ **상품 동선** : 상품의 반입, 보관, 포장, 발송 등 상품이 이동하는 동선으로 관리 동선이라고도 한다. 고객 동선과 교차되지 않도록 하며 상품을 들고 나르는 데 불편이 없도록 통로공간에 여유를 둔다.

고객 동선은 매장의 디스플레이된 상품을 모두 볼 수 있는 방식으로서 매장에 머무는 시간이 정체성이 강하도록 하고 판매원 동선과 관리 동선은 짧게 하여 운영효율이 높게 한다. 소형점에는 ㄷ자형 동선이 이용되고 대형점의 경우에는 ㅁ자형 또는 우회형이 적용될 수 있다. 우회형은 고객의 체류시간을 가장 길게 유지하는 장점이 있다.

상품의 디스플레이 방법으로 의상의 정면이 보이도록 진열하는 방법을 **페이스**라고 한다. 진열된 상품 전면의 특징과 장점을 부각시켜 고객이 디자인을 인지토록 하고 흥미를 유도하도록 하는 것이 주목적이므로 시각적 감상이 유리하도록 진열위치를 선정한다. **페이싱**은 옷의 측면, 즉 소매가 보이도록 진열하는 방법으로 많은 양의 상품을 진열하는 매장에 주로 이용된다. 상품의 수량과 색상, 규격, 디자인의 차이 등을 구분하여 감지될 수 있도록 배열하고, 고객의 손이 닿는 범위에 배치한다. 페이스와 페이싱은 상품진열의 기본형으로 고객의 구매 결정에 중요한 영향을 행사하는 것이므로 두 가지 기법의 적절한 혼용이 가능하도록 설계한다.

의류매장은 주력 상품이 의류이므로 대상 고객의 취향은 물론 판매하는 의류의 디자인이나 색채가 매장의 색채와 재료를 선택하는 기준이 된다. 즉, 판매하는 의류가 중년을 겨냥한 보수적인 복고풍의 고급상품이라면 원목, 대리석 등의 자연적인 색채와 재료가 선택될 것이고, 젊은 층을 위한 발랄하고 산뜻한 색채의 캐주얼한 상품이라면 유리, 금속, 타일 등의 재료가 선호될 것이다. 그러나 이와 같은 재료는 매우 일반적인 예이며 이러한 재료와 색채의 선택에 전형은 없다. 다만 상품인 의류를 돋보이게 하려면 벽이나 바닥, 천장 등의 실내요소는 상품의 배경이 되어야 하므로 될 수 있으면 눈에 띄지 않는 색채나 재료가 선택되어져야 한다는 것이다. 특히 상점디자인에서 재료와 함께 색채계획을 수립하는데, 이때 주조색, 보조색, 강조색을 모두 사용하거나 보조색이나 강조색이 생략되는 경우도 있다. 색채계획에서 중요한 점은 상품의 색과 조화되어야 효과를 얻을 수 있다는 점이다. 계절에 따라 다른 상

품 색과의 조화도 유의해야 한다.10)

또 상점은 주택과는 달리 많은 고객이 드나드는 곳이므로 특히 내구성 있는 바닥재를 선택해야 하며, 사용된 모든 재료는 유지 · 관리가 쉬우며 시간적, 경제적인 낭비가 없도록 해야 한다.

C. Facade와 집기계획

파사드는 내부와 외부를 연결시켜주는 중요한 커뮤니케이션의 장으로써 외부의 정보를 받아들이고 내부의 의지나 주장을 표출하는 공간이며, 매장 내부로의 진입이 용이하도록 계획되어야 한다. 따라서 파사드와 쇼윈도 디스플레이는 상점 내부의 매장 디스플레이에 반영되므로 외부와 내부가 같은 컨셉을 가지고 계획 있게 진행해 나가야 한다.

상점의 전면이 넓지 않을 경우 일반적으로 쇼윈도와 출입구는 비대칭적으로 처리하여 넓은 쇼윈도 면적을 확보하여 출입구에 섰을 때 상점 내부가 한눈에 보이도록 한다. 쇼윈도는 평면의 기하학적 형태에 따라 평면형, 곡면형, 경사형, 아케이드형으로 구분되며 이러한 기본적 평면형식에 변형된 다양한 쇼윈도의 형태를 가진다.

쇼윈도의 단면형식은 건물의 1층 또는 그 이상에 쇼윈도를 설치하느냐에 따라 단층형, 다층형, 오픈스페이스형으로 구분된다. 쇼윈도의 높이는 가구 · 운동용구 · 구두 · 침구류 등은 낮게, 귀금속 · 시계 · 의류 등은 높게 하는데 상품의 무게나 부피, 사용위치나 부착위치에 의해 정해진다.

쇼윈도의 종류는 배면처리 형태와 연출방법에 따라 폐쇄형, 개방형, 반개방형, 아일랜드형, 소형 윈도형으로 구분할 수 있다.

눈부시게 빛나는 유리나 밝은 보도 위에서의 어두운 쇼윈도는 고객이 물건을 식별할 수 없게 만들어 쇼윈도로서의 역할을 하지 못하게 된다. 태양광이나 인공조명에 의한 밝기가 부족한 쇼윈도는 밝은 쪽 앞면이 보는 사람에게 거울이 된다. 어두운 보도에서는 눈부시지 않고 밝은 쇼윈도는 고객의 인지도와 접근성을 높인다.

쇼윈도의 조명은 주변의 밝기에 대해 2배 이상의 조도를 형성할 필요가 있다. 판매하는 물품의 밝기에 따라 조도에 변화를 줄 필요가 있는데, 판매물건이 어두울수록 쇼윈도의 조도를 높여 상품의 인지성을 높인다. 좁은 도로에 있는 쇼윈도는 건물의 앞으로 돌출되어서도 뒤로 들어가서도 안 되며 직사광선이 사람의 눈보다 높은 곳에서 쇼윈도의 뒷벽에 닿도록 한다.

10) 한국실내디자인학회 편, 〈실내디자인각론〉, 기문당, 2009, pp.344~370 재인용

출입구와 쇼윈도는 매장으로부터 방화적으로 구획되며 1층에서 2층으로 걸치는 쇼윈도 역시 다른 매장공간에 대하여 방화적으로 분리된다. 백화점의 경우 대형 건축물이므로 화재 예방을 위한 법규에 맞는 마감재료를 사용해야 하는 규정이 있고 이를 반드시 이행해야 하며 방염 마감재료 사용이 요구된다.

이밖에 상업공간을 위한 사인계획을 들 수 있는데 사인은 고객과의 커뮤니케이션을 유도하며 상품 이미지를 높여주는 역할을 한다. 사인은 상점 전체 환경의 마감재 및 컬러와 동일선상에서 이루어져야 하며, 사인의 내용은 절제되고 간략하게 정리되어 시각적 즐거움을 주어야 한다. 사인 자체가 하나의 환경요소로서 공간을 연출하는 주요한 포인트가 되도록 하며, 고객이 쉽게 인지하고 관리 측면에서는 편리성이 고려되어야 한다. 재료는 매장 이미지와 맞아야 하며 반사의 문제를 고려하여 선택하고 C.I를 적용하여 상점 이미지를 형성시키도록 한다. 사인이라 함은 표식, 심벌, 간판, 네온사인 등을 총칭한다. 본래는 문자나 언어로 표현되지 않은 일들을 요약해서 도형화하거나 기호로 표시하는 것을 사인이라 한다. 따라서 백화점의 사인계획은 많은 고객의 편의를 위해 시각적으로 보기 쉬운 장소에 알기 쉽도록 세심한 배려가 요구된다.[11)]

판매공간의 가구는 매장구성에 있어 공간의 컨셉 표현을 뒷받침하며 단순히 상품의 진열이나 전시를 위함은 물론이고, 상품의 가치와 매장의 이미지 전달의 매체로서도 그 역할이 있다. 따라서 고객의 입장에서 볼 때 상품의 진열과 연출이 보기 쉽고 이해하기 쉬워야 하며, 상품을 선택하고 구매하기가 용이해야만 한다. 판매공간의 가구, 즉 집기는 상품의 크기와 양에 맞는 규격과 융통성이 요구되며 상품의 특성에 맞는 연출이 가능하고 상품의 장점을 높이는 기능을 만족시켜야 한다.

집기의 종류는 시스템 집기, 이동식 집기, 다목적 집기로 분류할 수 있는데 시스템 집기의 경우 비용과 시간이 절약되며 수량관리가 쉽고 상품 재고의 필요량을 한눈에 파악할 수 있으며 계획적인 머천다이징이 가능하다. 또한 상품진열의 기본 매뉴얼화를 만드는 기본이 된다. 이동식 집기는 상품의 변화나 매장 레이아웃 변화 시 매우 유용하게 활용될 수 있다. 이동식 집기는 동적인 느낌이 있기 때문에 포멀웨어보다는 캐주얼웨어에 적합하다. 상품이 다양해지고 점차 토털 코디네이트화 됨에 따라 다목적 집기의 활용도는 커지고 있으며 변화 있는 공간연출을 기대할 수 있다.

진열장 집기계획은 일반적으로 인간공학의 관점을 적용하는데 상품을 꺼내기 쉬운 높이를 충분히 고려한다. 상품을 진열했을 때, 그것을 바라보는 고객의 눈높이(1,500mm 정도) 이

---

11) 한국실내디자인학회 편, 〈실내디자인각론〉, 기문당, 2009, pp.344~370 재인용

하, 무릎 높이(500mm 정도) 이상이 꺼내기 쉬운 범위이며 이용효율도 높다. 1,800mm 이상, 400mm 이하의 부분은 보통 저장소나 설비 스페이스로 이용한다. 가구의 높이는 매장 중앙부분에서는 가게 안의 전망상 1,500mm 정도까지, 벽면에서는 2,100mm까지이다. 바닥면에서 천장까지 부분은 눈에 많이 띄는 곳이므로, 그 처리가 디자인의 중요한 포인트가 된다. 그 처리방법으로 ① 내림천장, 달천장, 난간벽 등에 의한 시각효과, ② 각종 부착물에 의한 진열, ③ 사인, 패널 포스터에 의한 전개 등을 생각할 수 있다.[12)]

고객이 평균적으로 발을 멈추는 진열대 앞에서 500mm 떨어진 지점에서 전체 상품을 한 눈에 볼 수 있게 하는 것이 좋다. 또한 형태가 유지되는 상품을 얹는 선반은 앞을 향해 경사지운 편이 보기 쉬우며, 경사각도는 상단에서 하단으로 갈수록 수평이 되어 앞으로 밀어내는 식으로 한다. 단, 경사진 부분 안쪽에 사각이 생기는 단점을 고려하여 조명계획을 수반한다. 선반의 간격은 손님이 내려다보는 시선을 고려하여 안길이 치수가 클수록, 또 하단으로 갈수록 넓게 해야 한다.

예를 들어, 패션 전문점은 브랜드가 갖고 있는 각각의 개성 표현에 중점을 두고 상품의 성격, 고객의 성향, 시대적 유행 등을 기초자료로 하는 타 매장과 차별화된 이미지를 갖도록 설계해야 하며, 디스플레이 효과를 중요하게 다루어야 한다. 머천다이징의 역할이 중요하게 작용되는 공간으로서 외부에서 구매의욕을 느낄 수 있도록 상품의 디스플레이가 집중적으로 이루어져야 하고 파사드의 역할이 강조된다. 실내에는 동선에 따라 주요 의류상품, 코디네이션 상품, 액세서리의 배치가 순차적으로 고려되고, 집기로는 판매제품의 규격을 수용하는 표준화된 쇼케이스, 선반, 행거, 계산대 등이 사용된다. 일정 규모 이상의 매장에는 탈의실, 사무실, 창고, 수선실, 사무실 등이 구비되어야 한다.

12) 박현장 옮김, 〈판매점의 전시수납〉, 도서출판 건축시대, 2000.

3 04 Design Result

A. Panel & Model

학생작품 A

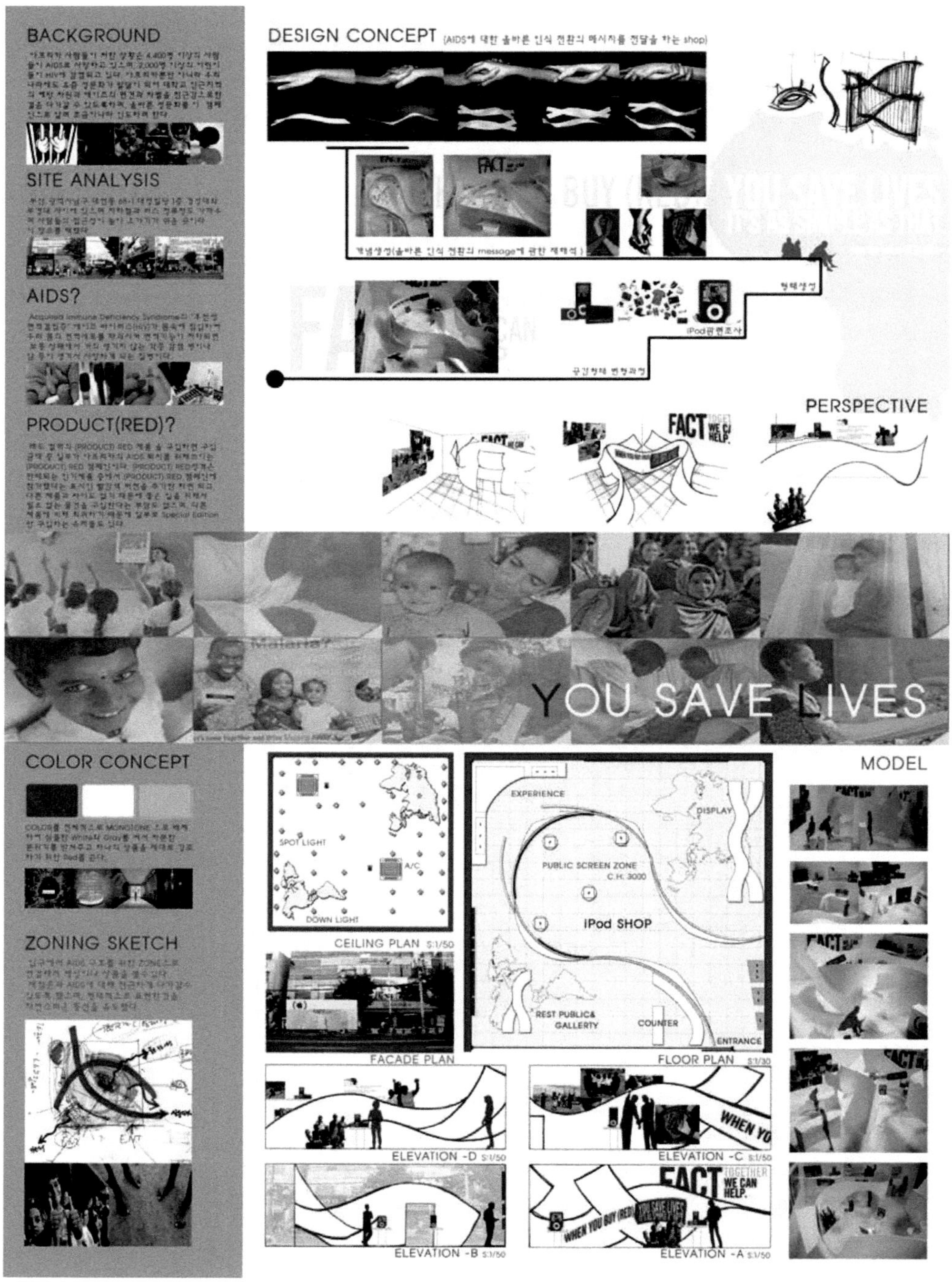

RED
TOGETHER
WE CAN

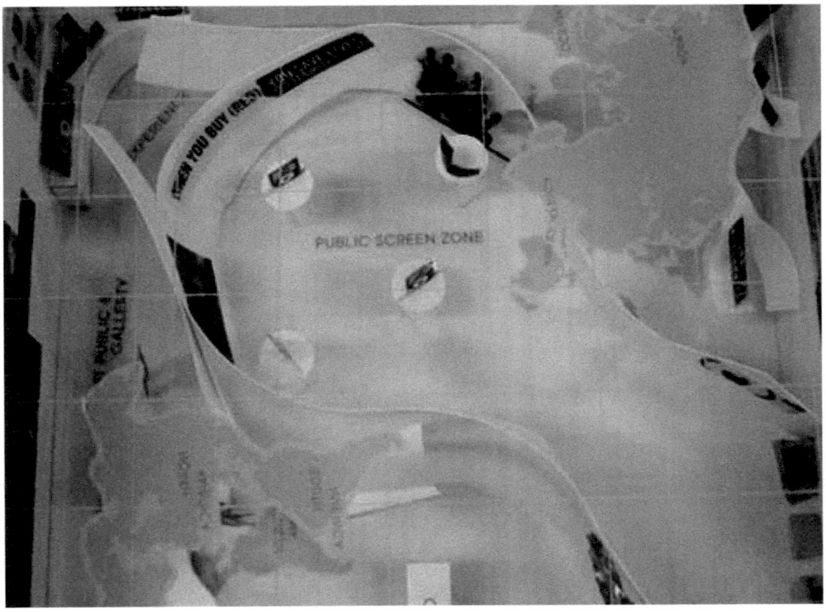
PUBLIC SCREEN ZONE

학생작품 B

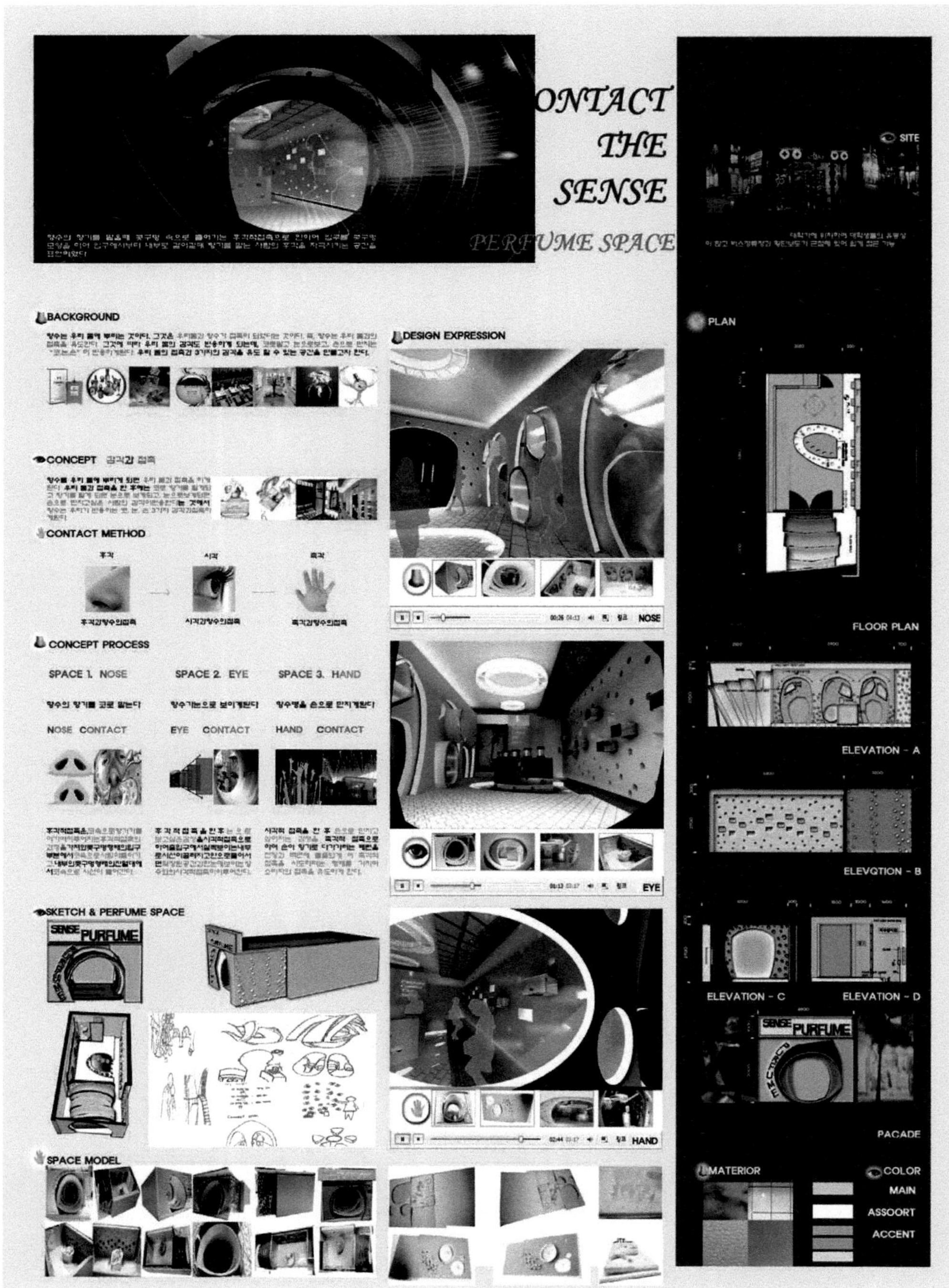
ONTACT
THE
SENSE
PERFUME SPACE
SITE
PLAN
BACKGROUND
DESIGN EXPRESSION
CONCEPT
CONTACT METHOD
CONCEPT PROCESS
SPACE 1. NOSE
SPACE 2. EYE
SPACE 3. HAND
NOSE CONTACT
EYE CONTACT
HAND CONTACT
NOSE
EYE
HAND
FLOOR PLAN
ELEVATION - A
ELEVQTION - B
ELEVATION - C
ELEVATION - D
SKETCH & PERFUME SPACE
SENSE PURFUME
PACADE
SPACE MODEL
MATERIOR
COLOR
MAIN
ASSOORT
ACCENT

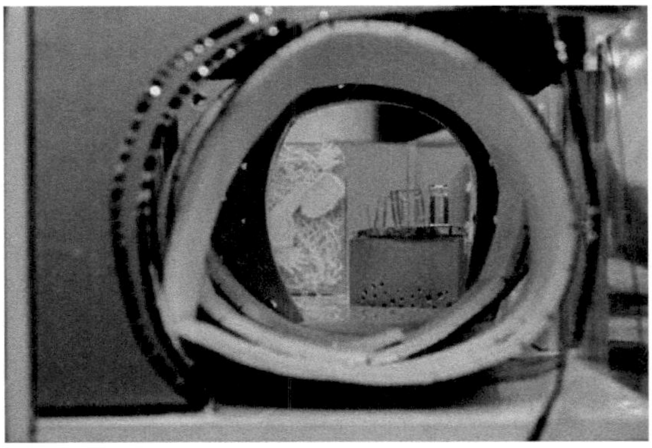

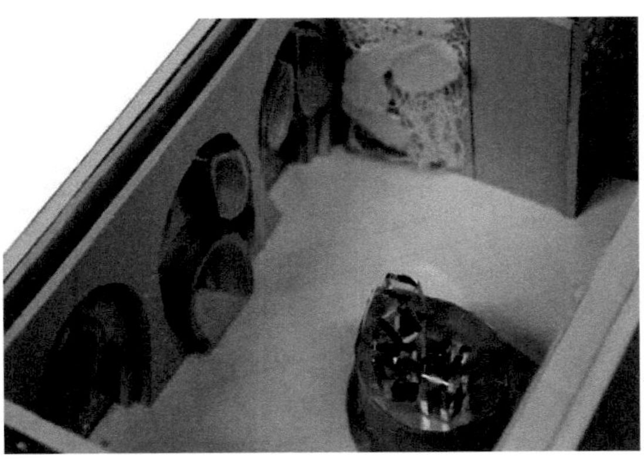

RETAIL SHOP

학생작품 C

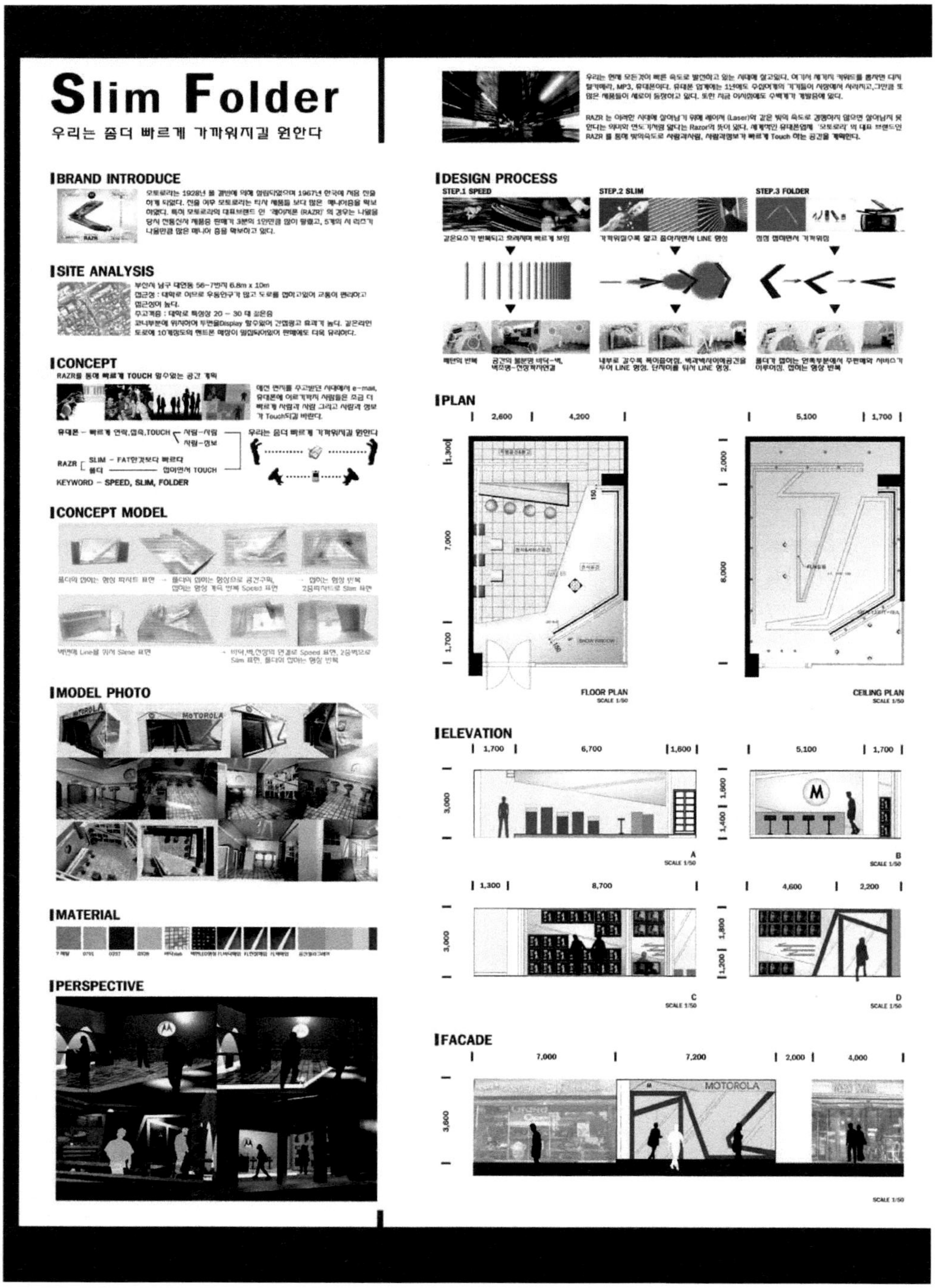

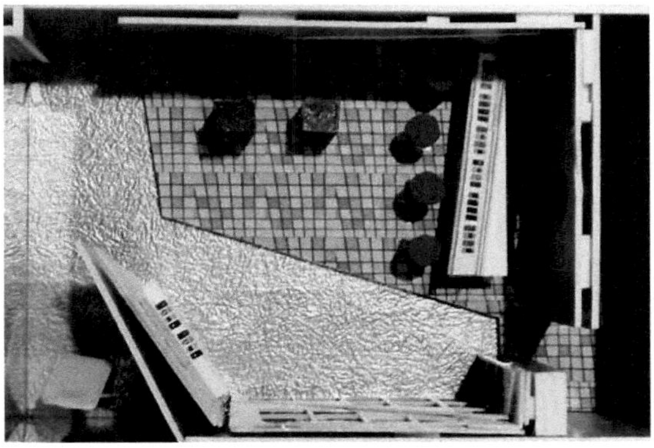

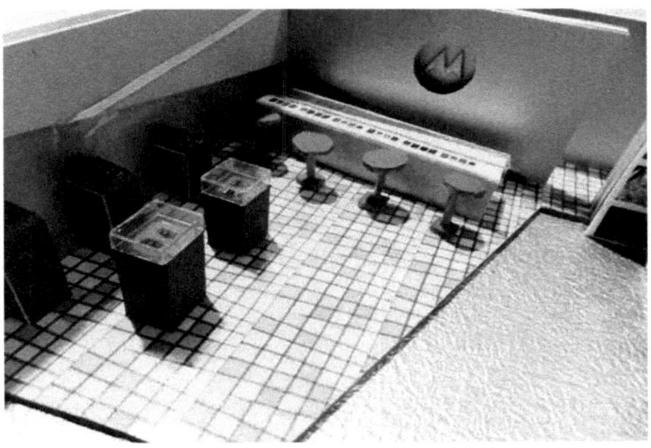

학생작품 D

함성이 흐르다
롯데 자이언츠 상품 판매공간
Backgroud
Site
plan
ZONING
FACADE
Space concept
SKETCH
FLOOR PLAN
SCALE 1/30
CEILENG PLAN
범례
HALOGEN 10
SPOTLIGHT 10
A/C 1
STUDY & MODEL
ELEVATION-(A) (B)
ELEVATION-(C) (D)
SCALE 1/50
3. COLOR
Perspective

학생작품 E

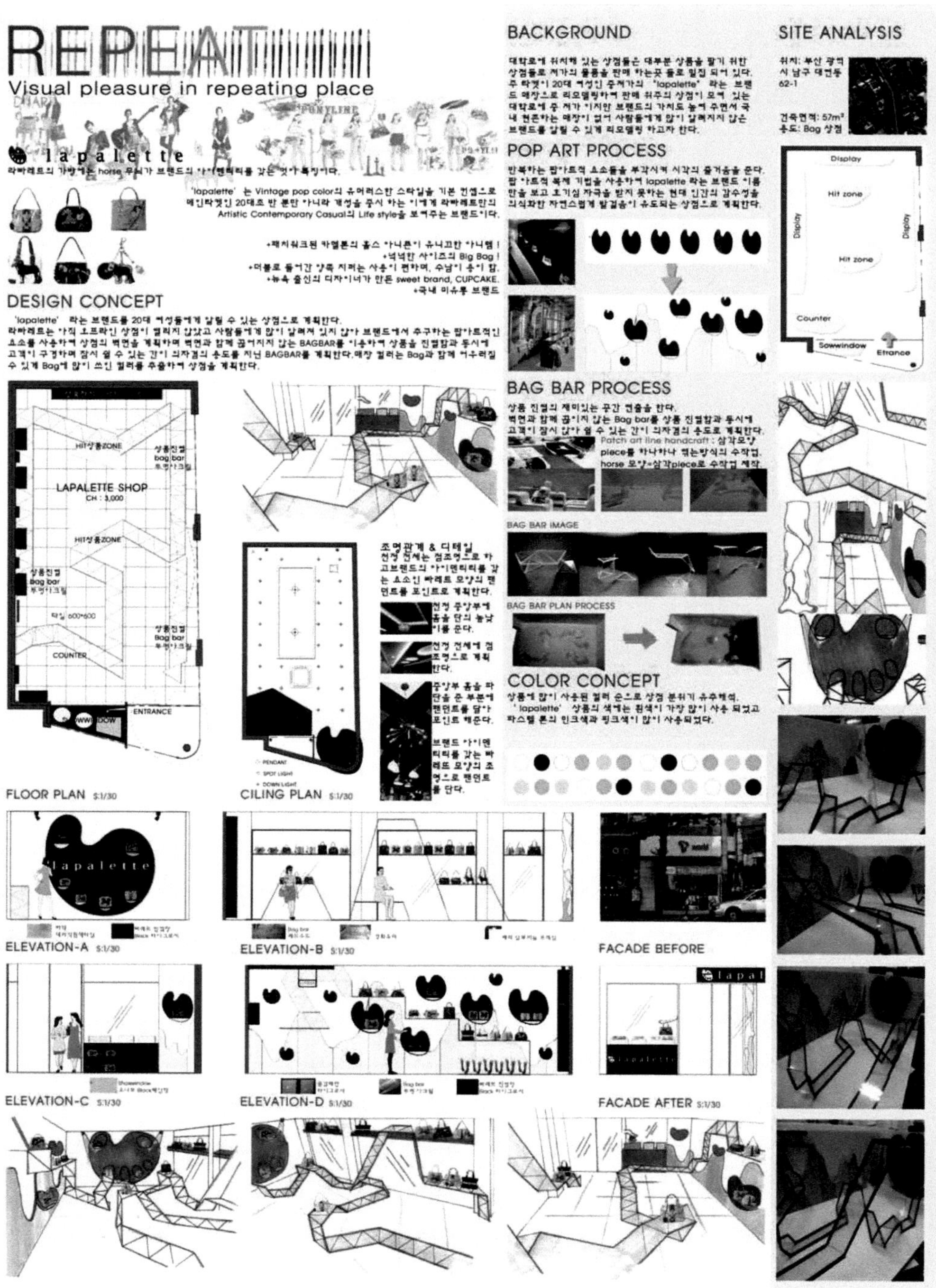
REPEAT
Visual pleasure in repeating place
lapalette
DESIGN CONCEPT
BACKGROUND
SITE ANALYSIS
POP ART PROCESS
BAG BAR PROCESS
BAG BAR IMAGE
BAG BAR PLAN PROCESS
COLOR CONCEPT
LAPALETTE SHOP
ENTRANCE
COUNTER
FLOOR PLAN S:1/30
CILING PLAN S:1/30
ELEVATION-A S:1/30
ELEVATION-B S:1/30
ELEVATION-C S:1/30
ELEVATION-D S:1/30
FACADE BEFORE
FACADE AFTER S:1/30

B. 제안서 PPT

학생작품 A

Slim Folder

「2학년2학기상점프로젝트」

Background

우리는 현재 모든 것이 빠른 속도로 발전하고 있는 시대에 살고있다. 여기서 세가지 키워드를 뽑자면 디지털카메라, mp3, 휴대폰이다. 핸드폰 업계에는 1년에도 수십여개의 기기들이 시장에서 사라지고, 그만큼 또 많은 제품들이 새로이 등장하고 있다. 또한 지금 이시점에도 수백개가 개발중에 있다.

Brand

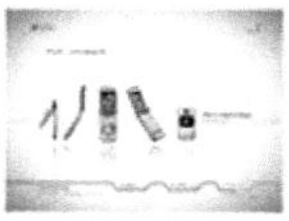

모토로라의 RAZR 는 이러한 시대에 살아남기위해 레이저(Laser)와 같은 빛의 속도로 경쟁하지 않으면 살아남지 못한다는 의미와 면도기처럼 얇다는 Razor 의 뜻이 있다. 지금이 스마트폰 시대라고 하지만 모토 로라 제품은 타사제품들에 비해 매니아층이 많으며 모토로라 대표브랜드인 RAZR폰은 출시당시 전 통신사의 제품판매량의 3분의1인만큼 이팔렸고, 5개의 시리즈가 나올만큼 많은 매니아 층을 확보하고 있다.

Site Analysis

부산시 남구 대연동 56-7번지
6.8m x 10m
접근성 : 대학로 이므로 우동인구가 많고 도로를 접하고 있어 교통이 편리하고 접근성이 높다.
주고객층 : 대학로 특성상 20 ~ 30 대 젊은층
코너부분에 위치하여 두면을Display 할수있어 간접광고 효과가 높다
같은라인 도로에 10개정도의 핸드폰 매장이 밀집되어있어 판매에도 더욱 유리하다.

1

Concept

휴대폰 - 빠르게연락, 접촉, Touch < 사람과 사람 / 사람과 정보 > Touch

빠르다

RAZR ┌ Slim : Slim 한것이 Fat한것보다 빠르다
└ 폴더 ―――― 접히면서 Touch

우리는 좀더 가가워지길 원한다 ← 가까워진다

Concept Model

2

Concept Process

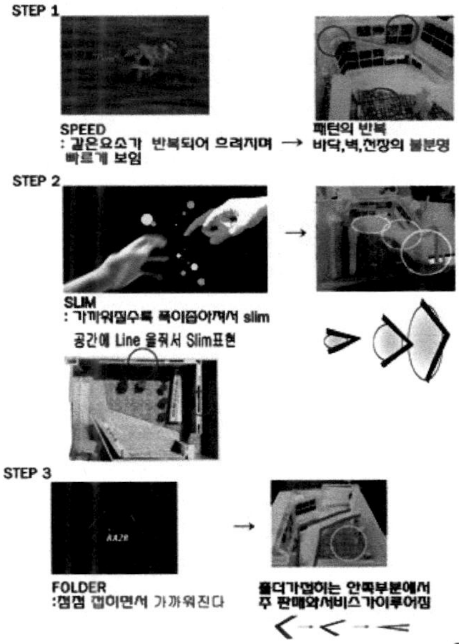

3

Plan

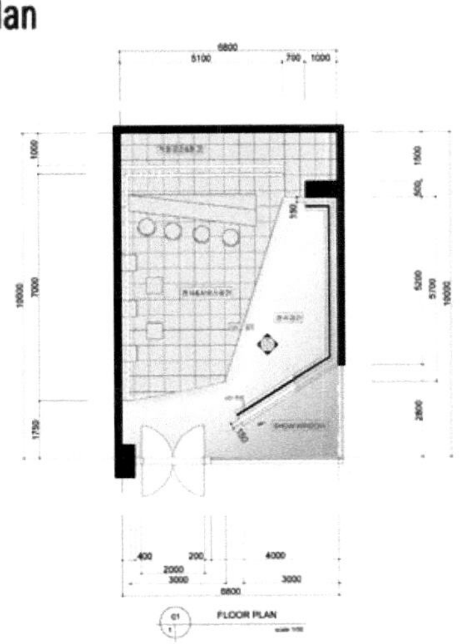

4

Plan

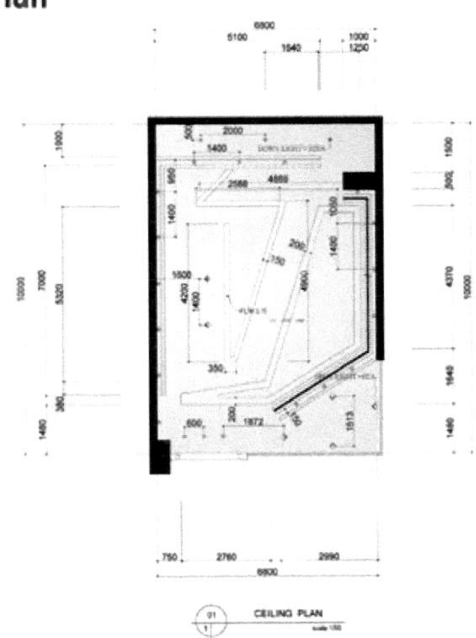

5

Plan

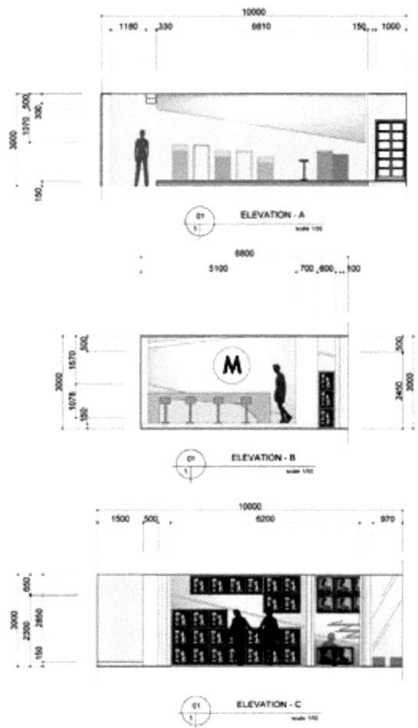

6

Plan

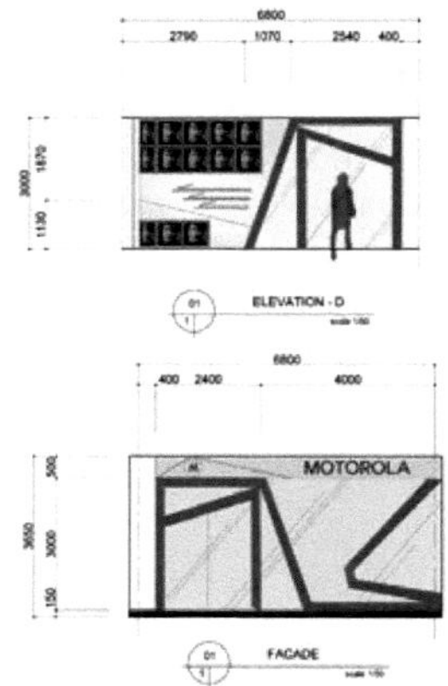

7

Model Photo

Perspective

8

학생작품 B

PERFUME SHOP
- "CONTACT THE SENSE" -

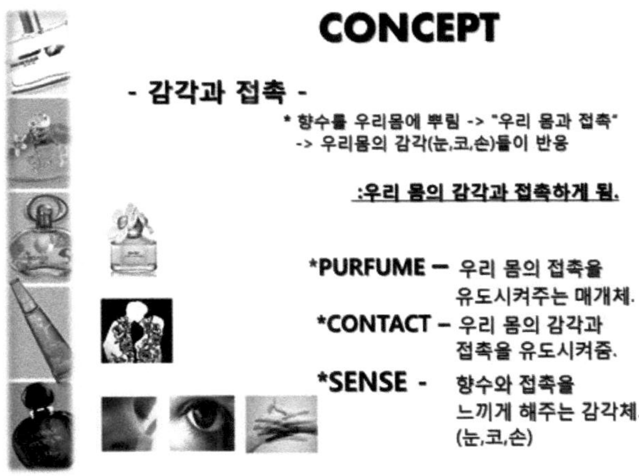
CONCEPT
- 감각과 접촉 -
* 향수를 우리몸에 뿌림 -> "우리 몸과 접촉"
-> 우리몸의 감각(눈,코,손)들이 반응
:우리 몸의 감각과 접촉하게 됨.
*PURFUME – 우리 몸의 접촉을 유도시켜주는 매개체.
*CONTACT – 우리 몸의 감각과 접촉을 유도시켜줌.
*SENSE - 향수와 접촉을 느끼게 해주는 감각체. (눈,코,손)

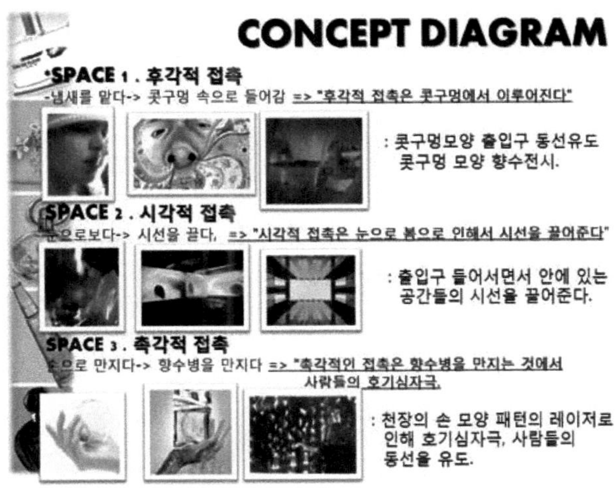
CONCEPT DIAGRAM
*SPACE 1 . 후각적 접촉
-냄새를 맡다-> 콧구멍 속으로 들어감 => "후각적 접촉은 콧구멍에서 이루어진다"
: 콧구멍모양 출입구 동선유도
콧구멍 모양 향수전시.
SPACE 2 . 시각적 접촉
눈으로보다-> 시선을 끌다, => "시각적 접촉은 눈으로 봄으로 인해서 시선을 끌어준다"
: 출입구 들어서면서 안에 있는
공간들의 시선을 끌어준다.
SPACE 3 . 촉각적 접촉
손으로 만지다-> 향수병을 만지다 => "촉각적인 접촉은 향수병을 만지는 것에서
사람들의 호기심자극.
: 천장의 손 모양 패턴의 레이저로
인해 호기심자극, 사람들의
동선을 유도.

SPACE DESIGN

• **POINT 1.**

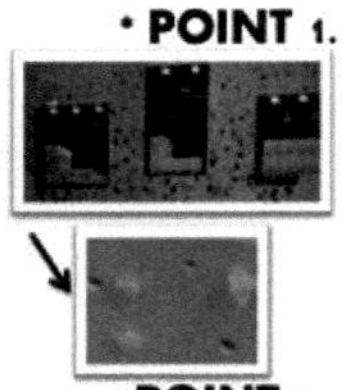

향수가 접촉하여 스며드는
공간으로 보이기 위한
촉각적 패턴 사용.
->안으로 들어감과 밖으로 나오는 패턴.

•**POINT 2.**

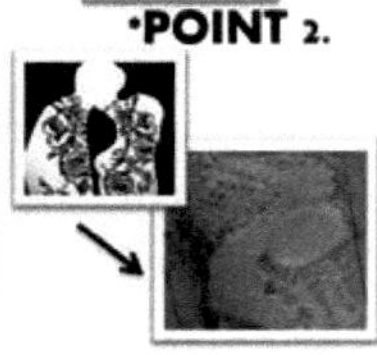

포인트로 벽에 남자와 여자가 스킨십을
하면서 손목에 향수를 맡는 그림을 형상화
향수가 우리 몸에 접촉한다는 그림을 표현.

PERSPECTIVE

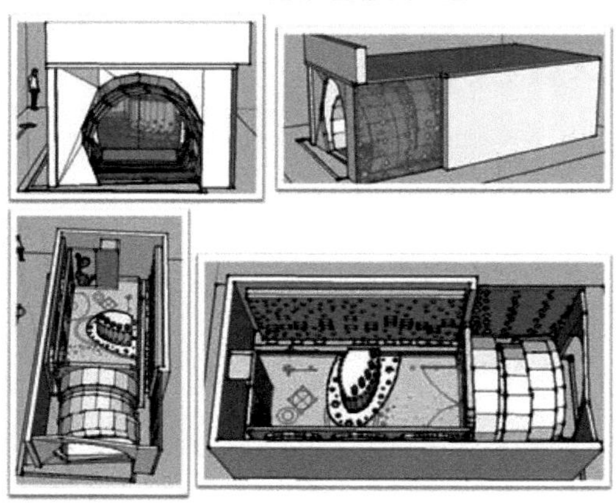

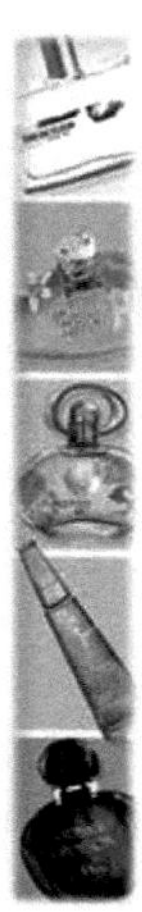

SPACE PLAN

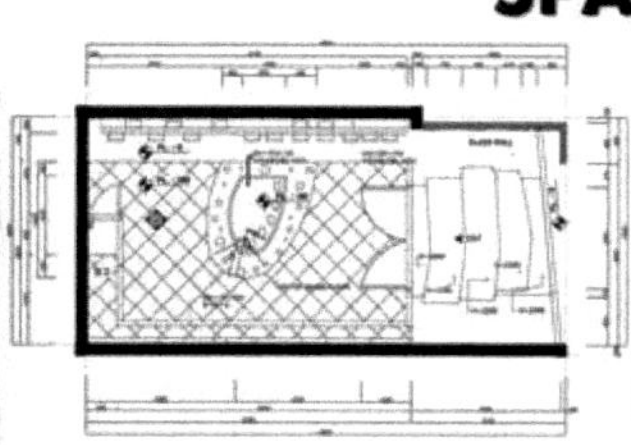

FLOOR PLAN.
SCALE:1/50

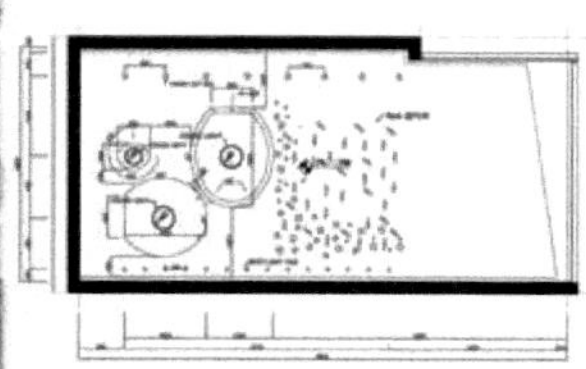

CEILING PLAN.
SCALE:1/50

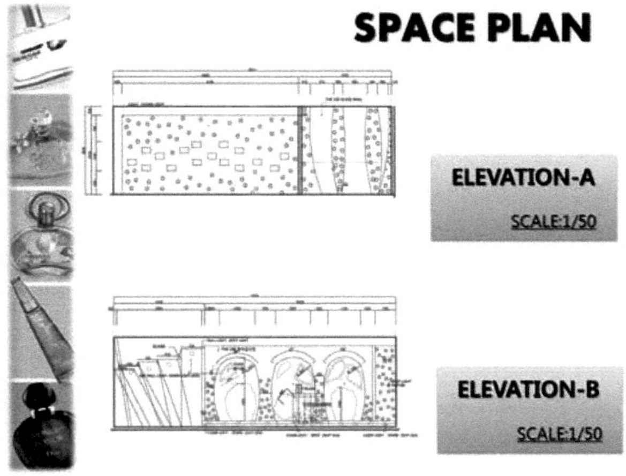
SPACE PLAN
ELEVATION-A
SCALE:1/50
ELEVATION-B
SCALE:1/50

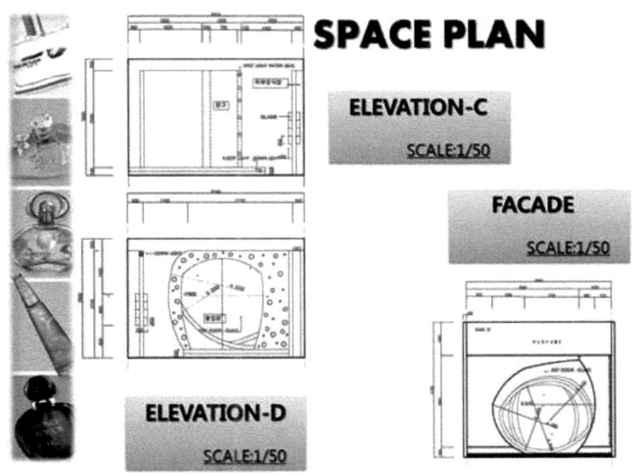
SPACE PLAN
ELEVATION-C
SCALE:1/50
FACADE
SCALE:1/50
ELEVATION-D
SCALE:1/50

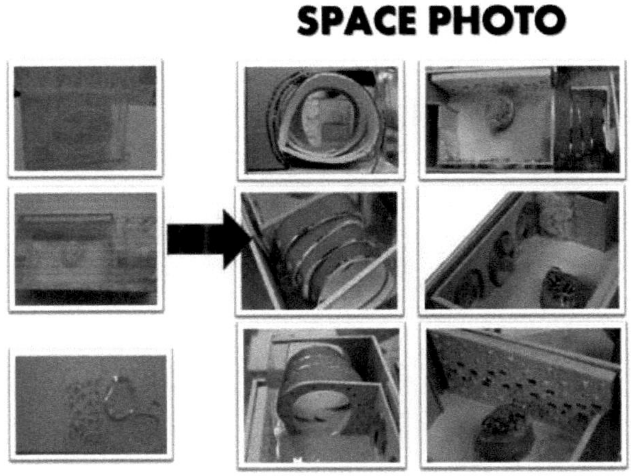
SPACE PHOTO

4 RESTAURANT

4 01 Space Introduction

A. Restaurant Design 개요

오늘날에 있어 식음공간은 레스토랑이란 말로 통칭되며 일반적으로 모든 식사와 음료, 빙과 등을 판매, 영업하는 넓은 의미의 상업공간을 지칭한다. 레스토랑은 가정에서의 평소의 식사를 벗어나 만남과 대화와 사교공간으로서 독특한 맛과 분위기를 즐길 수 있고 먹는 기쁨을 얻을 수 있는 공간이 되어야 하며, 이를 위하여 격조 높은 일관된 실내디자인 전개와 더불어 효과적인 서비스시설 계획, 철저한 위생시설, 시각적인 통일성, 투자 등이 종합적으로 전개되도록 해야 한다.

상업공간으로서의 레스토랑을 설계할 때 전체적인 방향을 설정하는 가장 중요한 단계는 기획단계이다. 기획에서 파악된 내용은 레스토랑의 규모, 독특한 메뉴와 음식의 맛과 가격, 서비스 정도, 좌석의 배치유형 등을 규정하고 아울러 레스토랑의 유형을 결정한다. 기획단계에서 파악된 레스토랑의 성격과 경영방침은 디자인의 전개에 있어 일관성 있게 적용되어야 한다.

레스토랑은 식음형태, 요리, 성격, 서비스 유형에 따라 다음과 같이 분류된다.

- 식음형태에 의한 분류
  - 식사를 주로 하는 음식점 : 레스토랑, 런치룸, 그릴, 스낵바, 샌드위치 숍, 카페테리아, 드라이브 인 레스토랑, 각종 전문요리점
  - 주류를 주로 하는 점 : 바, 스탠드바, 요정, 카페, 비어홀, 주점
  - 음료와 주류를 전문으로 하는 점 : 칵테일라운지

- 음료를 주로 하는 점 : 커피전문점
- 요리에 의한 분류 : 한식당, 중식당, 일식당, 양식당, 퓨전음식점

레스토랑의 기본구성을 영역별로 분류하면 다음과 같다.

- 관리부(준비실, 기계실, 라커룸, 종업원실, 사무실, 지배인실, 카운터(접수 및 계산을 위한 공간 등)
- 영업부(현관, 로비식당, 바, 연회실(집회실) 등)
- 조리부(주방, 식품보관 창고 및 냉장고, 세척실, 배선실 등)
- 기타(화장실, 휴게실 등)

레스토랑에서 행해지는 서비스 종류별 특징은 다음과 같다.

- **셀프 서비스식** : 동선을 고려한 평면형 결정(입구 → 카운터 → (식기 준비대) → 식탁 → (식기 닦는 곳) → 출구), 카페테리아가 대표적임.
- **카운터 서비스식** : 카운터 & 의자로 구성, 신속한 식사(fast food), 카운터 뒤의 벽면과 메뉴판 구성 중요, 고객 순환율이 좋음, 시끄럽고 불안정(단점), 런치룸 형식
- **테이블 서비스식** : 종업원이 테이블까지 나르는 서비스, 고객입장에서는 한적하고 쾌적한 분위기, 정중한 서비스, 입식과 좌식, 인건비와 유지비가 높고 고객 순환율이 나쁨.

계획의 시작은 설계를 위한 기본방향을 수립하기 위한 가상의 상황 설정을 위한 시나리오를 작성하는 작업으로서 실무에서는 기획의 단계로 간주할 수 있다. 판매할 음식의 선정, 상점 입지의 개략적 특성, 운영방법, 대상고객 분석 등의 마케팅적 관점에 입각한 세분화된 사항들까지도 종합적으로 고려하여 분석된 사항을 바탕으로 판매로 이어질 수 있는 적합한 공간 컨셉을 도출하여 시각화시킨다.

다음 단계는 도출된 설계조건과 함께 고객에게 어필되어질 레스토랑의 주요 이미지를 해석하고 프로그래밍하여 레스토랑의 공간 컨셉을 도출하는 과정이다. 이 단계는 고객의 구매욕구 증진이라는 비전을 실현시킬 수 있는 개념적 도구를 설정하는 단계로서, 복합화된 구매자의 심리와 행태가 의도된 공간 안에서 매출로 이어지는 데 방향이 집중되어져야 한다.

B. 설계주안점

(1) 상황 설정

- 시나리오에 있어 가장 선행되어야 할 사항은 팔고자 하는 음식의 종류 설정이며, 구체적으로 레스토랑의 규모, 독특한 메뉴와 음식의 맛과 가격, 서비스 정도, 소비자 연령층과 경제적 · 사회적 계층까지도 설정해야 한다.
- 기획단계라고 볼 수 있는 상황 설정에서 파악된 레스토랑의 성격과 경영방침은 디자인의 전개에 있어 일관성 있게 적용되어야 한다.
- 레스토랑의 위치 설정은 입지에 대한 타당성 조사가 우선으로 이루어지나 보통사람들이 많이 모이는 번화한 장소가 택해지며, 대상 지역의 특성, 규모, 경쟁상대인 인근 상점, 입지 상권과 도로 및 교통사정과 함께 취급하는 상품의 특성, 판매형식, 예상되는 대상 고객의 계층, 구매행동 등을 종합하여 기획에 반영한다.

(2) 컨셉 도출

- 소비자의 마음을 움직여 고객을 창조하는 활동을 비전으로 설정하고 컨셉을 도출한다.
- 시나리오에서 설정된 각 레스토랑의 고객 지향적 운영전략을 이해하고 이에 적합한 공간 디자인 컨셉을 설정해야 한다.

(3) 기능적 프로그램 설정

- 메뉴와 서비스 방식을 고려하여 고객영역과 판매영역의 적절한 zoning과 circulation으로 식사와 서비스 행위에 기능적으로나 심리적으로 지장을 주지 않도록 계획한다.
- 서비스 방식에 근거한 테이블 블록의 구획과 각 블록과 매장 전체의 동선과 시선이 유기적으로 연결되도록 한다.
- 카운터는 고객의 입 · 출입 제어가 가능한 위치에 두어 관리가 용이하게 계획한다.
- 주방공간과 고객으로의 직접적인 서비스를 담당하는 배선실 영역의 조닝과 동선을 합리적으로 계획한다.

(4) 형태적 표현

- 상업공간에서 파사드는 고객의 관심을 유도하는 가장 일차적이고 강력한 시각적 단서로 작용된다.
- 파사드를 통해 출입구 방향에서 정면의 시야에 연출되는 이미지 월은 상업공간의 강력

한 아이덴티티 요소로 작용함으로써 여러 방향으로 레이아웃 된 레스토랑 공간에 질서 요소로 작용한다.

- 식음공간에서 사인은 상품과 상점의 가치를 높이고 각인시키는 중요한 시각적 요소로 작용함으로써 VMD 개념에 입각하여 통일된 디자인의 디테일을 표현하도록 한다.
- 식음공간은 식사와 휴식 및 담소를 위한 장소로서, 음식의 종류와 서비스 방식에 적합한 독특한 심리적 분위기를 연출할 수 있도록 효과적인 컬러나 스케일, 재료, 비품, 조명효과를 적용한다.

4 02 Excercise Information

A. 목표

실내설계에 있어 주된 영역을 차지하는 상업공간에 대한 계획수법을 학습하고, 그 대표적 유형인 식음공간을 대상으로 실제적인 실습과 응용을 통해 상업공간디자인 능력을 키우게 된다. 한식당, 양식당, 일식당 등을 디자인, 동선체계, 자리배치, 공간의 기능성, 이미지의 제고 등에 중점을 주되 모두가 앉고 싶어 하는 공간을 디자인하는 것이 중요하다. 필요 유틸리티에 대한 학습도 실시한다.

B. 설계조건

- **대상 공간 선정** : 실제 대상 공간을 선정하고 리모델링 형식으로 진행하되 반별 답사와 실무 도면 확보 요구. 2인1작 팀별 작업
- **용도** : 레스토랑(한식당, 양식당, 일식당, 중식당 등)
- **규모** : 공간 규모는 300㎡ 내외로 선정
  부분적 중층 구성, 2층 구성 모두 가능
- 컨셉에 부합하는 공간디자인 및 가구배치 및 디자인
- 전통적 레스토랑 개념 위주의 디자인, 특정 음식에 대한 전문식당 개념의 접근도 가능하나 명확한 이유를 제시할 것
- 1면 이상의 파사드 구성계획을 반드시 포함할 것
- 주방 집기류 배치 및 디자인 고려, 화장실 디자인

C. 세부 진행 스케줄

프로젝트	주차	일자	수업진행내용	특기사항
Restaurant	1		프로젝트 주제 발표, 팀 구성	
			사례조사 및 각론조사	
	2		레스토랑 결정 및 공간 분석	
			대상 공간 선정 및 대지현황 분석 /marketing	
Restaurant	3		아이디어 스케치 / 컨셉 도출	
			space program / zoning	
	4		디자인 컨셉 / 컨셉 모델	
			스터디 모델 / 평면계획 및 입단면계획	
	5		스터디 모델 / 도면 작성	
			요소결정(재료/색채/조명/가구/패턴)/detail	색채재료보드 제작
	6		3D투시도 / 컨셉 적용 안 제시 / 패널 레이아웃	
			최종표현(패널/모형제작)	
	7		작품 제출 / critic	presentation
			포트폴리오 제작	

D. 제출형식

- **최종 패널 규격** : 900mm×1,800mm 1매
- **최종 모형 규격** : 축척 1/30, 1/50 안을 들여다 볼 수 있는 구조
- **모형재료** : 폼보드, 하드보드지, 우드락+젯소, 우드락 위 색지 등 다른 재료 부착, 포맥스, 아크릴, 각종 모형목재(발사), 절제, 점토, 석고, 금속판
- 패널은 전체를 컴퓨터 작업으로 진행
- 도면과 모형에 가구배치계획, 천장, 마감재 등을 명확하게 표현할 것
- 제출 패널에는 실내투시도 5컷 이상, 내부입면도 3컷 이상을 반드시 포함시킬 것
- **포트폴리오** : 작품의 전체 내용을 A4 포트폴리오로 재편집하여 제출할 것

E. 평가내용

- 각자 설정한 테마에 따른 창의적인 공간구성이 이루어졌는가.
- 기능공간에 대한 접근성이 충실한가.
- 가구배치, 마감재료, 색채계획, 조명계획에 대한 표현이 충분한가.
- 기본 도면에 대한 완벽한 숙지와 표현력에 대한 질적 수준이 높은 패널계획을 하였는가.
- 식욕을 촉진시키는 디자인과 메뉴의 내용과 감각적 이미지가 잘 표현되었는가.

4 03 Design Criteria

A. 레스토랑 설계를 위한 실무 요강

(1) 레스토랑(Restaurant)

음식물이 인간의 인체를 회복시킨다는 의미의 프랑스어의 어원을 가지며 평소의 식사를 벗어나 독특한 맛과 분위기를 즐길 수 있고 먹는 기쁨을 얻을 수 있는 공간이다.

상업공간의 실내디자인에 분류되며 계획에 있어 미와 기능, 마케팅 영역을 포함한다. 레스토랑의 공간구성은 영업, 조리, 관리부분으로 나누며 크게 보면 영업과 조리, 즉 홀과 주방의 영역으로 생각할 수 있다.

(2) Restaurant Interior Project

Hardware:

concept 30%

interior design 30%

location 30%

Software:

menu composition, Marketing strategies, operating skill, maintenance

R.O.I. (Return Of Investment) : low budget

capacity, ticket time

Space program : Kitchen 20~30% + Hall 70~80%

Service Station : W/S (Working station), S/S (Side Station)

(3) Interior Focus

어떻게 무엇을 즐기는가? : 레스토랑의 성격

가구계획

치수계획

동선계획

의자와 테이블의 배치 : 가로형, 세로형, 혼합형

주방계획 : 1.5배의 직사각형 평면이 유리

(4) Interior & Display

- perspectives
- Lay-out (Hall, Kitchen, Electric. Etc · · ·)
- FFE : Furniture, Fixture, Equipment (Tables, Chairs, Cushion, Sofa)
- Display
- Air condition
- Heater
- Ventilation
- Outdoor & Indoor Signboard (간판)
- Reception Desk & Cashier's Design
- Waiting Area
- Kitchen Office
- Valet Parking Box (Parking Tickets)
- Rest Room Signage : 111, 101 (Staff, Toilet, Sensor with flavor)
- Hall Working Station
- Audio System
- Phone or Inter-phone System (Kitchen office, Cashier s desk, PDR, Bar, valet parking box, storage, Back side)
- Dimmer style of light system
- POP System (CASIO)
- Electric power should be extended (more than 45KW)
- LNG or LPG should be installed
- Public phone (Webtel)

- Bottle Locker System
- CAPS system
- Small logo on the partition or wall side
- REMEMBER : If the proper materials are not available, and it cannot be done well–do not it at all

(5) Selection of a Interior Designer Practice & presentation

1. Familiarise yourself with local resources

   Get recommendations from others in the communications field, and become familiar with local resources.

2. Review 2/3 designers

   Spend time reviewing at least two/three different and compare quality and cost.

   Although there may be restrictions, in most cases you will get what you pay for.

   What may seem like a cost saving can turn out to be an expensive exercise with having to redo a piece due to bad design and quality.

3. Visit to the designer s office/studio as his environment will generally indicate the quality of work you expect;

   · Is it well organized?

   · Is he adequately staffed with back–up assistance or is it a one–man show?

   · Is his equipment up–to–date or does he depend upon old fashioned methods that are expensive and time consuming?

4. Look for a designer that understands/relates to the business

   · Review his portfolio and examples of his work

   · Has he kept up with the times?

   · Is he designing work that likes unimaginative?

   · Dose he ask pertinent questions?

   · Has he done his homework in the hotel prior to the meeting?

(6) Time schedule in restaurant Interior Design 공정표 예시

 # 공사 공정표

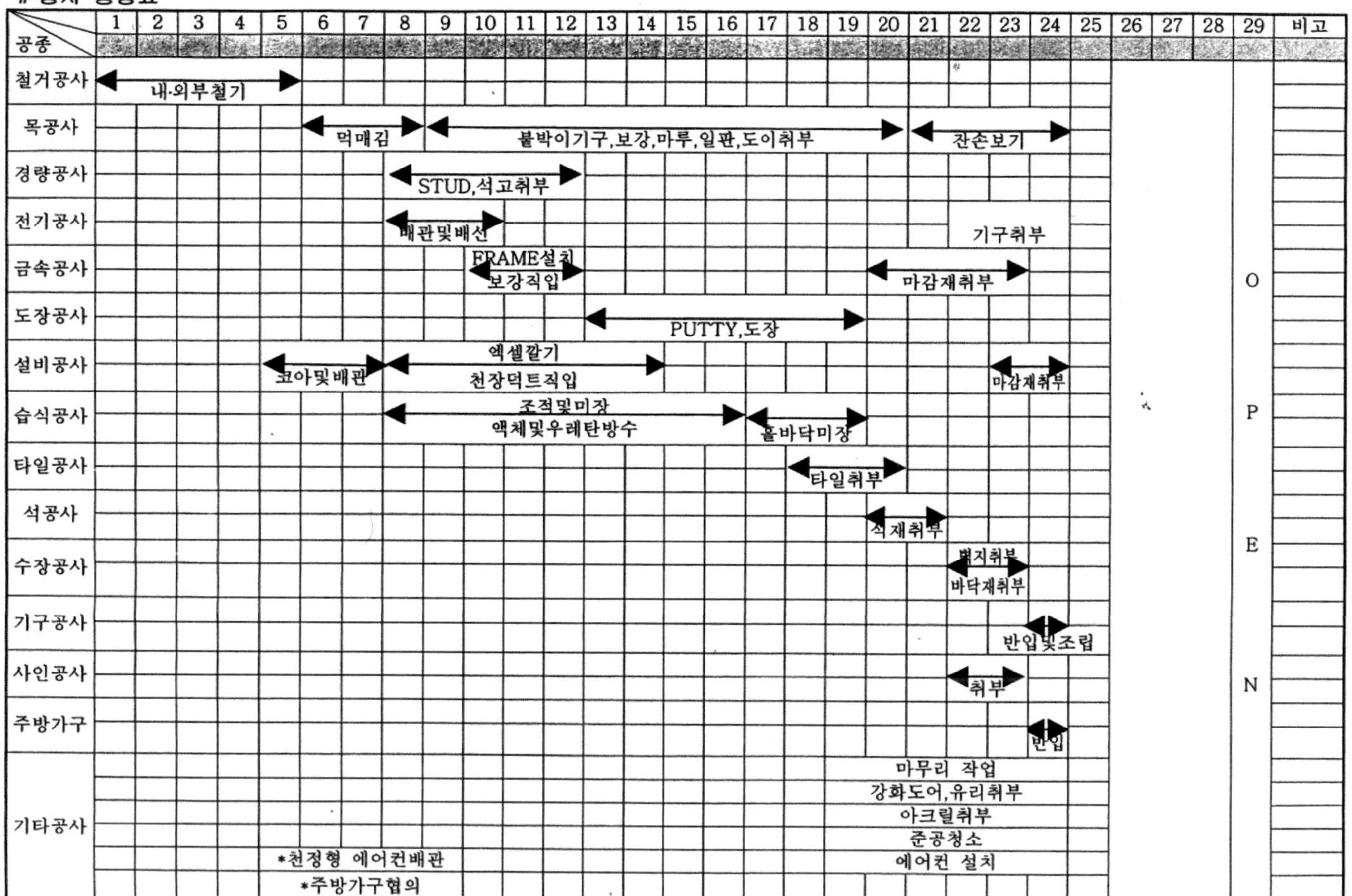

B. 동선 및 가구계획

원활하고 신속한 서비스를 위한 동선계획은 식당운영의 경영방침과 함께 가장 중요한 부분이다. 동선은 크게 고객의 동선, 종업원의 서비스 동선, 주류 및 음식의 반입과 반출을 위한 식품 동선이 있다. 규모에 관계없이 고객의 동선과 종업원의 서비스 동선은 서로 교차되지 않도록 계획해야 하고, 서비스 동선은 주방에서 음식이 조리되어 테이블까지 가는 동선이므로 고객 동선과 혼란스럽지 않고 교차되지 않아야 하며, 종업원의 이동거리를 단축시키기 위해 주방의 위치를 고려하여 가능한 짧게 단순화시킨다. 또한 주통로와 부통로의 충분한 치수와 요리의 출구, 식기의 반입에 유의하는 것도 중요하므로 주요 통로는 1,200~1,500mm, 주통로에서 갈라진 부통로는 900~1,200mm 이상이 되어 충분한 통로폭을 갖도록 한다.

식음공간에 있어서의 가구계획은 공간의 특성에 따라 가구의 크기, 높이, 형태, 안락성, 스타일 등이 좌우되며, 공간의 조건에 따라 배치형태, 위치, 개수, 밀도 등이 결정된다. 가구는 공간에 변화를 주는 영향이 매우 크고 공간의 사용목적과 성격에 부합되는 디자인과 색상, 형태, 양식 등을 선택하거나 계획한다. 또한 가구의 배치와 디자인은 시선높이를 결정하고 바닥, 벽, 천장 등 모든 실내디자인의 구성요소와도 밀접한 관계를 유지함으로써 신중을 기해야 한다. 기능을 포함한 인간공학적 측면과 심리적인 면을 고려한 감성적인 측면이 동시에 고려되어야 하며, 공간 내의 위치관계를 적절히 부여해야 한다. 일반적으로 2인용 테이블은 (600~750mm)×(600~750mm), 4인용 테이블은 정사각형 (850~960mm)×(850~960mm), 직사각형 (1,000~1,200mm)×(700~800mm) 정도이며, 6인용 테이블의 경우는 (1,350~1,800mm)×(650~800mm) 정도가 표준 크기이다. 그러나 테이블 및 좌석의 크기는 안락도와 메뉴의 내용, 사용하는 집기를 고려하여 계획해야 한다. 또한 서비스나 이동 등의 동선에 필요한 충분한 치수와 옆좌석과의 여유공간도 함께 고려해야 한다.

원형의 큰 테이블의 경우 2인석 600mm를 기준으로 4인석 900mm, 6인석 1,250mm이 일반적인 적정 치수이다. 또한 이미 계획된 원형 테이블일 경우 테이블 지름에 원주율을 곱한 뒤 원주를 산출하여 의자폭으로 나누는 방법으로서, 설치 가능한 좌석 수를 계산할 수 있다. 카운터나 바는 좁은 공간에 많은 손님들이 앉을 수 있어 경제적인 공간이며, 서비스하는 입장에서 조리 서비스를 겸비하게 되므로 독특한 행태를 갖는다. 카운터를 중심으로 손님과 종업원 사이에 시선의 레벨차이가 발생하므로 서비 측의 바닥레벨을 조정하거나 가구의 높이로서 부담감 없는 분위기를 조성하기 위한 세심한 배려가 요구된다.[13]

13) 한국실내디자인학회 편, 〈실내디자인각론〉, 기문당, 2009, pp.286~309 재인용

● 테이블 배치에 따른 통로폭

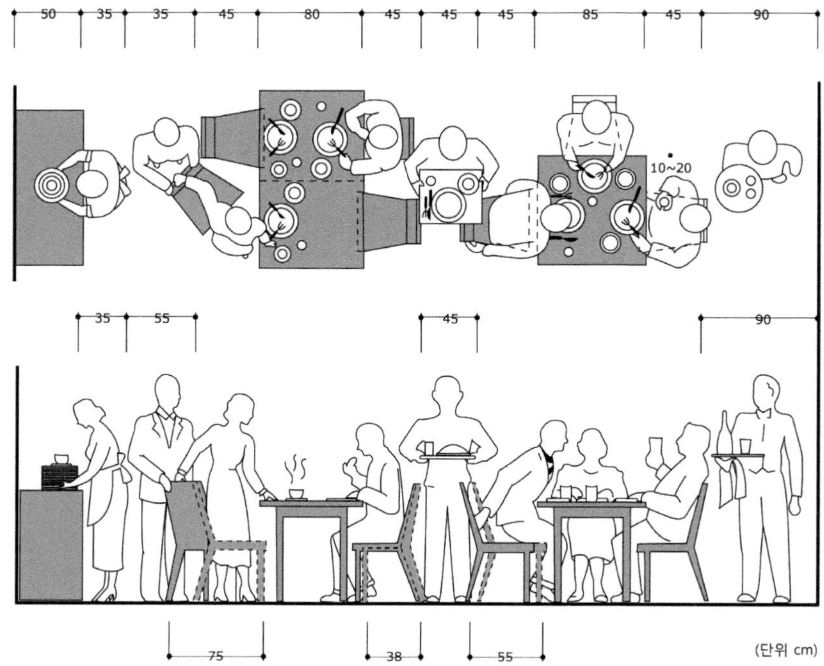

객석배치에 있어서의 최소 공간치수

● 카운터 배치에 따른 가구치수

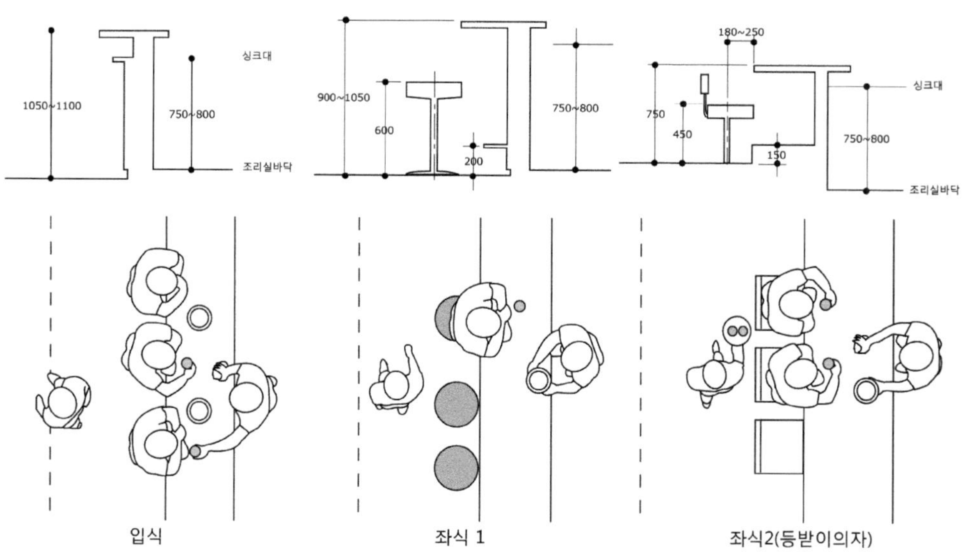

카운터의 기본치수

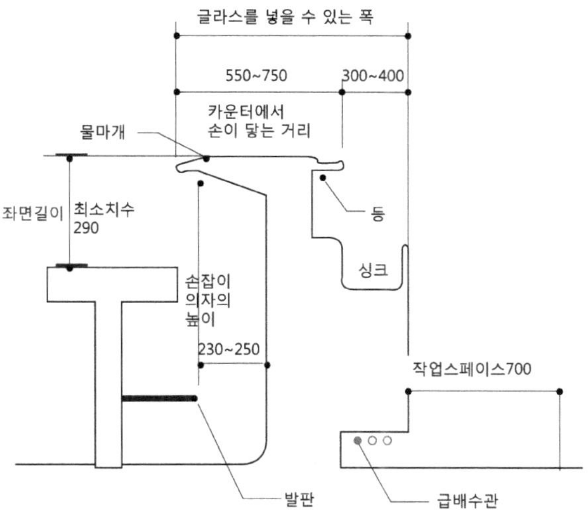

카운터의 상세도

식음공간의 주요공간은 고객을 위한 객석공간, 주방 및 작업공간, 서비스 및 기타 공간으로 크게 구분할 수 있다. 객석 및 서비스공간의 동선계획 시 영업형태에 따른 초기 컨셉에 의해 고객 동선계획이 이루어져야 하며, 서비스 종업원의 인원과 역할 그리고 배치에 의한 동선계획이 중요하다. 또한 공간의 쾌적성에 영향을 미치는 가구의 배치 및 형태와 치수, 전체적 공간구성과 조명계획 등이 요구된다.

식당의 객석을 구성하는 중요한 요소는 ① 식사하는 자세 ② 식탁의 형상 ③ 식탁의 배열 형식 ④ 상차림 등의 서비스 형태에 의해 결정된다고 볼 수 있다. 식사하는 자세는 가장 일반적인 의자에 앉는 자세와 서서 먹는 자세, 바닥에 앉는 자세가 있으며, 이러한 사항의 고려로부터 식탁의 형상이나 배열이 결정된다. 선 자세의 경우는 파티나 대규모 연회장 등의 입식 카운터에서 이루어지는 가벼운 식사를 예로 들 수 있으며, 바닥에 앉는 자세는 한식이나 일식에서 많이 볼 수 있다. 또한 서비스의 형태가 셀프인지 아닌지에 따라 동선이나 공간의 배치계획은 완전히 달라진다.

조리실의 작업은 크게 ① 검수 · 저장 ② 예비요리 ③ 가공 · 조리 ④ 배식(그릇에 담기, 상차리기) ⑤ 개수(세정, 소독) ⑥ 수납 · 보관 등의 6가지 공정으로 분류할 수 있다. 그러나 이러한 공정은 음식의 종류와 식당의 규모에 따라 몇 가지 기능으로 복합하거나 부분적으로 구성하기도 한다. 또한 조리실의 공간면적은 식당의 면적, 종업원 수, 공간의 연면적, 객석 수 등과 상관관계를 가지며 적정 규모로 계획된다.

주방의 기본계획은 주류 및 식품 동선과 서비스 동선을 고려하여 적절한 규모로 배치하고 마감재료, 조명, 색채 등을 정한다. 그 외 필요한 제설비 및 시설물 등의 상세한 레이아웃은 전문가에 의해 자문을 받는다. 싱크대의 배치는 메뉴의 종류나 상태를 고려하여 준비작업 흐름에 따라 배치하며, 특히 보관된 주류 및 식품류를 신속히 서비스할 수 있도록 계획한다. 주방은 물이 사용되며 위생을 요하는 곳이므로 내수재료이면서 청결을 유지할 수 있는 재료 및 설비적 배려가 동반되어야 한다.

서비스공간은 식당의 규모나 특징에 따라 다양하게 나타나는데, 입구 홀, 대기실(waiting room), 클라크 룸(cloak room) 등이 대표적이다. 대기실은 손님이 많아 좌석이 없을 경우나 일행을 기다리는 경우를 위한 공간으로 휴식용 소파와 각종 서비스를 제고하기 위한 배려가 있어야 한다. 클라크 룸은 고객의 귀중품, 핸드백, 짐 등을 받아 보관하는 장소로 계산대에서 통상 관리하거나 별도의 공간으로 계획되기도 한다. 또한 최근 금연공간의 확산으로 흡연자를 위한 끽연실(smoking room)을 별도로 두기도 한다. 또한 주방과 객석의 중간영역에 서비스 스테이션으로의 배선실을 설치하기도 하며, 식기와 글라스류의 보관, 조미료, 메뉴 등이 비치되어 간단한 세척도 할 수 있게 설비되어 있다. 그 외 지배인실을 포함하는 사무공간과 라커룸을 포함하는 종업원 휴식 공간 등이 있다.[14]

C. 음식점 종류에 따른 공간계획

레스토랑의 공간계획에서 가장 우선시되어야 하는 것은 무슨 음식을 파는 곳인지 먹는 음식과 가격, 식사에 소요되는 시간 등에 대한 충분한 이해가 있어야 한다. 음식은 국가적 · 시대적 · 경제적 배경을 가지고 있으므로 이에 대한 사전조사 및 음식이 만들어지는 과정 및 특성을 명확히 이해하고 디자인에 접근해야 하며, 특히 전망 등 입지조건 등에 대한 구체적인 검토가 있어야 한다.

(1) 한식당

한식당에서 주요 과제로 제기되는 문제는 우리 고유의 전통의 이미지를 어떻게 잘 표현하느냐와 우리 고유의 맛과 멋을 어떻게 잘 부각시키는가에 있다. 한국적 이미지를 표현하기 위한 쉬운 방법으로 기와, 마루, 초가 등 한국의 전통적 요소를 채용하면서 한옥의 느낌을 주는 것인데, 이러한 고정적인 이미지를 개선하지 못하고 소극적 대응만으로 디자인하는 것은 문제가 있다. 이와 같이 실내계획에 있어서 중요한 점은 한국의 맛과 멋을 가진 한식당

14) 한국실내디자인학회 편, 〈실내디자인각론〉, 기문당, 2009, pp.286~309

에 한국적 건축과 공간의 미를 어떻게 도입할 것인가 또는 전통건축의 어느 부분을 실내디자인과 연출의 모델로 삼아 현대화 하는가 등이다.

한식당의 면적배분은 영업방침이나 고객의 회전율, 조리방법이나 서비스 형태 등에 의해 차이가 나타나며, 객석 홀의 면적이 60%, 주방이 30%, 기타 서비스면적이 10% 정도가 일반적이다. 그리고 한식당에서 육류를 직접 굽는 경우가 많아 실내 공조가 중요한 요소가 되며, 실내 분위기에 알맞은 공조계획 및 설비시스템의 선정이 이루어져야 한다.

(2) 중식당

광대한 국토를 가진 중국은 기후, 풍토, 역사, 민족이 지방에 따라 다르고 각각의 특색이 있는 지방 요리가 비교적 독자적으로 발전하였다. 인테리어 디자인은 음식과 어우러지는 원색의 복잡한 중국 고유문양이나 오리엔탈 문화가 느껴지는 강한 소재로 구성되어 있는 것이 일반적이었다.

디자인 계획에 있어서는 중식당의 전반적인 분위기가 과거가 아닌 현대적인 분위기로 유지되어야 하는 것과 지역적 특성에 맞는 공간구성과 장식적인 요소에 의해 그 나라나 지역의 고유한 특성을 반영시키는 것이 중요하다.

경영방침에 따라 다양한 레이아웃과 동선이 결정되지만 일반적으로는 일반좌석과 연회석으로 구획하여 배치한다. 개인접시를 내는 일이 빈번하기 때문에 일반석의 경우 대부분의 좌석으로부터 거의 같은 거리에 서비스 스테이션(서비스 수레)을 배치하고, 연회석의 경우 개실마다 서비스 스테이션을 설치한다. 그리고 음식의 종류에 따라 서빙하는 횟수가 많으므로 쾌적한 식사를 위하여 이동을 위한 충분한 동선확보가 요구된다. 객석 수에 따른 주방면적의 설정이 필요하며, 주방의 위치는 종업원(조리인, 서비스 인원 등)이 손님의 눈에 띄지 않는 곳에서 출입하도록 배치하는 것이 바람직하다.

(3) 일식당

오늘날의 일식당은 그 고유한 아이덴티티를 잘 구사하여 독특한 실내장식으로 주목을 받고 있다. 격자형 모듈이나 일본풍의 독특한 장식, 나무를 중심으로 하는 재료의 사용, 그리고 다다미로 구현되는 일본 전통적인 좌식생활 양식 등이 대표적인 일식당의 실내디자인 구상이다. 일식당의 좌석부분은 ① 의자좌석 ② 카운터 좌석 ③ 다다미 좌석 ④ 바닥차를 둔 좌석 ⑤ 고객용 개실 등으로 위치나 서비스 형태에 따라 다양하게 구성된다.

시각과 미각을 중요시 여기는 일식당의 계획은 일본의 전통미에 현대적인 인테리어 감각미를 혼합하여 식당의 이미지를 뚜렷하게 부각시킬 필요가 있으며, 이를 위해서는 다다미, 도코노마, 마감재료, 일본식 정원 등의 요소에 대하여 사전에 충분한 연구나 검토가 있어야 한다.

(4) 양식당

일반적으로 양식당은 서구풍의 레스토랑으로 미국, 영국, 프랑스, 이탈리아, 멕시코 등의 음식을 전문적으로 취급하는 장소로, 지역적 특성에 따라 절차나 서비스 방식에 차이가 있다. 특히 식사예의나 격식 등에서 엄격한 경우가 많으므로 경영방침의 내용을 사전에 충분히 검토하여 디자인에 반영해야 한다. 그리고 양식당의 공간 조형적 특징은 지역별 · 시대별 차이에 따라 다양하게 나타난다. 예를 들면, 클래식(classic)풍, 세미클래식(semi-classic)풍, 모던(modern)풍, 포스트모던(post-modern)풍, 네오클래식(neo- classic)풍 그 외 팝(pop), 랙(rack)풍 등 다양한 스타일로 그 이미지를 전개하고 있다.

양식당으로서 높은 평가를 받기 위해서는 전문 레스토랑의 매력을 지닌 안식처로서 분위기나 이미지를 강하게 기억시키기 위한 계획으로 고려되어야 한다. 또한 이용자가 부담감을 느끼지 않고 마음이 편안하게 느껴지는 정서적인 분위기의 장소가 되어야 한다. 더 잘 꾸며진 공간에서 더 좋은 서비스를 받고자 하는 고객의 선호도를 파악하는 것은 실내공간을 창조하는 디자이너의 몫이며, 그것이 어떠한 형태이든지 문화와 예술 그리고 인간미가 가미된 개성 있는 식문화의 공간으로 디자인되어야 한다.

(5) 뷔페

뷔페식당은 급속한 산업사회의 발전과 개인과 사회의 식문화 변화에 따라 개인 및 집단의 행사, 비즈니스, 축하연 등 그 사회 문화적 역할을 하는 장소로 대중화된 생활양식으로 자리잡고 있다. 음식의 종류에 따라 더운 뷔페(warm buffét)와 찬 뷔페(cold buffét)가 있다.

공간의 구성은 테이블 공간, 음식진열 공간, 주방 서비스 공간으로 구분되며, 때에 따라 각종 행사에 따른 행사 스테이지, 실내악 스테이지, 아트디렉션을 위한 스테이지가 필요한 경우도 있으며, 즉석 요리서비스 등을 통한 별도의 서비스 공간이 요구되기도 한다. 뷔페식당은 고객이 원하는 기호에 따라 음식을 셀프서비스하는 곳이므로 고객의 동선이 정체되지 않아야 하며 음식의 제공이 원활히 이루어져야 한다. 이에 따라 동선은 크게 고객 동선, 음식진열 동선, 종업원 동선으로 이루어지며, 동선을 줄이기 위하여 유사한 음식은 그룹별 분산 배치하여 동선의 정체를 최대한 줄여 혼잡을 피해야 한다.

일반적으로는 모든 연출과 장식은 중앙에 진열 테이블을 집중시키고 조명의 하이라이트를 연출하여 밝고 활동적인 분위기로 이끌고, 식사용 테이블 부분은 단순하고 아늑한 분위기를 유도한다. 부분적 변화요소는 음식 종류별, 행사별, 계절별에 따라 메뉴와 하이라이트 연출에 변화를 줄 수 있도록 하는 것이 효과적이다.

(6) 카페테리아

카페테리아는 일반식당의 서비스 방법과 달리 고객이 직접 진열해 놓은 음식을 선택하여 계산한 후 원하는 좌석에서 식사를 하고 식기 등을 직접 식기 처리대로 반납하는 셀프서비스이기 때문에 일반적인 식당과는 그 공간의 구성이 다르다. 1인분씩의 소단위로 음식을 판매하고 제품화된 메뉴와 특수 진열대에 보관된 음식을 각자 취향에 맞는 음식을 선택할 수 있어 불필요한 식재료와 인건비의 낭비를 크게 줄일 수 있다는 장점이 있다.

대부분 휴게소, 학교나 기업의 직원식당 등 다중이 한꺼번에 사용하는 곳에서 많이 시행하고 있는 방식으로서, 점차 고객의 다양한 메뉴에 대한 욕구나 간편한 스타일에 대한 대중적 선호, 저렴한 가격, 짧은 시간, 서비스 인원에 대한 관리 부담 등의 여러 조건이 맞아 일반식당에까지 확대되어 나가는 추세이다.

주방서비스 공간과 객석 및 카운터의 비율은 25 : 75 이상으로 주방 서비스 공간이 충분히 확보되어야 하며, 이에 따른 공급, 조리, 잔반처리 등의 시설은 최대한 라인화된 시스템 기획으로 계획한다.

카페테리아의 마감계획은 다중이 사용하는 시설이므로 위생과 청결관리가 용이한 재료를 사용해야 하고, 소음을 최대한 줄일 수 있는 흡음성능의 재료를 사용하여 산만해지기 쉬운 분위기를 최대한 조용하게 유도해야 한다.[15)]

15) 한국실내디자인학회 편, 〈실내디자인각론〉, 기문당, 2009, pp. 256~309 재인용

4 04 Design Result

A. Panel & Model

학생작품 A

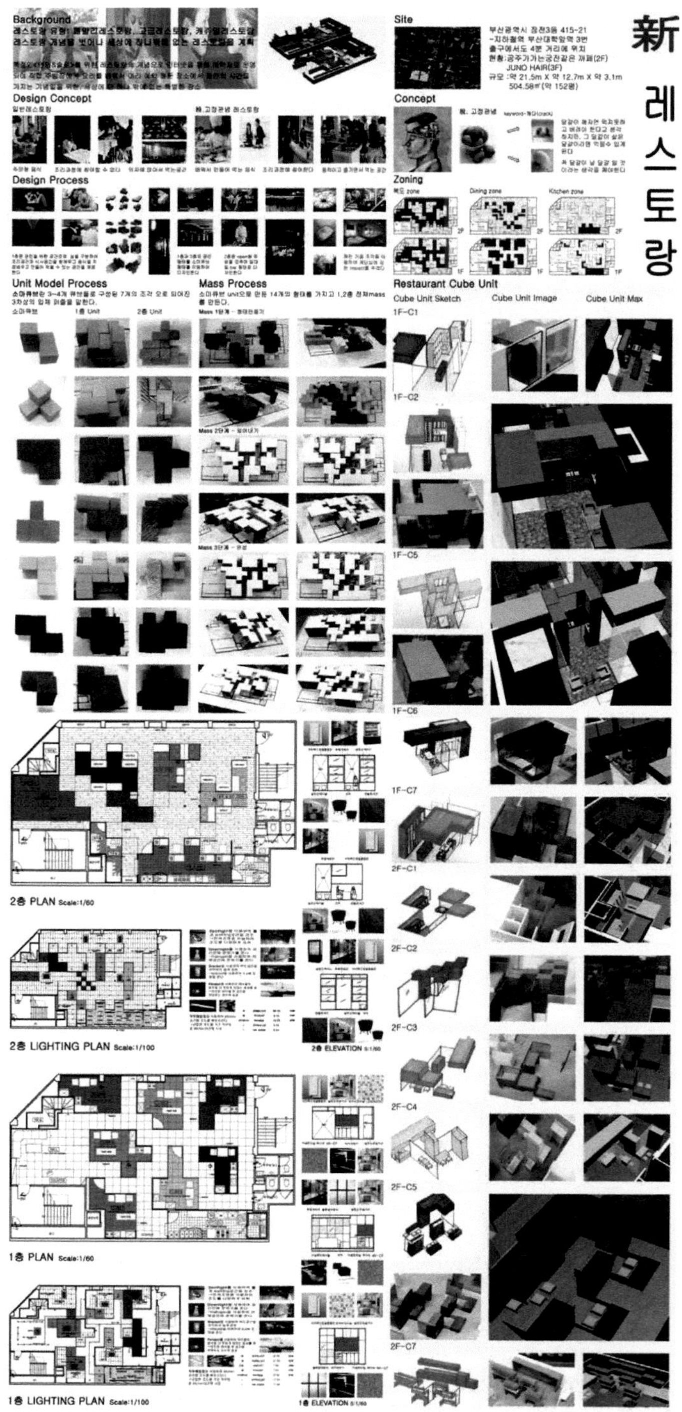

학생작품 B

DESIGN EXPRESSION
BACKGROUND
LOCATION
CONCEPT
조합 (SUSHI) -
모자이크 (MOSAIC) -
CONCEPT PROCESS
PROCESS 1 공간을 파티션으로 나누다.
PROCESS 2 공간을 바닥의 패턴으로 나누다.
PROCESS 3 공간을 단으로 나누다.
컨셉과 공간의 연계성
COLOR & MATERIOR
주조색
보조색
강조색
MOSAIC SUSHI
PLAN
PERSPECTIVE
FLOOR PLAN SCALE:1/100
CLELING PLAN SCALE:1/100
ELEVATION -A SCALE:1/100
ELEVATION -D SCALE:1/100
ELEVATION - B SCALE:1/100
ELEVATION - C SCALE:1/100

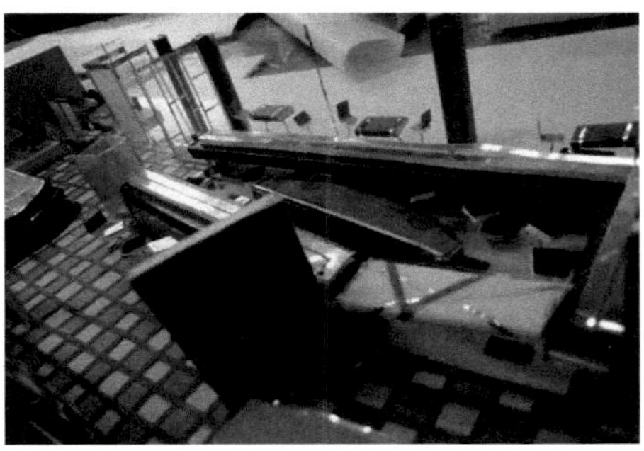

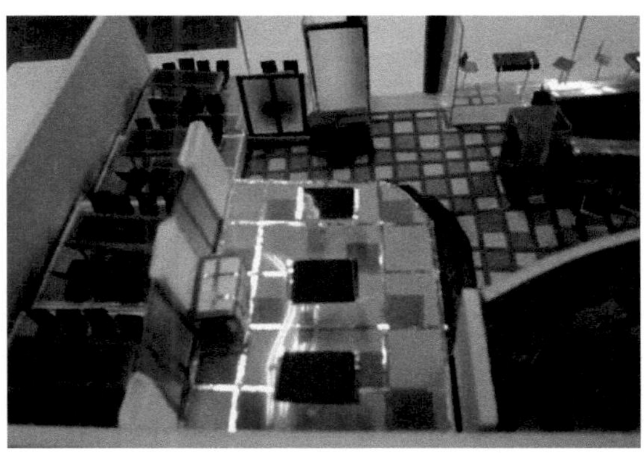

학생작품 C

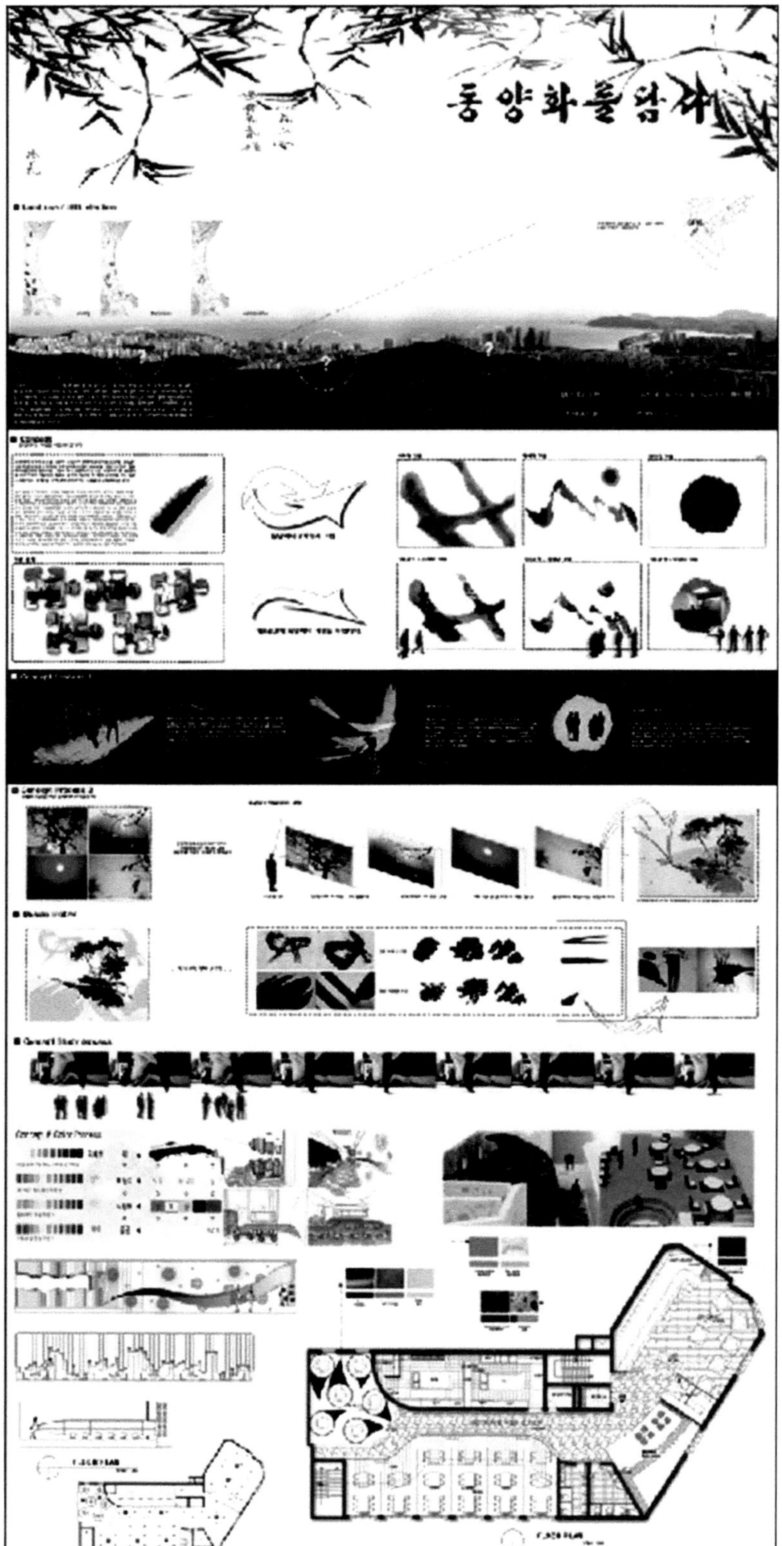

학생작품 D

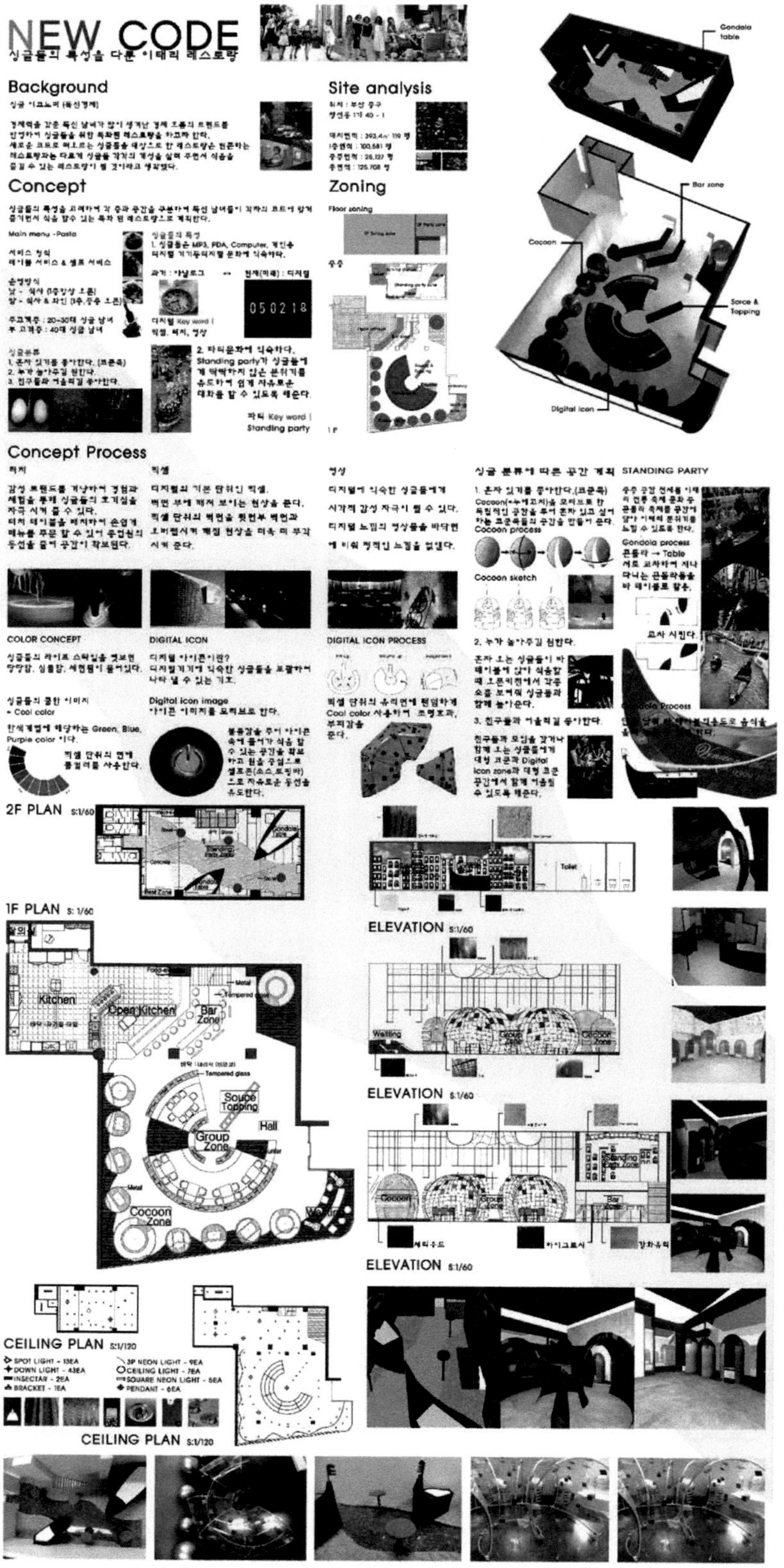
NEW CODE
싱글들의 특성을 다룬 이태리 레스토랑
Background
Site analysis
Concept
Zoning
Concept Process
COLOR CONCEPT
DIGITAL ICON
DIGITAL ICON PROCESS
STANDING PARTY
2F PLAN S:1/60
1F PLAN S: 1/60
Kitchen
Open Kitchen
Bar Zone
Souce Topping
Hall
Group Zone
Cocoon Zone
ELEVATION S:1/60
ELEVATION S:1/60
ELEVATION S:1/60
CEILING PLAN S:1/120
CEILING PLAN S:1/120

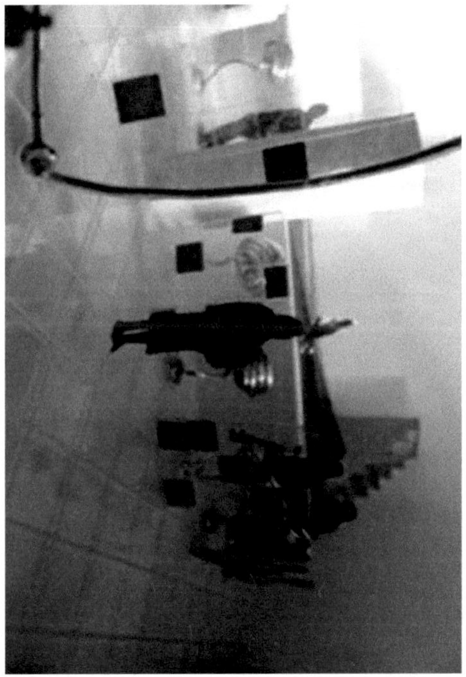

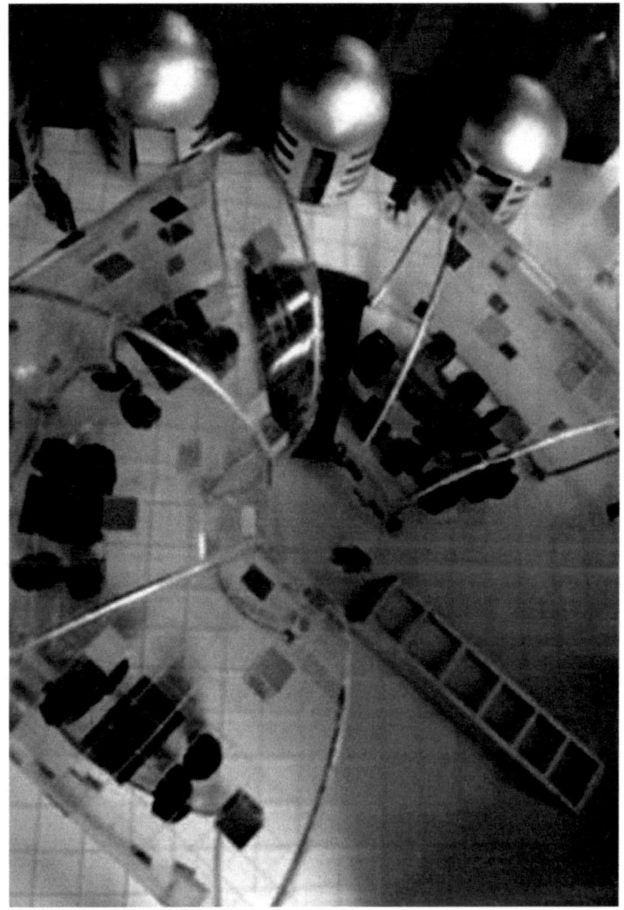

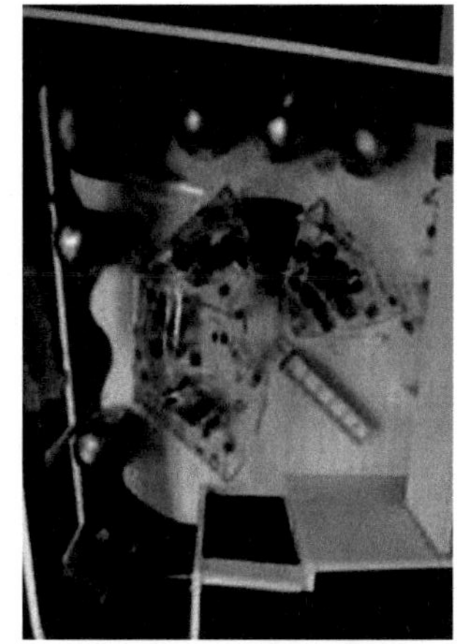

B. 제안서 PPT

학생작품 A

Restaurant project

Design Proposal

Background & Design Concept
Plan
천장도
Perspective
Panel Photo
Model Photo

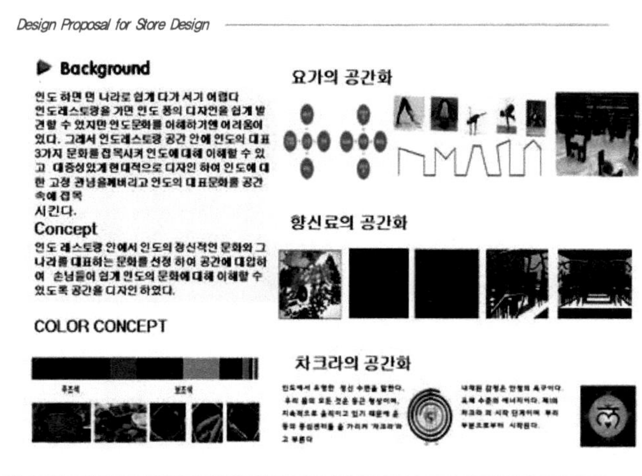

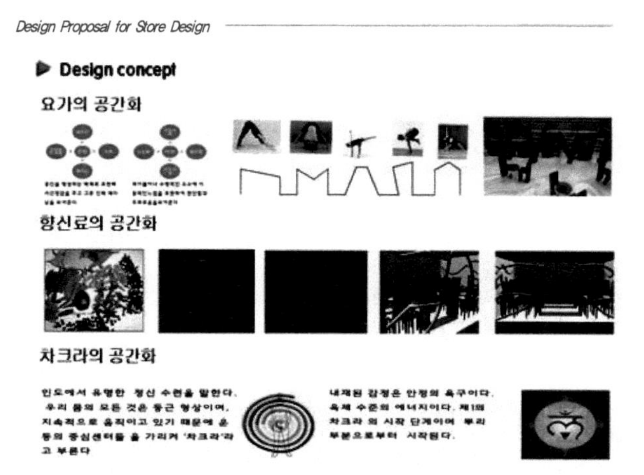

Design Proposal for Store Design

▶ PLAN(평면도/천장도)

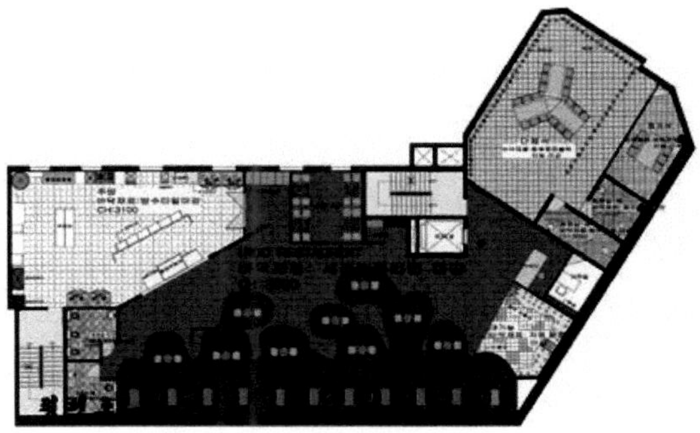

Design Proposal for Store Design

▶ PLAN(평면도/천장도)

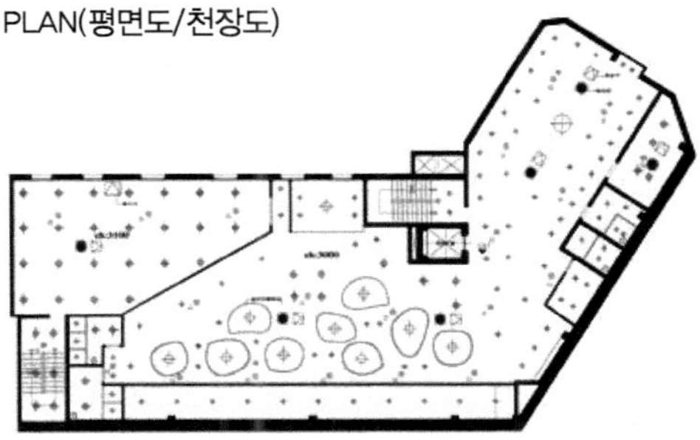

평면도

4

Design Proposal for Store Design

▶ ELEVATION

재료

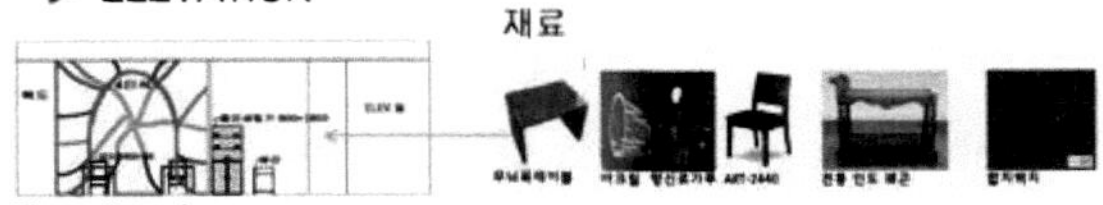

Elevation A

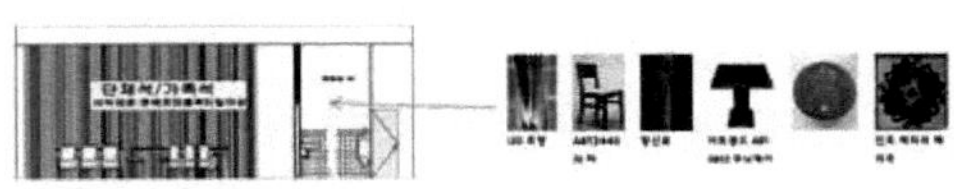

Elevation B

Elevation C

Design Proposal for Store Design

PERSPECTIVE

Design Proposal for Store Design

MODEL IMAGE

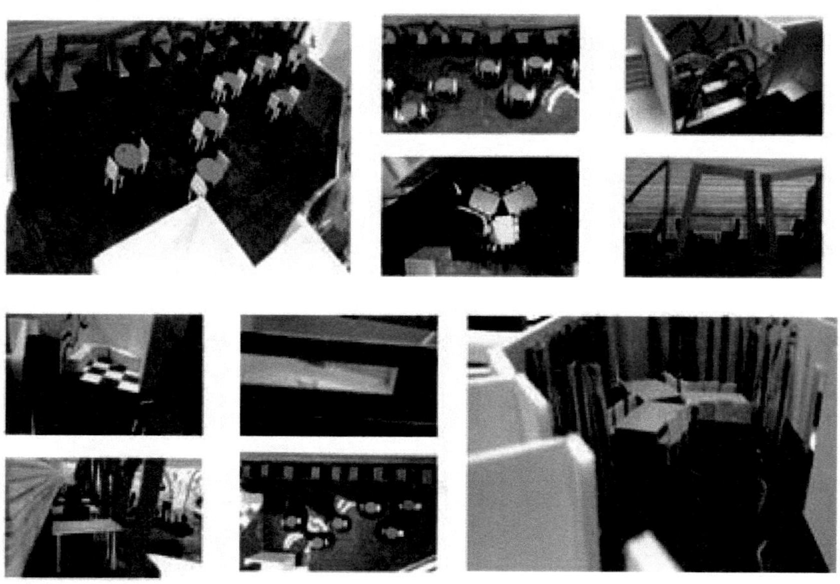

SPIN
CHANGE YOU'R
EYES AND APPETITE
CONTENT
SITE
BACKGROUND
CONCEPT
DESIGN PROCESS
DRAWINGS
MODEL

SITE
Location
부산광역시 수영구 광안동
197-11 (광안해변로 137)
Site Analisys
pasta bianco
광안리 해변가에 위치하고 있으
며 테라스나 창가 쪽에 앉았을 때
바다와 광안 대교가 한눈에 보이
는 좋은 뷰를 가지고 있다.
부산의 관광명소로 타지의 사람
들이나 외국인들이 많이 찾는다.

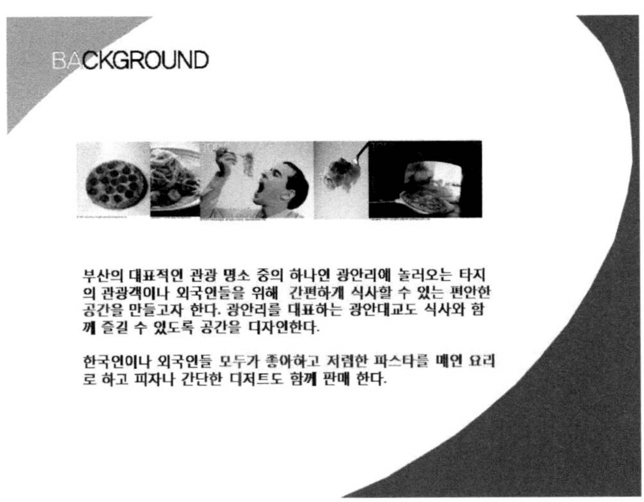
BACKGROUND
부산의 대표적인 관광 명소 중의 하나인 광안리에 놀러오는 타지
의 관광객이나 외국인들을 위해 간편하게 식사할 수 있는 편안한
공간을 만들고자 한다. 광안리를 대표하는 광안대교도 식사와 함
께 즐길 수 있도록 공간을 디자인한다.
한국인이나 외국인들 모두가 좋아하고 저렴한 파스타를 메인 요리
로 하고 피자나 간단한 디저트도 함께 판매 한다.

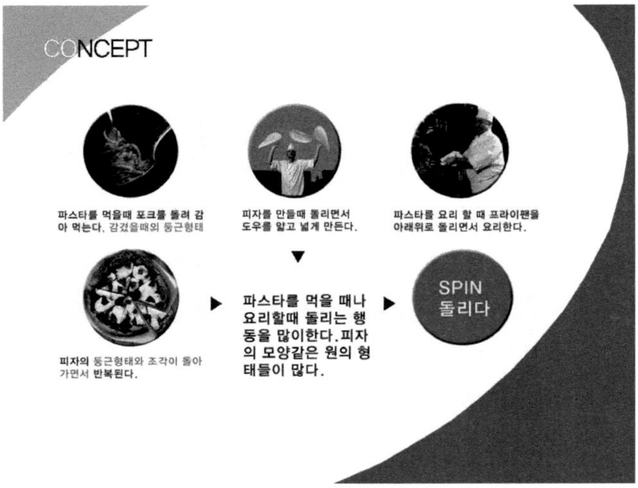
CONCEPT
파스타를 먹을때 포크를 돌려 감
아 먹는다. 감겼을때의 둥근형태
피자를 만들때 돌리면서
도우를 얇고 넓게 만든다.
파스타를 요리 할 때 프라이팬을
아래위로 돌리면서 요리한다.
피자의 둥근형태와 조각이 돌아
가면서 반복된다.
파스타를 먹을 때나
요리할때 돌리는 행
동을 많이한다.피자
의 모양같은 원의 형
태들이 많다.
SPIN
돌리다

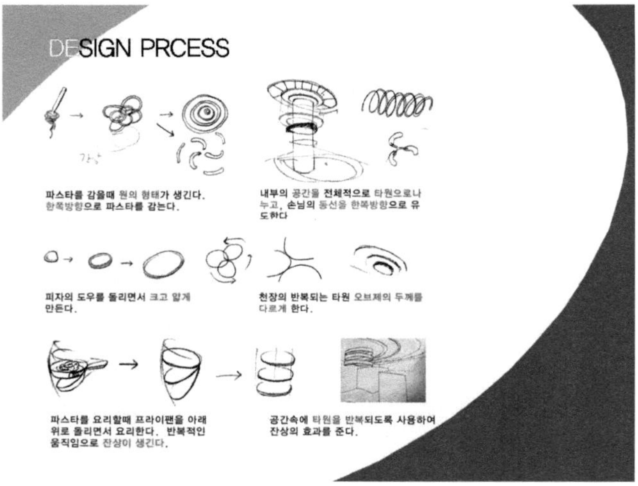
DESIGN PRCESS
파스타를 감을때 원의 형태가 생긴다.
한쪽방향으로 파스타를 감는다.
내부의 공간을 전체적으로 타원으로나
누고, 손님의 동선을 한쪽방향으로 유
도하다
피자의 도우를 돌리면서 크고 얇게
만든다.
천장의 반복되는 타원 오브제의 두께를
다르게 한다.
파스타를 요리할때 프라이팬을 아래
위로 돌리면서 요리한다. 반복적인
움직임으로 잔상이 생긴다.
공간속에 타원을 반복되도록 사용하여
잔상의 효과를 준다.

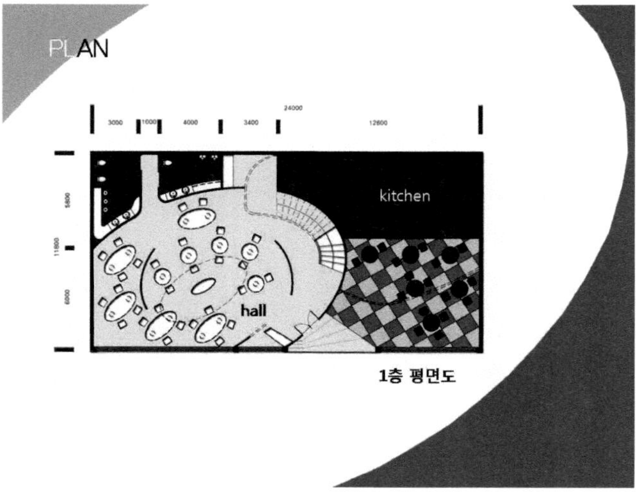
PLAN
kitchen
hall
1층 평면도

PLAN

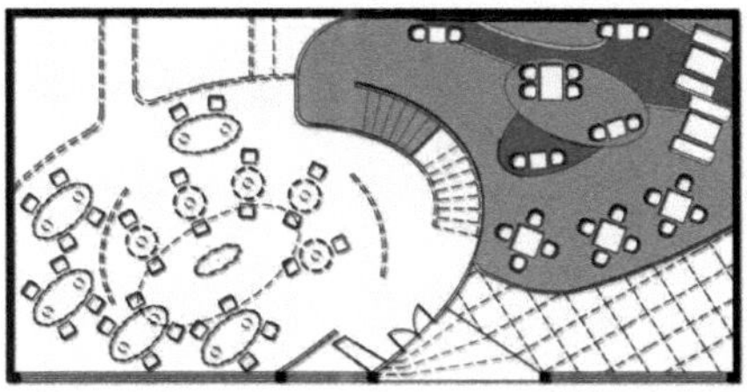

중층 평면도

CEILING PLAN
ELEVATION

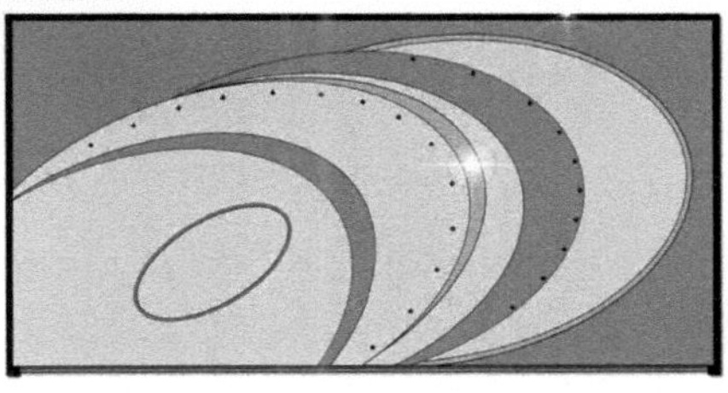

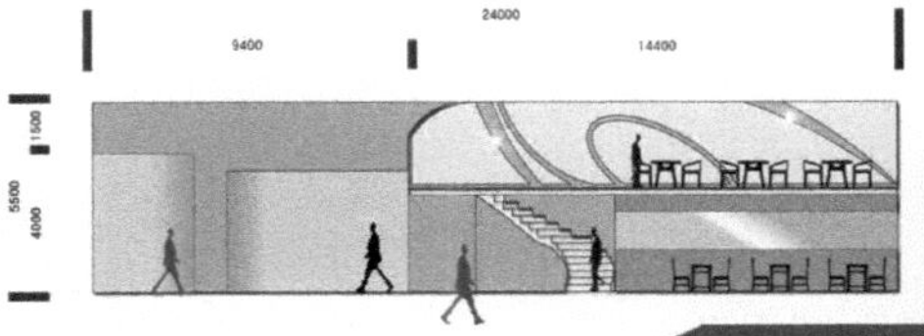

MODEL

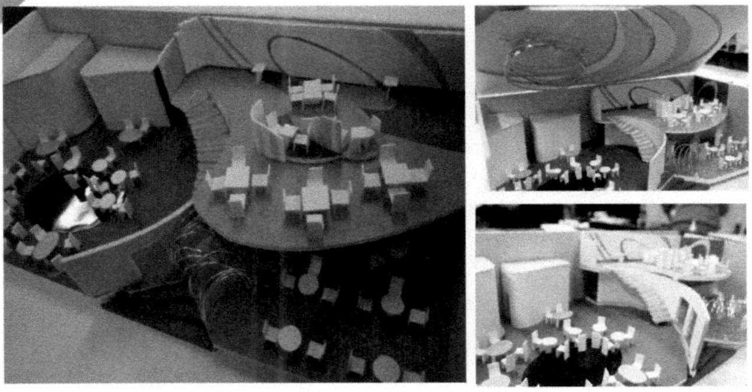

C. 전문가 작품

Bar L'ESPACE(Ver-TEX DESIGN, 김택수)

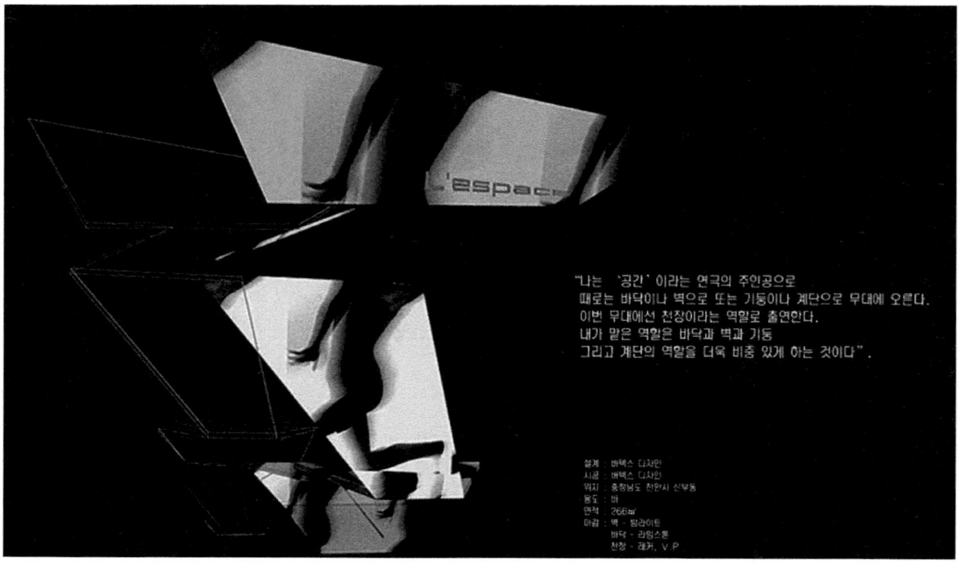

여러 조각의 형태가 결합되어 이루어진 천장구조는 평면적이던 공간에서의 시각적 경험을 보다 입체적이고 다양한 형태로 변화시켜, 보는 이에게 각도에 따라 전혀 다른 공간을 경험할 수 있게 한다. 즉, 여러 각도에서의 3차원적 시각을 유도하게 되는 것이다.

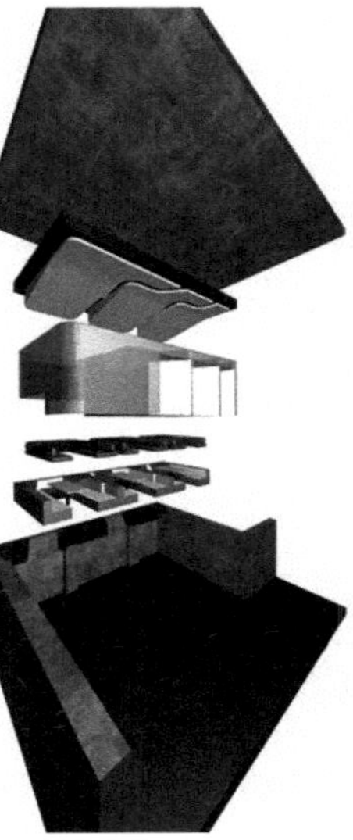

우리가 기존의 경험으로 해석해내는 다수의 공간은 지극히 2차원적이다. 그들 공간을 구성하는 벽, 천장, 바닥, 그리고 기타의 요소들은 완전한 고정물로서 정지되었으며 지극히 평면적으로 이해되고 있다. 이러한 시각적 한계를 극복하고자 하는 노력은 L'espace를 디자인하는데 중요한 모티브가 되었다. 여러 조각의 형태가 결합되어 이루어진 천장의 구조는 평면적이던 공간에서의 시각적 경험을 보다 입체적이고 다양한 형태로 변화시켜 보는 이로 하여금 각도에 따라 전혀 다른 공간을 경험할 수 있게 한다. 다시 말해 여러 각도에서의 3차원적 시각을 유도하게 되는 것이다. 수직과 수평 사이를 여행하는 천장의 자유로운 움직임은 전혀 기대하지 못한 틈새공간이라는 새로운 공간 보이드를 형성한다. 여기에서는 공간의 코너나 구석은 더 이상 버려진 공간이 아닌, 어쩌면 가장 쓸모 있는 시각적 공간이 된다.

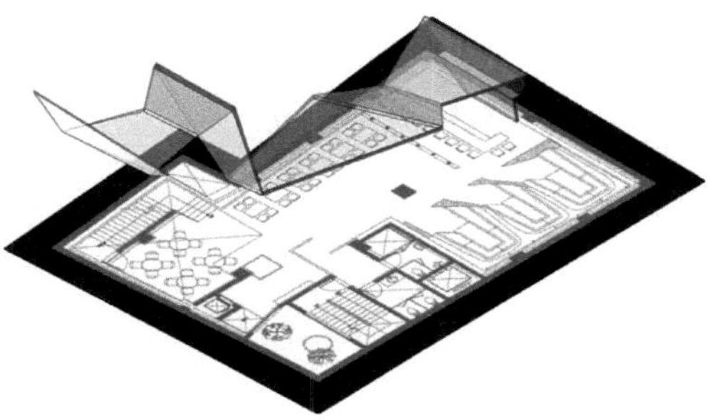

또한 여기에 더해진 프로젝터 이미지는 우리가 Marcel Duchamp의 'To be looked at' (1918)*이란 작품에서 경험했던 4차원적 시각을 의도함이며, 고정되었던 공간 구조물은 프로젝터 이미지에 의해 움직이는 모빌(Mobile)과 같이 우연적이며 즉흥적인 자유로운 움직임으로 새롭게 태어난다.

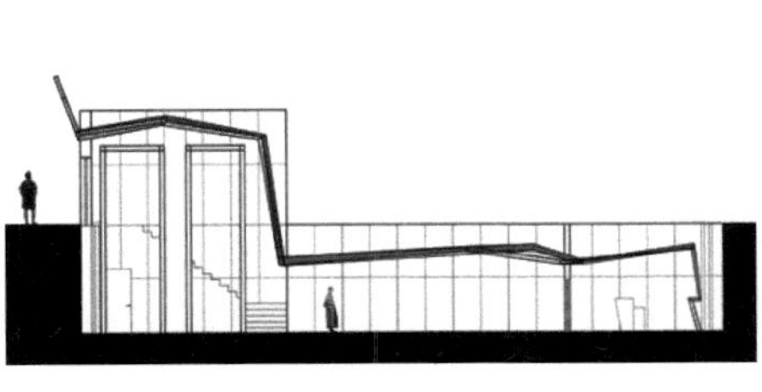

L'espace의 공간은 여느 기존의 공간과 다를 바 없이 선과 면으로 이루어져 있지만 평면적이지 않다. 이러한 조합은, 그리고 거기에 더해진 움직임이란 요소는 단순하게 공간을 점유하고 있는 정지된 조각의 전통적인 개념을 벗어나고 싶은 잠재된 공간으로의 연속적이고 쉬지 않는 변화와 확장을 보여주기 위한 시도인 것이다.

5 EXHIBITION SPACE

5 01 Space Introduction

A. Exhibition Space Design 개요

오늘날의 전시디자인의 특징은 전시 주최자나 관람객 층이 특정 계층에 한정되지 않고 다양화되고 있다. 전시수법 면에 있어서도 다양한 미디어와 테크놀로지를 통해 인터랙티브 장치에 의해 테마와 체험요소를 도입하여 강렬한 메시지 전달을 한다.

이러한 경향은 전시디자인이 미술, 디자인, 커뮤니케이션 등 독자적인 영역을 형성하고 고유의 특성으로 건축, 인테리어 디자인, 그래픽디자인, 인쇄물디자인, 전자, 디지털 미디어, 조명, 음향, 인터랙티브 장치 등 여러 디자인 분야를 아우르는 통합하는 통섭적 문화로 통합되는 데 크게 영향을 주고 있다.

전시를 칭하는 용어로는 디스플레이(display), 엑스포(Expo), 페어(fair), 쇼(show) 등으로 다양하다. 전시란 관람자에게 감상, 장식, 교육, 계몽, 광고, 판매, 서비스 등 정보전달을 위하여 전시물과 관람자 사이에 존재하는 메시지를 전달하는 수단으로서 전시물(전시자료)을 단순히 나열하여 보여주는 것이 아니라 전시물의 종류, 성격, 특성에 알맞은 적절한 전시방법과 매체를 가지고 전시공간에 구성, 배치함으로써 관람자에게 효과적인 전시의 목적을 달성함에 있다. 이야기를 하는 사람에 해당되는 전시(화자)는 관람자(청자)에게 전시주제를 만나는 공간에서 전시 주체자가 의도하는 미디어와 매체를 통하여 직접적으로 정보를 받아들이고 이해할 수 있게 된다.

전시공간의 유형은 상업적 목적이 있느냐 없느냐 등 전시의 목적과 연출방법에 따라 다양하지만 전시물의 수집과 보존, 수장을 필요로 하는 박물관과 미술관을 비롯하여 주제 전시를 통해 각국의 유대 강화와 국제적 교류를 목적으로 하는 박람회장, 일반적인 전시관, 홍보관, 문화와 지식의 경험과 정보전달, 교육을 목적으로 하는 과학관, 역사관, 기업체 쇼룸 등이 있다. 또한 전시의도, 목적, 장소, 기간, 수법, 자료의 배치법, 장치의 성격별에 의해 분류할 수 있다.

- 전시매체의 일반적 유형

– 입체매체 : 실물, 모조품(복제품, 모형), 밀납 모델(주로 인물 재현)
– 평면매체 : 그림, 사진, 그래픽 매체, 패널(아크릴, 알루미늄, 스테인리스 스틸판 등)
– 영상매체 : 슬라이드, VTR, 프로젝터, 레이저 빔, 입체영상
– 음향매체 : 효과음, 음악, 신시사이저

- 전시방법의 일반적 유형

– 개별 전시 : 벽면전시(벽면전시판, 알코브벽 전시, 벽면진열장 전시, 알코브진열장 전시, 돌출진열대 전시, 돌출진열장 전시), 바닥 전시(바닥면 전시, 선큰된 바닥면 전시, 경사바닥면 전시, 바닥면과 입체복합 전시), 천장 전시(달아매기 전시, 천장면 전시, 동적 전시)
– 입체 전시 : 진열장, 전시대, 전시스크린
– 특수 전시 : 디오라마 전시, 파노라마 전시, 아일랜드 전시, 하모니카 전시, 영상 전시, 참여 전시
– 수장 전시 : 전시물의 수장기능, 한정된 연구자, 소수의 관람자를 대상, 보존설비 필요
– 대공간 전시 : 대주제 하에 추상적인 내용이 인상적으로 전달되도록 하고 빠른 관람속도로 개괄적이고 체험적으로 파악이 되도록 하며 다수의 관람자의 유도 목적

전시계획은 전시 프로세스를 이해하고 이에 의해 전시 기본구상, 전시 기본계획, 전시 기본설계, 전시 실시설계 순으로 전개한다.

전시 기본구상단계에서는 전시방향 수립을 위한 조정단계로서 명확한 전시목적과 의뢰인의 요구사항을 파악하여 전시주제에 대한 제반사항 및 기초조사와 연구자료를 수집한다. 수집한 자료를 조사 분석하여 학자나 전문가의 조언을 구하고 협의와 조정에 의해 결정한다. 또한 관람대상, 목표 관람객 층을 설정하되 전시 주체자나 관람자 층이 다양함을 고려하여 연령층, 교육수준, 장애인 등이라도 눈높이에 맞는 정보전달의 방법과 디자인을 구현해야 한다.

전시 기본계획단계에서는 전시자료에 대한 전시 기본구상단계에서 수집, 조사, 연구 분석된 자료에 대한 충분한 아이디어 도출과 검토단계로 본격적인 컨셉 개발에 들어간다. 전시

공간의 건축적 · 실내공간 조건에 대한 건축설계의 제조건을 파악해야 한다.

전시 기본설계단계는 구체적인 전시기획단계이다. 도출된 핵심 아이디어를 걸러내고 전반적인 재검토 작업과 여러 대안들 중 평가작업을 거친 최종안을 컨셉으로 압축하는 단계이다. 개발된 컨셉에 의한 전시내용의 구성, 즉 전시 시나리오에 의한 전시대상을 적절한 전시매체에 의해 전시방법을 결정한다. 전시공간의 공간의 배치, 평 · 입 · 단면계획, 동선계획을 비롯하여 공간구성과 조닝(zoning)이 확정된다. 또한 조명, 색채, 음향, 사인 및 그래픽 계획 등이 필요하다.

전시 실시설계단계는 전시 기본설계를 발전시켜 문서화하고 도면화시키는 단계이다. 실제적인 제작 및 설치가 가능하도록 각종 도면이 작성되고 시나리오에 의한 전시물 배치계획에 따라 구체적인 전시시스템(인포메이션, 전시해설, 출입관리, 전시물관리, 각종 영상 및 음향, 특수효과, 제어장치 등) 설계도가 작성된다.

또한 시공에 따른 예산의 작성과 공정 개요서가 작성된다.

B. 설계 주안점

(1) 상황 설정

- 전시계획 프로세스에서 기본 구상단계에 해당하는 과정으로 전시 주최자인 클라이언트 설정을 통한 상황특성의 도출단계이다. 따라서 시나리오 플롯 구성 시 클라이언트의 전시계획 의도와 사이트의 물리적 특성, 시대의 문화적 요구 등 상황 설정에 필요한 물적 · 정신적 인자들 간에 유기적이며 공통성이 있는 특성이 도출될 수 있도록 상황의 큰 중심을 잡으며 구성하는 것이 다음 단계의 컨셉 도출과정에 도움이 된다.
- 일반적인 공간을 설계할 때와 달리 전시 공간디자인은 공간이 주체가 아니다. 전달하고자 하는 정보를 '전시'라는 행위를 통해 전시내용(전시 콘텐츠)과 관람자 사이에 전시계획을 통한 관계 형성이 중요하다.
- 전시공간의 공간상태는 관람자에게 전시물 감상에 영향을 미친다. 그러므로 전시계획에 앞서 전시 디자이너는 의뢰인인 전시 주체자의 전시목적을 명확히 파악하고 전시방향을 수립하기 위해 전시환경의 건축적 조건, 실내공간 조건 등에 대해 제반사항을 검토한다.

(2) 컨셉 도출

- 전시내용과 형식을 각각의 요소들을 효과적으로 사용하여 전시물에 대한 줄거리를, 즉 스토리(story)를 이야기(telling)하듯 다양한 매체를 통해 설명하고(narrator), 관람자에

게 전달하고자 하는 메시지를 기승전결을 갖추어 서사적(narrative)으로 담아내야 한다.

- 관람대상, 목표 관람객 층을 설정하되 전시 주체자나 관람자 층이 다양함을 고려하여 연령층, 교육수준, 장애인 등이라도 눈높이에 맞는 정보전달의 방법과 디자인을 구현해야 한다.

(3) 기능적 프로그램 설정

- 동선계획은 기본적으로 짧고 간결하게 처리하여 쉽게 이동할 수 있게 구성한다.
- 일반적으로 좌측에서 우측, 우회전을 원칙으로 하며 관람자가 항상 자신의 위치를 인식할 수 있도록 명쾌하게 계획한다.

(4) 형태적 표현

- 전시공간에서의 형태적 표현은 전시연출을 위해 전시 실시설계에 의해 실제로 시공되고 제작된 제작물들의 설치와 전시방법과 전시매체에 의해 표현된다.
- 전시공간에서 조명은 전시물을 비춰주는 기능뿐만 아니라 전시주제를 부각 강조시키며 주제영역들을 구조화한다.
- 바닥, 벽면, 천장에 평면적이거나 입체적 · 형태적인 디자인뿐만 아니라 색채와 재료도 전시물을 둘러싼 환경으로 컨셉을 표현하는 수단으로 사용된다.
- 그래픽과 그림의 요소가 문자보다는 훨씬 효과적이므로 적절한 사인과 그래픽 요소는 전시디자인에서 매우 가치 있는 부분이다.
- 전시관 주변의 환경과 전시관 건물을 만나고 전시공간에 들어오기까지의 모든 과정이다.

5 02 Excercise Information

A. 목표

전문 특화 주제의 전시공간 혹은 기업홍보관 디자인으로 프로그램 발전과정 사례를 수집하여 패널계획 시 편집 및 스토리 전개에 활용한다. 프로세스 과정이 굉장히 중요하며, 기능을 많게 하지 말고 특화된 용도로 계획한다. 공간 위주의 표현에 주안점을 둔다.

B. 설계조건

– 용도 : 전문 특화 주제의 전시공간 혹은 기업홍보관

- **대상 공간** : 문화시설로서 가치를 극대화할 수 있는 곳으로 선정
- **공간의 규모** : 층수는 제한 없이 약 320m^2 기준, ±10% 내외
- 공간 컨셉과 테마에 부합하는 전시 쇼케이스 배치와 디스플레이, 전시 배치계획, 입면계획, 전시 시나리오, 동선계획 등을 포함하여 패널계획을 할 것.
- 전시대상물은 친숙하고 평소에 관심 있는 분야에서 찾을 것.
- 전시대상물을 재미있고 흥미롭게 보여줄 수 있는 가에 대한 아이디어 제시
- 전시 시나리오에 대한 접근이 반드시 필요하며, 개념 설정과 동시에 전시대상과 전시연출방법 등에 대한 내용을 A3 1~2장 분량으로 정리
- 전시공간 프로젝트 진행 시 매스를 잡지 말고 곧바로 전시 연출계획을 진행

C. 세부 진행 스케줄

프로젝트	주차	일자	수업 진행내용	특기사항
Exhibition Space	1		강의 개요 및 프로젝트 주제 발표	컨셉과 디자인
			사례조사 및 각론조사	
	2		전시 콘텐츠의 결정 / 이해	
			대상 공간 선정 및 분석 / 전시주제	
	3		전시 시나리오 작성 / 컨셉 도출	
			전시 레이아웃 스케치 / space program	
	4		디자인 컨셉 / 컨셉 모델	
			평면계획 및 입단면계획	
	5		스터디 모델 / 전시 레이아웃 및 천장계획	
			스터디 모델 / 전시 디스플레이 세부계획	
	6		도면작성 / 컨셉 적용 안 제시	
			요소결정(재료/색채/조명/가구/패턴)	색채재료보드 제작
	7		detail 및 3D 투시도 / 패널 레이아웃	
			최종표현(패널/모형제작)	
	8		작품 제출 / critic	presentation
			포트폴리오 제작	

D. 제출형식

- **최종 패널 규격** : 900mm×1,800mm 1매
- **최종 모형 규격** : 축척 1/50 안을 들여다 볼 수 있는 구조
- **모형재료** : 폼보드, 하드보드지, 우드락+젯소, 우드락 위 색지 등 다른 재료 부착, 포맥스, 아크릴, 각종 모형목재(발사), 절제, 점토, 석고, 금속판, 가구, 조경, 사람모형 재료
- 패널은 전체를 컴퓨터 작업으로 진행
- 전시주제와 컨셉에 부합하는 독창적인 공간계획이 요구되며, 전시 배치계획, 입면계획, 전시 시나리오, 동선계획 포함한 패널계획
- 전시공간부분은 특별히 부분상세도(조명계획 및 색채계획 포함)와 부분투시도를 작성할 것(부분상세도 1/30 또는 1/10)
- 도면과 모델에 전시 쇼케이스 및 파티션, 가구 등의 배치계획을 제시하며 실내입면도와 투시도상에는 반드시 색채계획 및 조명계획을 알 수 있도록 표현할 것
- 제출 패널에는 실내투시도 5컷 이상, 내부입면도 3컷 이상을 반드시 포함시킬 것
- **포트폴리오** : 작품의 전체 내용을 A4 포트폴리오로 재편집하여 제출할 것
- **파일제출** : 포트폴리오, 모형, 도면, 개념, 스케치, 디자인 진행과정 등을 하나의 폴더로 정리

E. 평가내용

- 전시대상의 선정 및 전시 시나리오에 따른 전시연출의 전개과정이 드러나 있는가.
- 전시공간의 개념이 전시 연출계획에 잘 반영되었는가.
- 전시대상에 대한 다양성 있는 전시 연출기법과 아이디어가 계획에 반영되었는가.
- 가구배치, 마감재료, 색채계획, 조명계획에 대한 표현이 충분한가.
- 기본 도면에 대한 완벽한 숙지와 표현력에 대한 질적 수준이 높은 패널계획을 하였는가.
- 최종 프레젠테이션을 위한 마감시간 준수, 패널 완성도, 모형 완성도가 높은가.

5 03 Design Criteria

A. 전시자료 및 콘텐츠의 이해

(1) 전시대상의 선정

전시자료라는 것은 전시공간을 채워나갈 내용물이자 전시대상이며 전시공간을 디자인하기 전에 무엇보다도 우선적으로 결정해야 할 사항이다. 전시대상을 선정하는 작업 과정을 통하여 전시공간에 전시하게 되는 전시자료의 속성과 성격 등을 포함한 내용적인 정보를 탐색한다.

전시는 사람들에게 즐거움과 흥미로운 정보를 제공하기 위한 기능적 역할이 매우 중요하기 때문에 전시공간을 채워 나가기 위한 전시자료는 인간이 볼 수 있는 모든 것이라고 생각하면 된다. 조선청자와 신라시대의 왕관 등 같이 역사적인 유물도 전시자료가 될 수 있으며, 공룡이나 나비와 같은 동물, 식물, 곤충 등도 전시자료가 될 수 있다는 것이다. 물론 우리 주변에 흔히 볼 수 있는 연필, 삼각자, 종이, 지우개 등도 전시공간의 전시자료가 될 수 있다. 그렇기 때문에 전시자료의 범위는 매우 광범위하며, 그 수많은 전시자료들 중에서 어떤 전시자료를 선택할 것인가는 전시공간 디자이너에게는 매우 중요하다.

내가 관심 있는 분야는 무엇인가? 무엇이 관람자들에게 관심을 끌 수 있을까? 뉴스에 종종 등장하는 시사성이 있는 것들이나 평소에 대중들에게 많이 어필되었던 사건이나 사실, 내가 관람자의 입장이 되어 주변에 있었으면 좋겠다고 평소 생각해 오던 것들을 떠올려 본다. 전시대상의 범주는 명확하고 세분화하여 특화시킬수록 디자이너에게 유리하며 전시공간의 규모를 고려하여 전시자료의 범주와 주제를 축소시킨다. 그리고 구체적인 전시자료를 선정하는 데 전시대상과 전시주제가 어느 정도 결정되면 전시주제와 연관하여 전시물의 범위를 계속 축소해 나간다. 전시주제를 잘 표현할 수 있고 전시내용이 흥미로우며, 정보 전달을 위한 구체적인 자료가 존재하는 대상물을 구체적으로 검색하여 이를 중심으로 최종적인 전시자료(전시 아이템)를 선정한다.

(2) 전시 콘텐츠에 대한 이해

전시 콘텐츠는 전시자료를 어떻게 정리할 것인가의 문제로 공간의 규모를 고려하여 개략적인 큰 전시주제를 잡아 나가는 과정이라고 이해하면 된다. 내가 전시공간을 디자인하고 그 공간에 사람들이 전시를 관람하기 위해 방문하였다고 가정해 본다면, 사람들에게 가장 흥미롭고 재미가 있으며 관심꺼리가 될 만한 전시 콘텐츠로 구성을 하는 것이 좋다. 전시자료를 결정하여 전시대상을 선정하고 이를 바탕으로 다양성 있는 전시 콘텐츠에 대한 아이디어를 찾아내는 일은 전시공간디자인의 시작점이 되는 것이다.

B. 전시연출 시나리오 스토리텔링

(1) 전시연출 시나리오란?

전시할 전시대상물의 범주가 정해지면 전시자료를 어떻게 전시할 것인가를 구체적으로 생각해야 한다. 예를 들어, 연필을 전시한다고 전시대상의 범주를 정하더라도 구체적으로 연필의 역사를 전시할 것인지? 혹은 연필의 종류, 연필의 컬러, 연필을 만드는 다양한 제작회사, 연필심의 다양성, 연필의 제작과정 등 매우 다양한 전시주제와 전시자료의 내용 등에 대한 구체적인 접근이 필요하게 된다. 이에 대한 작업과정이 바로 전시연출 시나리오 작업이다. 즉, 전시주제와 전시 아이템 및 전시매체 선정의 구체적인 과정이다.

같은 전시대상이라도 그 주제와 내용을 무엇으로 정할 것인가를 결정하는 작업이 바로 전시주제와 아이템을 선정하는 전시 시나리오 기획의 첫 번째 과정이다. 전시 아이템이라는 용어가 다소 생소할지 모르나 이는 구체적인 전시자료와 그와 관련된 내용을 모두 포함하는 개념이라고 보면 쉽게 이해될 수 있다. 전시를 위한 시나리오 작업의 과정에서 결정해야 할 문제는 다음과 같은 우선순위와 수순을 가지고 작업을 해 나가며 아래의 내용을 모두 포함하여 작성되어야 한다.

① 전시대상을 결정한다.
- 무엇을 전시할 것인가 : 콜라를 전시할 것인가? 공룡을 전시할 것인가?

② 전시 대주제를 선정한다.
- 콜라의 역사를 전시내용으로 할 것인가? 콜라병의 디자인을 전시내용으로 할 것인가?

③ 대주제별로 중주제나 소주제를 결정한다(전시 콘텐츠에 대한 구체적인 결정).
- 대주제가 콜라의 역사라면 콜라병의 역사, 콜라회사의 역사, 콜라 디자인 변천사 등

④ 전시 아이템을 선정 : 구체적인 전시물의 선정작업
- 콜라병의 역사에 대한 전시라면 구체적인 전시 아이템으로 최초의 콜라병, 현대의 다양한 콜라, 초기 콜라회사의 역사 기록물 사진, 콜라회사의 창시자 사진 등 전시할 전시물을 선정한다.

⑤ 전시주제와 아이템을 고려한 전시연출 개념과 전시기법을 정리한다.

⑥ 다양한 사례조사를 통하여 전시매체 활용과 연출 디자인의 방향을 탐색한다.

⑦ 전시 아이템에 따른 전시연출 아이디어를 스케치 등을 통하여 제안한다.

아이디어 스케치

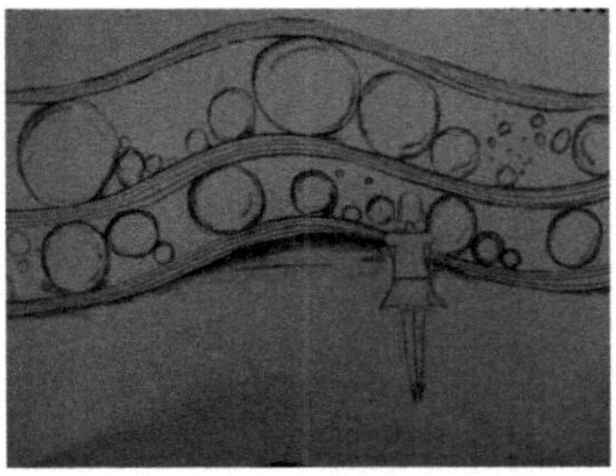

콜라 방울 벽면

콜라의 방울을 전시 모티브로 활용하여 중앙 홀 부분 디자인

콜라 광고 이미지를 디자인에 활용

아이디어 스케치 작업은 최대한 자신의 디자인적인 감각과 다양한 전시매체를 활용하는 어느 정도의 노하우가 필요하다. 이는 전시 아이템을 효과적으로 관람객에게 보여주기 위한 방법을 고민하고 이에 대한 아이디어를 창조해 내는 작업이다.

(2) 스토리텔링이란?

스토리텔링이란 전시 시나리오 작업의 과정에 있어서 전체 전시공간의 대주제와 중주제, 전시 아이템 등의 구성내용이 하나의 이야기가 되도록 구성하는 방법이다. 공간 속에 기승전결의 이야기 구조를 계획하고 이 이야기의 구조 속에서 전시주제와 전시 아이템들을 선정해 나간다. 이와 같이 전시공간에서 관람자들에게 보여줄 전시 콘텐츠를 하나의 이야기 구조가 되도록 시나리오 작업을 해나가는 것이 바로 스토리텔링을 활용한 전시 시나리오 작업이라고 보면 이해가 빠를 것이다.

일반적인 개념에서의 스토리텔링이란 단어, 이미지, 소리를 통하여 하나의 내용을 전달하는 방식을 이야기하지만 전시공간디자인에서 전시 시나리오 작업에 사용되는 스토리텔링 기법의 적용은 전시자료, 전시자료에 대한 정보, 영상이나 음향 전시매체 등을 통하여 3차원적으로 전시공간을 연출하고 이들이 하나의 이야기 구조를 갖도록 전시 시나리오를 기획하는 것이라고 생각하면 된다. 전시라는 것이 관람자들에게 무엇인가를 보여주는 공간이라면 그 보여줄 대상을 하나의 이야기 구조 속으로 유도해 내는 작업인 것이다. 관람객들은 전시공간을 다니면서 하나의 이야기를 읽고, 보고, 듣게 만들 수 있는 매우 좋은 전시 시나리오 작업 기법 중 하나라고 할 수 있다. 비단 전시공간 시나리오 기획에서 뿐만이 아니라 영화, 애니메이션, 콘서트, 제품디자인, 아동교육 등의 거의 모든 분야에서 스토리텔링 기법은 사용된다.

C. 동선체계와 관람행태

(1) 전시공간의 동선

전시공간에서의 동선은 관람자들이 전시 관람을 위하여 돌아다니는 움직임의 이동경로이며, 관람자들의 동선에 영향을 미치는 요소들 중에서 공간구조와 전시자료의 배치는 가장 중요하다. 따라서 동선계획에 있어서는 전시공간의 조닝과 벽면과 전시자료의 배치가 매우 중요하며 이에 따라서 전체적인 관람의 방향과 순서가 정해지게 되는 것이다. 동선계획에 있어서는 전시공간에서 보여주고자 하는 전시자료를 어떤 순서로 보여줄 것인가를 우선적으로 결정해야 하며, 이와 더불어 각 공간과 공간(예를 들어, 홀, 휴식공간, 전시공간, 체험공간 등)의 연결을 어떻게 할 것인가를 신중하게 판단하여 결정하는 것이 좋다.

가장 바람직한 전시공간에서의 동선계획은 전체 전시자료를 관람자가 자연스럽게 움직이면서 볼 수 있도록 하는 것이지만, 결국에는 관람자는 자기 자신이 판단하는 대로 마음대로 움직이기 때문에 이를 통제 할 수는 없다. 하지만 전체적인 공간 내부의 이동경로를 제안해 주는 것이 디자이너의 중요한 역할임은 분명하다. 따라서 전시공간디자인 초기단계에서 동선계획은 매우 중요한 요소가 된다. 공간구조는 관람자들의 동선에 영향을 미치는 계획요소이다. 전시공간의 입구와 출구의 위치, 전시공간 내부의 벽면구성, 전시공간과 전시공간의 배치 등 공간의 형태와 구조, 공간과 공간의 연결통로인 복도의 위치 등에 따라서 관람객들의 동선이 다르게 나타난다.

개방형 공간구조에서는 관람자들의 동선에 혼란이 야기되지만 개방적이고 자유로운 전시배치가 가능하며, 연속 개실형 공간구조인 경우에는 한 방향으로 동선이 흐르기 때문에 동선 선택의 여지가 없어 전시 관람이 지루해질 수 있지만 명확한 동선체계를 만들기 쉬운 장점이 있다. 중정형 공간구조에서는 벽면의 위치와 공간의 폭에 따라서 다양한 동선계획이 가능하지만 전시자료를 보지 않고 지나치는 관람 동선이 나타날 수 있다.

● 공간구조에 따른 동선 특성16)17)

David Dean이 제안한 3가지 관람 동선 유형.
공간구조에 따라서 다음과 같은 3가지 동선을 제안하였다.

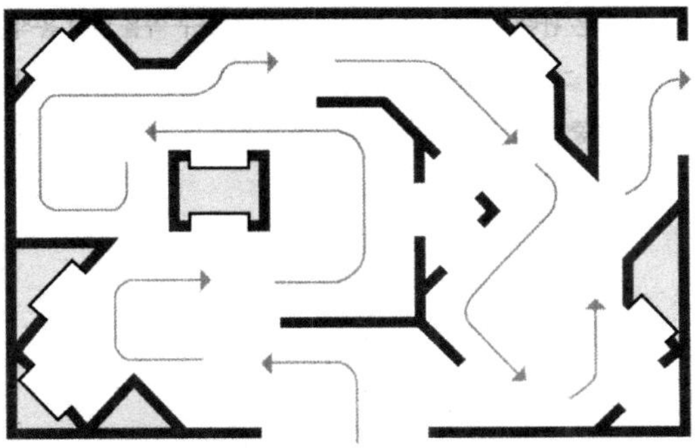

1. 암시된 관람 동선
전시물의 배치가 동선을 자연스럽게 유도한다.

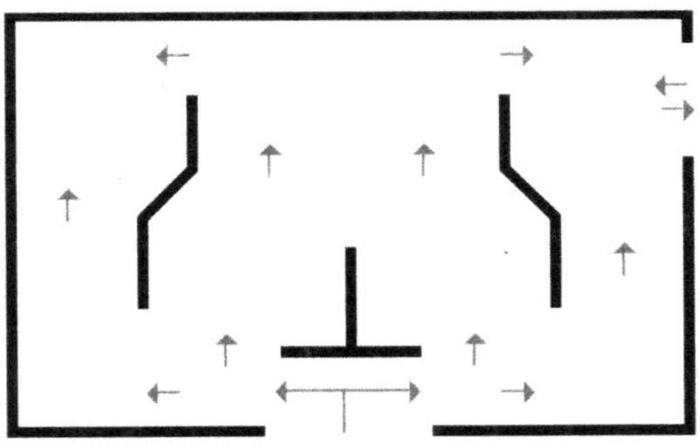

2. 체계적으로 조직되지 않은 관람 동선
관람자들의 동선에 혼란이 예상된다.

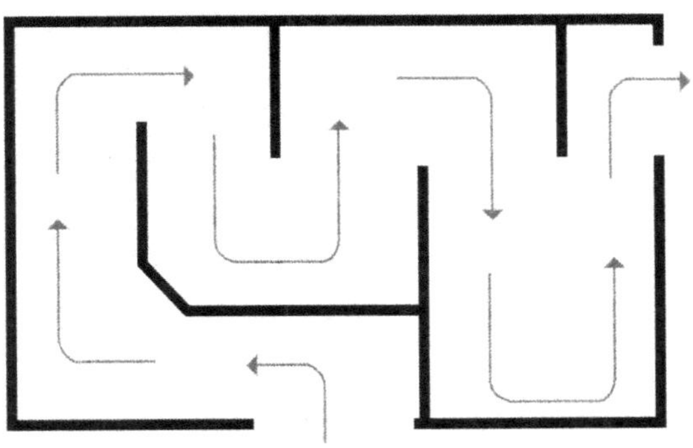

3. 통제된 관람 동선
관람자는 한 방향으로 움직이며 관람하게 된다.

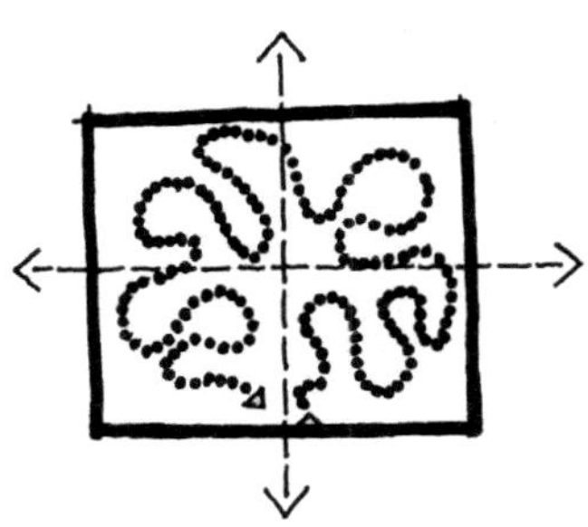

개방형 공간구조

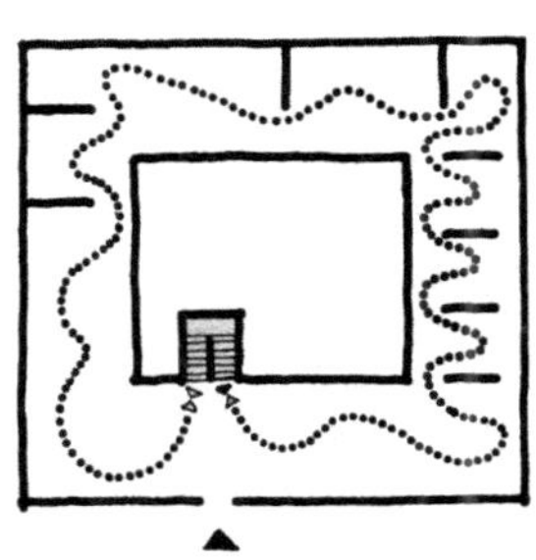

중정형 공간구조

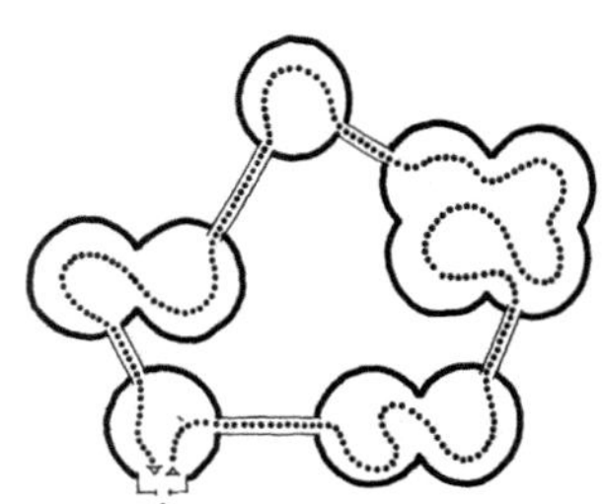

연속 개실형 공간구조

16) 데이비드 딘, 〈미술관 전시, 이론에서 실천까지〉, 학고재, 1998, p.87 그림 재인용
17) 국립중앙박물관, 〈박물관 건축과 환경〉, 국립중앙박물관, 1995, p.76,104,105 그림 재인용

● 전시자료의 배치에 따른 동선 특성[18)]

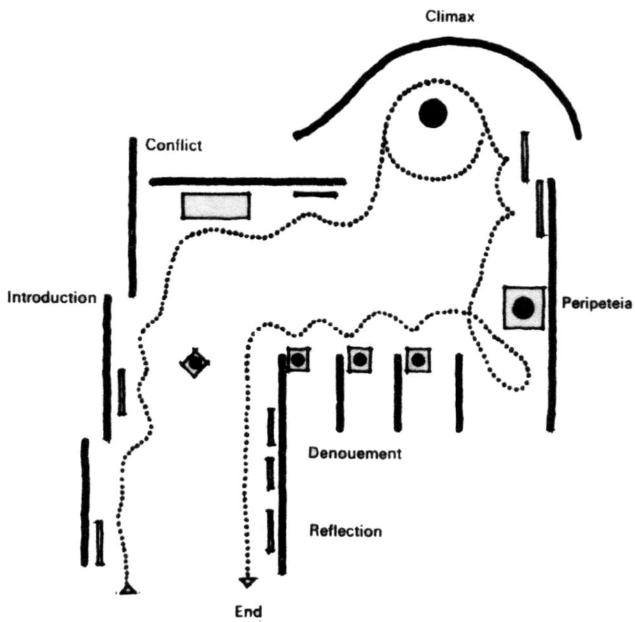

동선계획에 있어서 전시자료의 배치는 매우 중요한 요소이다. 특히 공간이 개방형으로 구성된 공간에서는 전시자료의 배치에 따라서 관람 동선이 결정되기 때문에 관람객의 이동동선을 신중하게 검토해야 한다.

종종 관람객이 전시자료를 보지 못하고 지나쳐 버리는 경우나 어떤 순서로 전시 관람을 해야 하는지 혼란스러워하는 경우가 나타나는데, 이는 동선계획이 명확하게 이루어지지 않았기 때문이다. 따라서 전시자료의 배치에 있어서는 관람객들이 자연스럽게 전시 관람을 위하여 움직이면서 다른 관람자들과 동선이 상호 교차되지 않도록 계획하는 것이 필요하다.

(2) 관람행태를 고려한 전시공간디자인

관람행태란 전시 관람을 하는 관람자들이 보여주는 여러 가지 특징적인 행동이다. 일반적으로 관람자들에게는 공통적으로 나타나는 행동들이 있는데 이를 전시공간디자인에 반영하는 것은 공간의 구조와 연결, 전시자료의 배치와 관람 동선 계획에 있어서 중요한 요건이라 하겠다. 특징적으로 나타나는 관람자들의 행태는 무엇이며, 과연 관람행태를 전시공간디자인에 어떻게 반영하는 것이 좋은지에 대하여 간단하게 설명하면 다음 그림과 같다.

---

18) 국립중앙박물관, 〈박물관 건축과 환경〉, 국립중앙박물관, 1995, p.81 그림 재인용

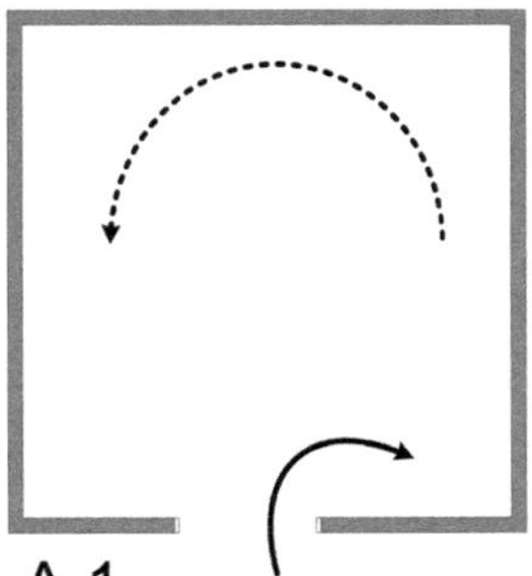

A-1

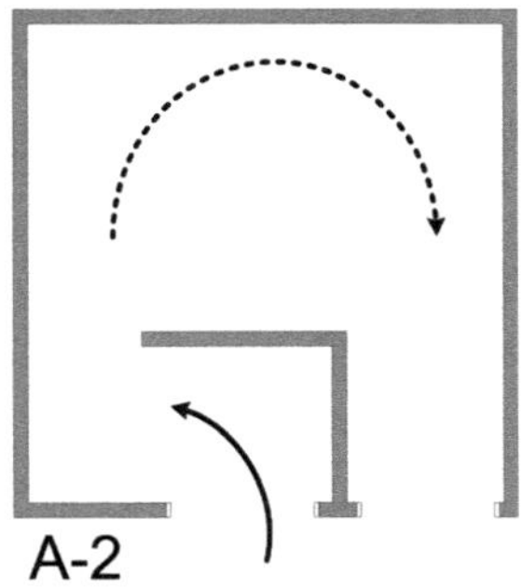

A-2

A–1 : **반시계 방향으로 움직이는 행태**
사람은 일반적으로 오른쪽으로 향하는 행동이 있다.

A–2 : **입구 쪽에 벽면을 두고 입구와 출구를 분리하면 의도적으로 관람동선을 시계방향으로 계획 가능하다.**

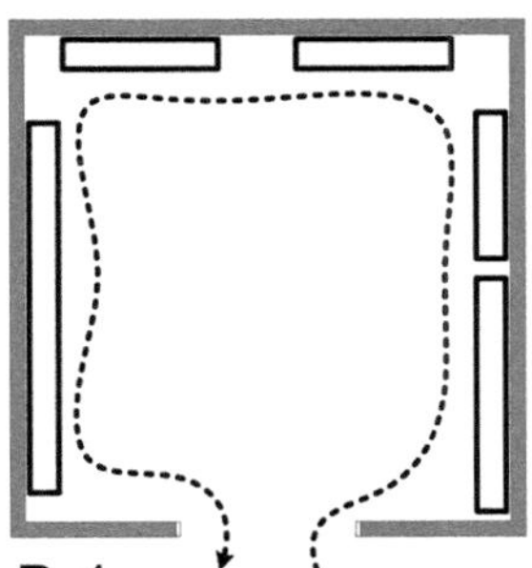

B-1

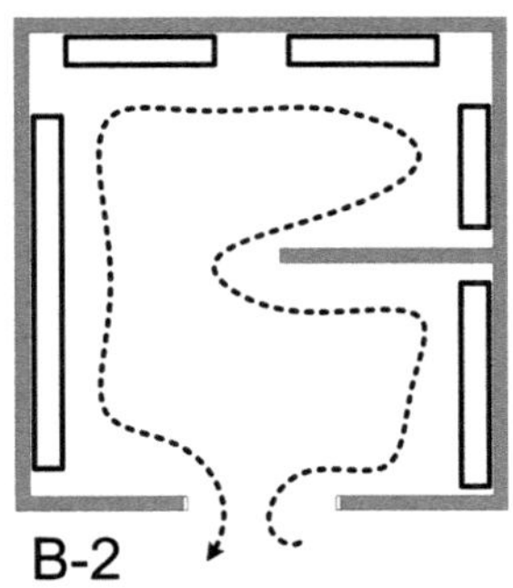

B-2

B–1 : **따라가기 행태**
사람들은 먼저 관람하러 온 사람을 따라가거나 벽면을 따라서 움직이는 행동 특성을 보인다.

B–2 : **파티션을 설치하면 동선에 변화를 줄 수 있다.**

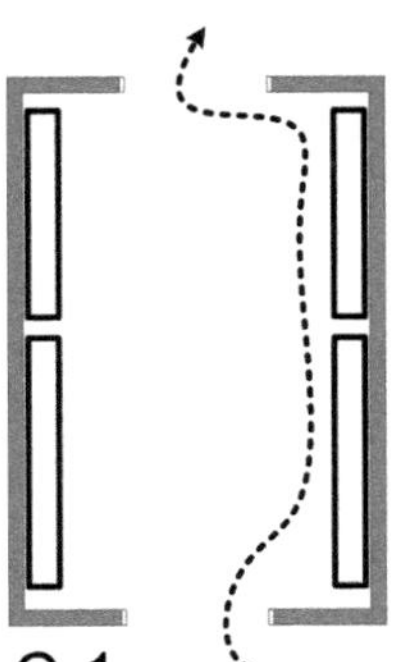

C-1

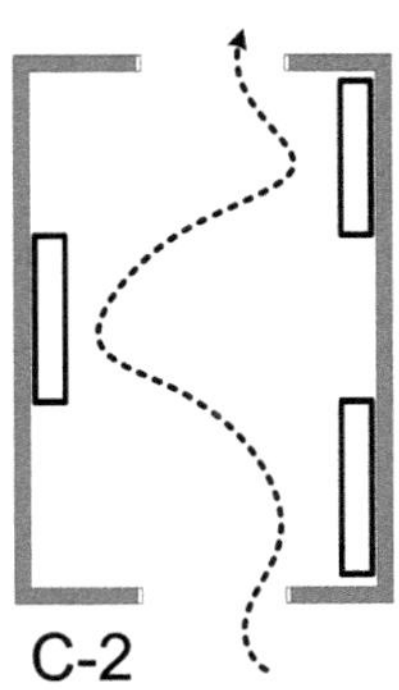

C-2

C–1 : **한쪽 벽면 관람행태**
마주보고 있는 벽면의 한쪽 벽면 전시를 보지 않고 지나치는 행동을 보인다.

C–2 : **벽면의 전시자료 배치를 어긋나게 배치하면 자연스럽게 양쪽 벽면의 전시를 보도록 유도할 수 있다.**

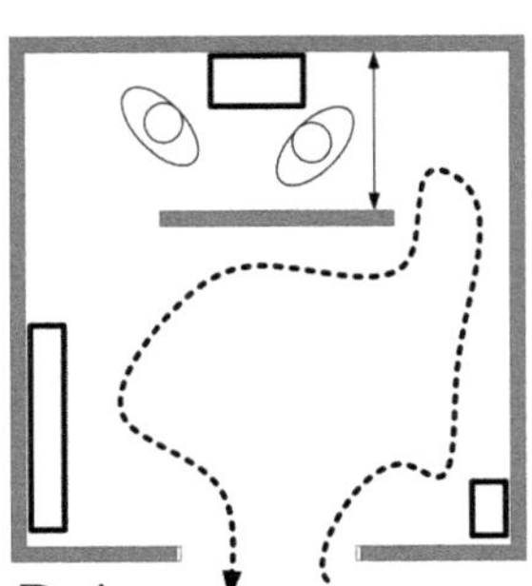

D-1

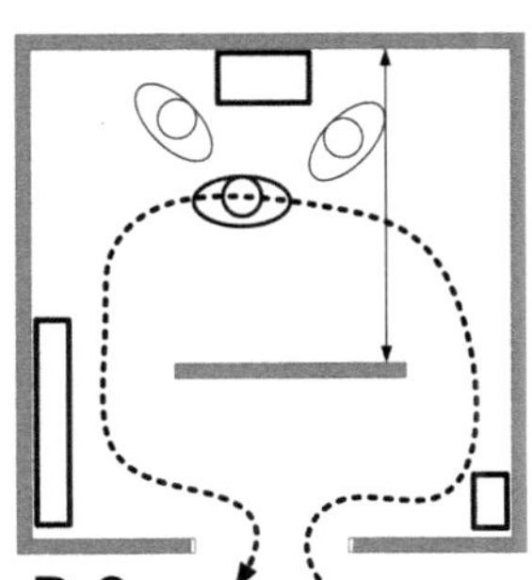

D-2

D–1 : **관람 포기 행태**
중요한 전시자료이지만 좁은 공간에 사람이 많이 몰려 있으면 전시를 포기하는 행동 특성이 있다.

D–2 : **중요한 전시자료의 배치를 공간에 여유를 충분하게 조정하여 계획하면 관람 포기 행태를 줄일 수 있다.**

D. 전시디자인 프로세스

학생들의 프로젝트로 진행하는 전시공간디자인은 전시기획의 단계와 전시디자인의 단계, 그리고 프레젠테이션 준비단계로 크게 구분해 볼 수 있다. 전시 기획단계에서는 site와 전시 대상을 선정하고 구체적인 전시주제와 전시 아이템 등을 선정해 나가며 개략적인 공간의 콘텐츠를 구상하는 작업을 진행한다. 전시디자인 단계에서는 구체적으로 전시공간에 대한 개념을 설정하고 개념에 따른 공간 연출의 방향을 잡아나가는 작업을 수행한다. 간단한 투시도나 평면 스케치, 입면 스케치 등을 통하여 공간에 대한 디자인적인 해결방안을 모색하는 단계이다. 프레젠테이션 단계는 최종적으로 결정한 전시공간디자인에 대한 그래픽 작업이나 패널, 모형제작 등의 과정을 수반하게 되며, 이는 다른 사람에게 나의 전시공간디자인을 설명하고 이해시키기 위한 다양한 결과물을 만드는 작업의 과정이다.

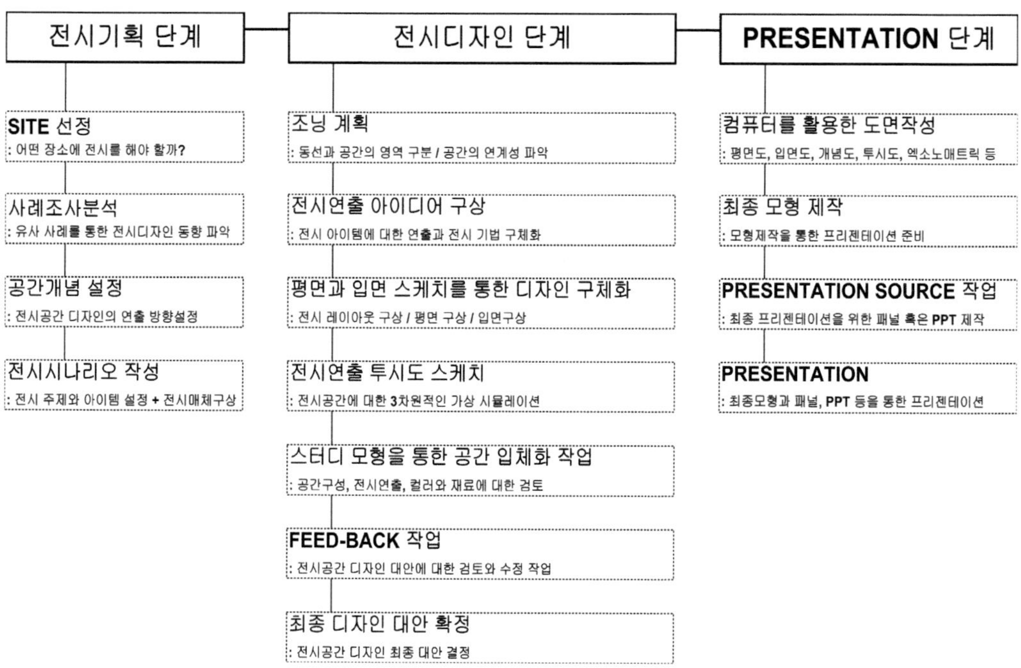

전시공간디자인의 과정은 어떤 장소에 전시를 해야 할까? 에서 시작되며, 적당한 전시공간 장소를 찾는 데 몇 가지 원칙이 있다.

(1) 내가 디자인하게 되는 전시대상을 우선적으로 고려한다.

(2) 특별한 의미가 있는 장소이거나 대중적 성격이 강한 공공공간을 활용하는 것도 좋다.

(3) 주어진 규모조건에 부합하는 장소이어야 한다.

(4) 사람들의 왕래가 많은 공간을 지향한다. 또한 사람들의 대중적 관심사를 파악한다.
(5) 사람들의 접근성만 좋다면 좋은 자연풍경을 이용할 수 있는 장소도 좋다.
(6) 기존에 이미 존재하고 있는 역사적인 건축물의 내부공간을 리모델링하여 활용하는 것도 좋다.
(7) 버려진 공간이나 시설, 건축물 등을 리모델링하여 활용하는 것도 좋다.

다음으로 유사 사례를 통한 전시디자인의 동향 파악이 필요한데 전시연출에 대한 good design 사례를 통하여 전시 방향성을 탐색한다. 전시공간디자인을 위한 전시대상이 선정되었다면 자신이 디자인할 전시대상과 유사한 성격과 전시내용을 가지는 공간 사례를 살펴볼 필요가 있다. 다시 말해서 국내와 해외의 좋은 전시디자인과 연출특성을 살펴봄으로써 내가 디자인할 전시공간의 방향을 설정하는 데 있어서 다양한 아이디어를 얻을 수 있다.

국립중앙박물관 홈페이지(http://www.museum.go.kr/), ICOM(국제 박물관협의회) 홈페이지(http://icom.museum/)를 보면, OTHER RESOURCES 메뉴에 있는 Museum Directories나 Virtual Library Museums Pages를 보면 국가별로 박물관 리스트가 정리되어 있으며 바로 해당 홈페이지로 접속이 가능하도록 구성되어 있다.

사례를 수집하면서 가장 확실한 방법은 직접 가보는 것이다. 내가 정한 전시대상물과 유사한 성격의 전시공간을 방문하여 사진촬영과 도면 등에 대한 스터디를 하는 것이 좋다. 물론 최근에 지어진 전시공간을 중심으로 답사하는 것이 최신의 전시경향이나 새로운 전시매체를 볼 수 있는 기회가 될 것이다. 전시공간의 사례를 조사할 경우에는 다음과 같은 항목을 중심으로 정리한다.

- 조사대상 전시공간의 관명(한글/영문)
- 조사대상 전시공간 규모(층별, 혹은 영역별 전시면적, 층고)
- 각 층별 전시공간 구성 : 평면의 구성 및 전시자료의 배치(전시 레이아웃을 알 수 있는 도면이나 안내책자)
- 전시영역별 전시 테마와 전시 연출/전시매체(전시매체 : 패널, 쇼케이스, 그래픽 패널, 영상, 홀로그램, 실물, 모형 등)
- 전시기법 및 형태(바닥 전시, 천장 전시, 벽면 전시, 디오라마, 아일랜드, 실험, 체험 등) 조사
- 관람객의 이동 동선과 공간의 조닝
- 영역별 전시공간 사진자료/조사대상 관의 외관사진

- 바닥, 벽면, 천장에 사용된 주요 마감재료는 무엇인가?
- 자연채광 활용형태, 조명방식은 무엇인가?

막연하게 수백 장의 전시 사례를 모두 모으지 말고, 디자인하려는 전시공간 개념과 전시 대상을 고려하여 이를 전시하기에 적당하다고 판단되는 연출기법이나 매체가 포함되어 있는 사례를 찾는 것이 중요하다.

5 04 Design Result

A. Panel

학생작품 A

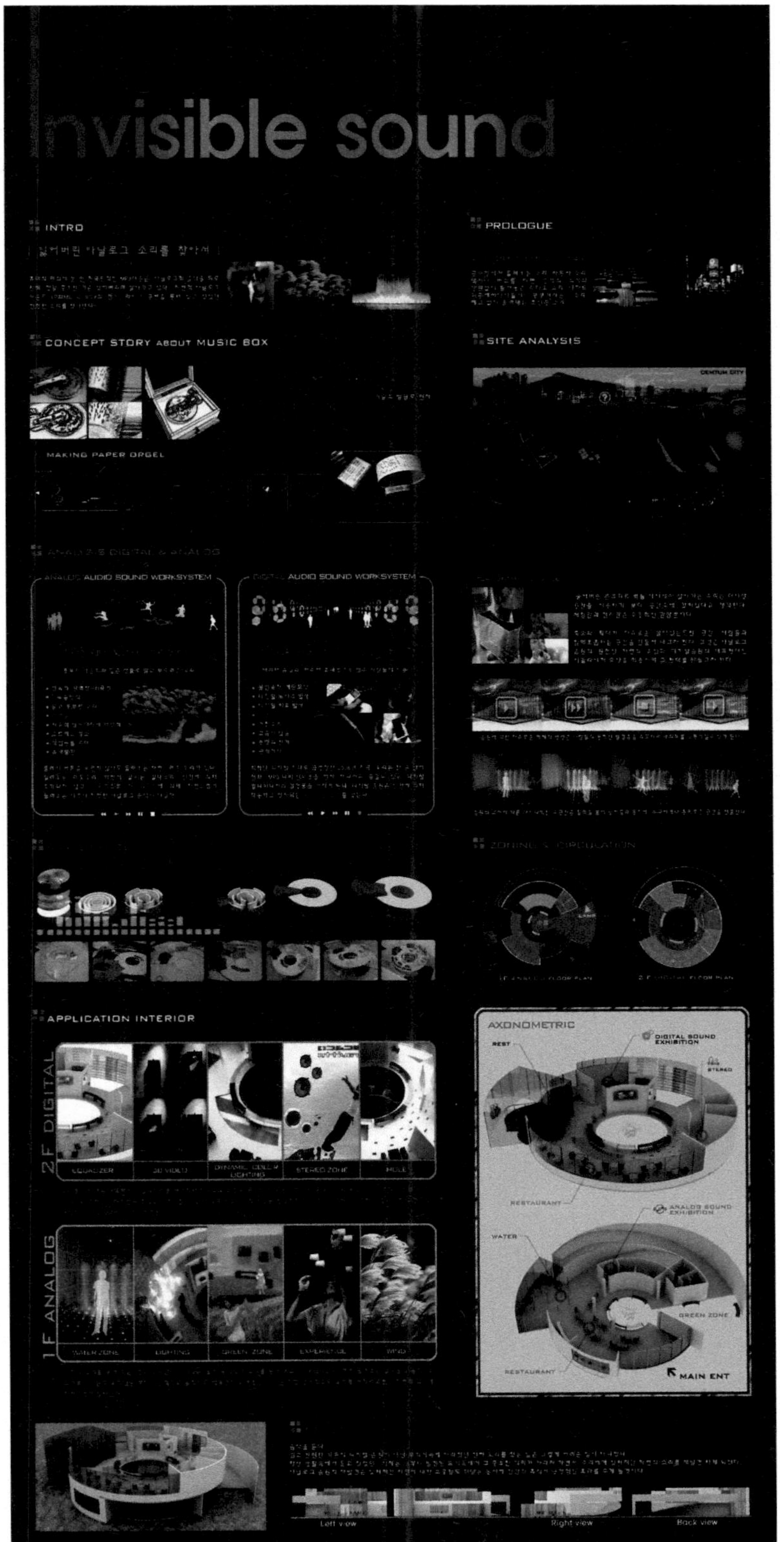

학생작품 B

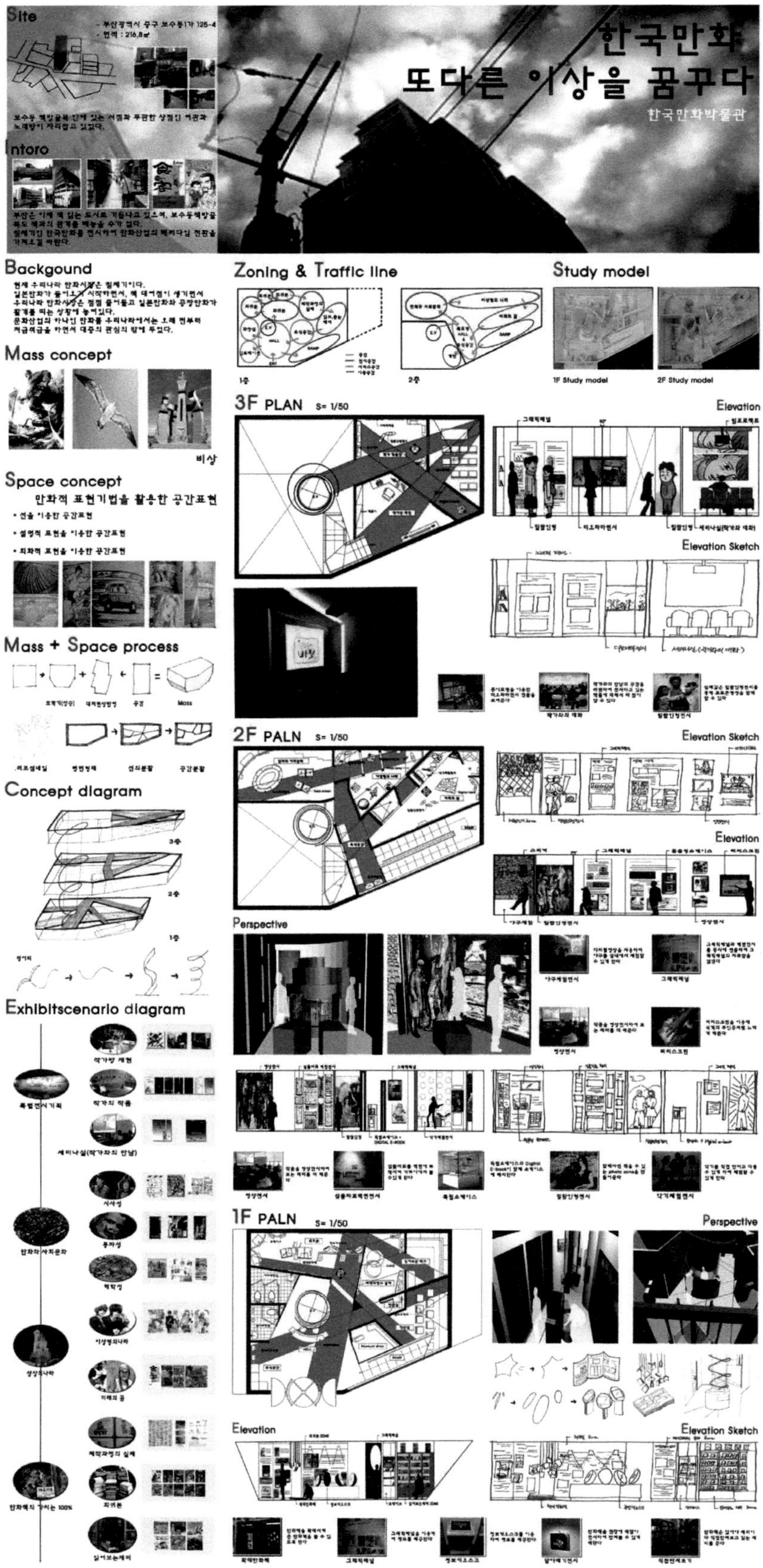
Site
Intoro
한국만화
또다른 이상을 꿈꾸다
한국만화박물관
Backgound
Zoning & Traffic line
Study model
1F Study model
2F Study model
Mass concept
비상
3F PLAN S= 1/50
Elevation
Elevation Sketch
Space concept
만화적 표현기법을 활용한 공간표현
Mass + Space process
2F PALN S= 1/50
Elevation Sketch
Elevation
Concept diagram
Perspective
Exhibitscenario diagram
1F PALN S= 1/50
Perspective
Elevation
Elevation Sketch

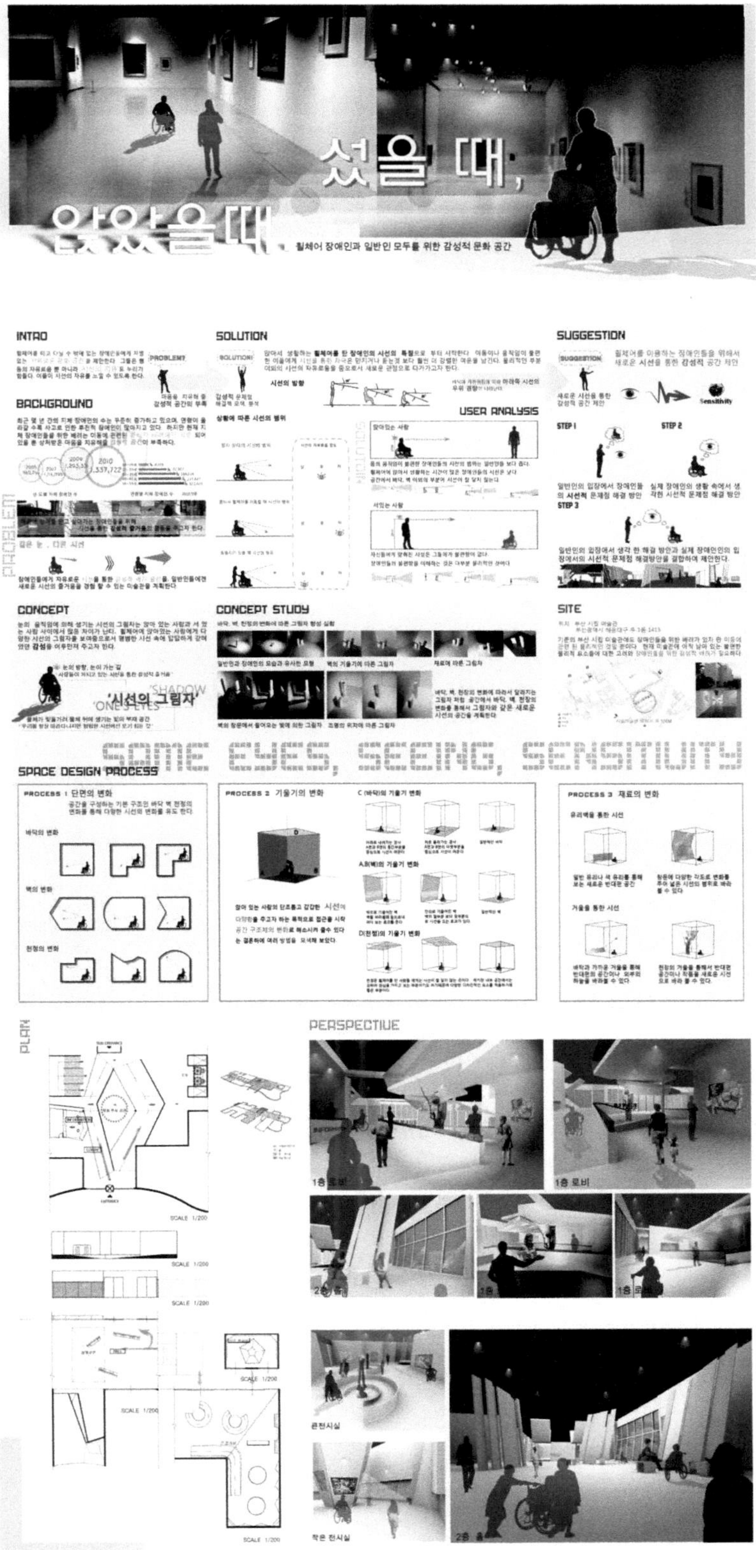
섰을 때,
앉았을 때
휠체어 장애인과 일반인 모두를 위한 감성적 문화 공간
INTRO
SOLUTION
SUGGESTION
BACKGROUND
USER ANALYSIS
PROBLEM
CONCEPT
'시선의 그림자'
CONCEPT STUDY
SITE
SAME EYES, SEEING, SENSITIVITY
SPACE DESIGN PROCESS
PLAN
PERSPECTIVE
1층 로비
2층 홀
관전시실
작은 전시실

학생작품 D

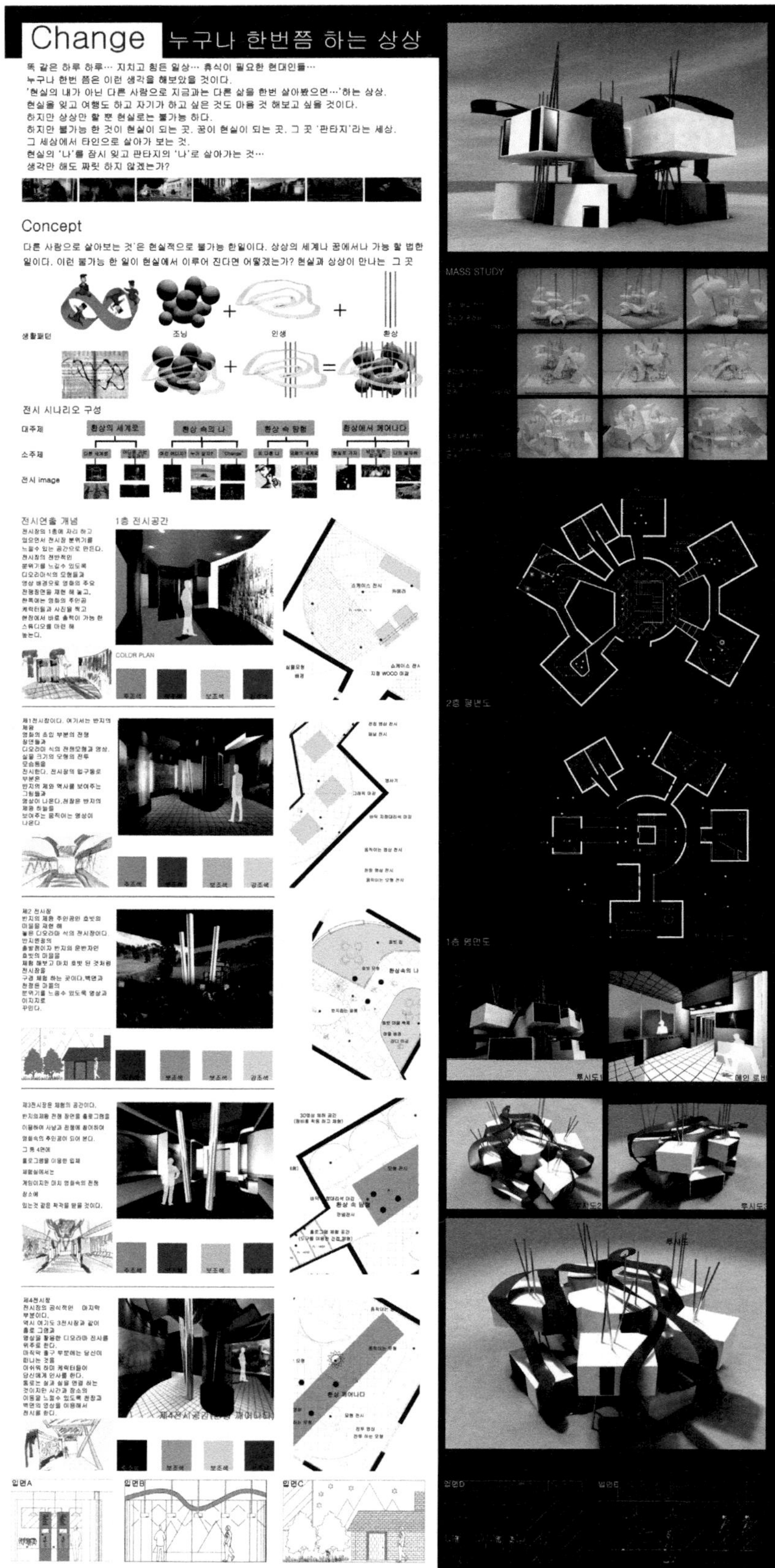

Change 누구나 한번쯤 하는 상상
똑 같은 하루 하루… 지치고 힘든 일상… 휴식이 필요한 현대인들…
누구나 한번 쯤은 이런 생각을 해보았을 것이다.
'현실의 내가 아닌 다른 사람으로 지금과는 다른 삶을 한번 살아봤으면…'하는 상상.
현실을 잊고 여행도 하고 자기가 하고 싶은 것도 마음 것 해보고 싶을 것이다.
하지만 상상만 할 뿐 현실로는 불가능 하다.
하지만 불가능 한 것이 현실이 되는 곳. 꿈이 현실이 되는 곳. 그 곳 '판타지'라는 세상.
그 세상에서 타인으로 살아가 보는 것.
현실의 '나'를 잠시 잊고 판타지의 '나'로 살아가는 것…
생각만 해도 짜릿 하지 않겠는가?
Concept
다른 사람으로 살아보는 것'은 현실적으로 불가능 한일이다. 상상의 세계나 꿈에서나 가능 할 법한 일이다. 이런 불가능 한 일이 현실에서 이루어 진다면 어떻겠는가? 현실과 상상이 만나는 그 곳
생활패턴
조닝
인생
환상
전시 시나리오 구성
대주제
환상의 세계로
환상 속의 나
환상 속 탐험
환상에서 깨어나다
소주제
"Change"
전시 image
전시연출 개념
1층 전시공간
COLOR PLAN
MASS STUDY
2층 평면도
1층 평면도

B. 제안서 PPT

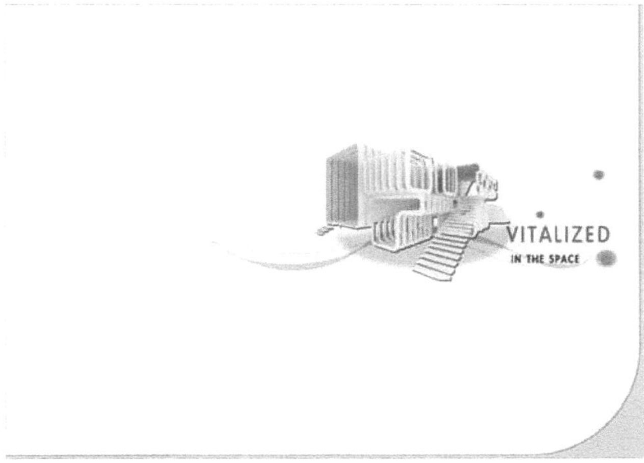
VITALIZED
IN THE SPACE

background
MERITS
DEMERITS
SETTLEMENT

site analysis
design language
Cinema Complex Center
Underground Passage

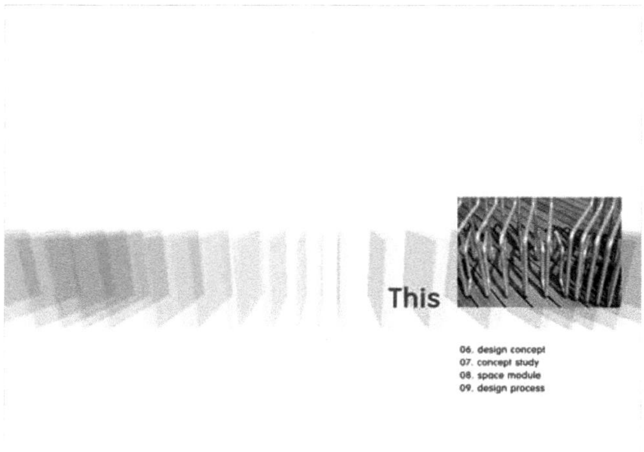
This
06. design concept
07. concept study
08. space module
09. design process

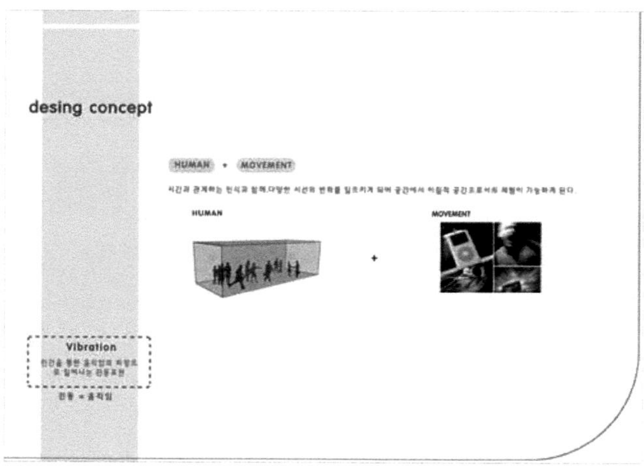
desing concept
HUMAN + MOVEMENT
HUMAN
MOVEMENT
Vibration

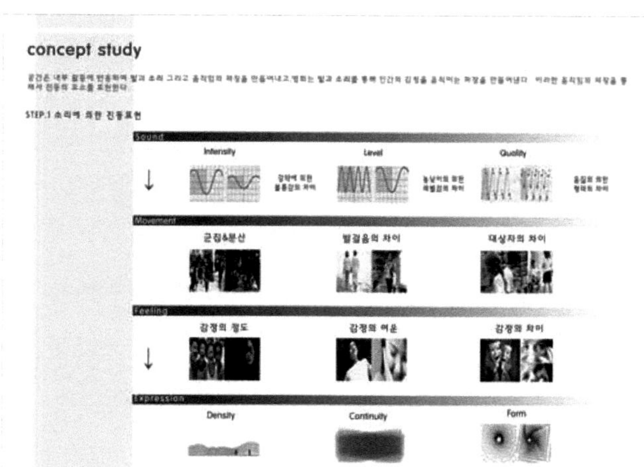
concept study
Sound
Intensity
Level
Quality
Movement
군집&분산
발걸음의 차이
대상자의 차이
Feeling
감정의 정도
감정의 여운
감정의 차이
Expression
Density
Continuity
Form

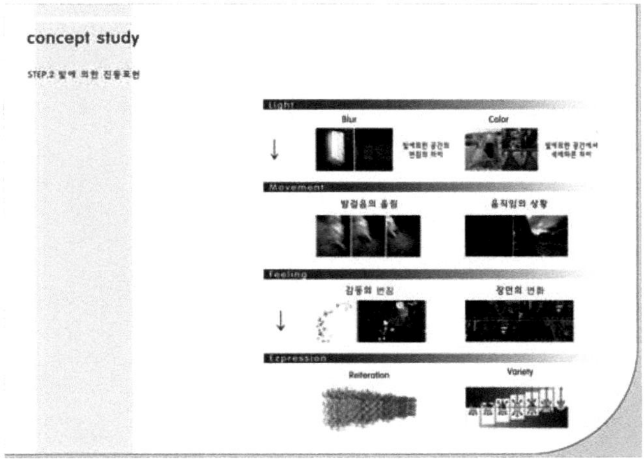
concept study
Light
Blur
Color
Movement
Feeling
Expression
Reiteration
Variety

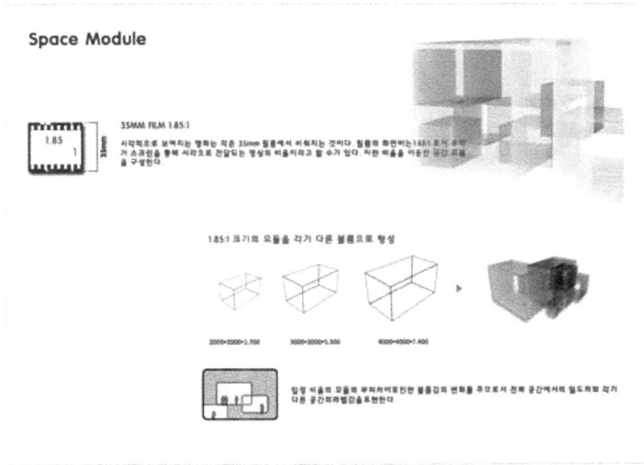
Space Module
1.85
1
35mm
35MM FILM 1.85:1

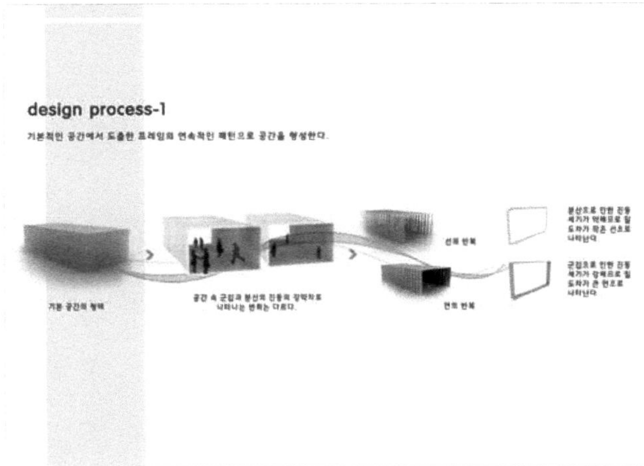
design process-1

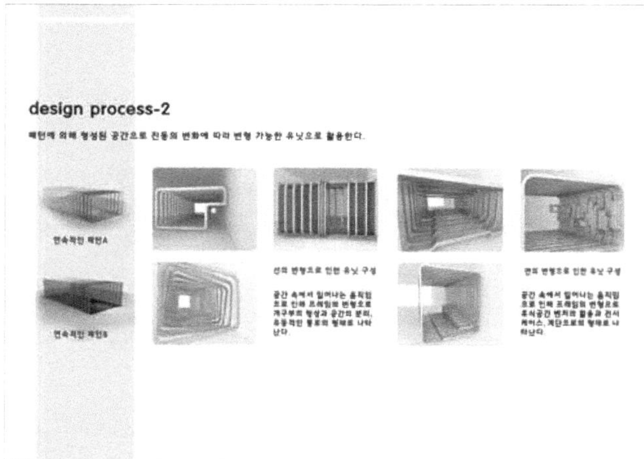
design process-2

Be thus
10. passway zoning
11. floor plan
12. perspective
13. model & panel

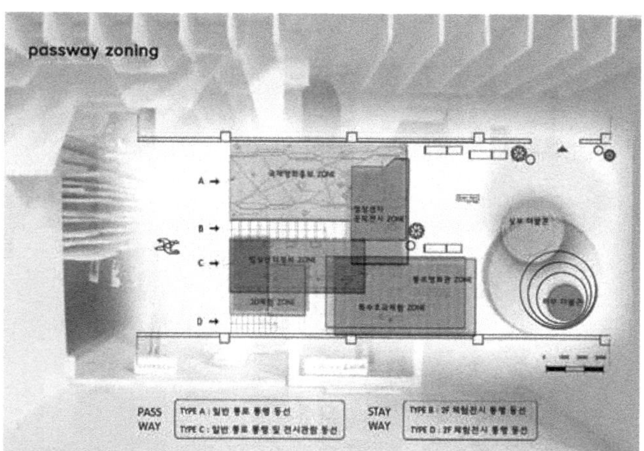
passway zoning
A
B
C
D
PASS WAY
STAY WAY

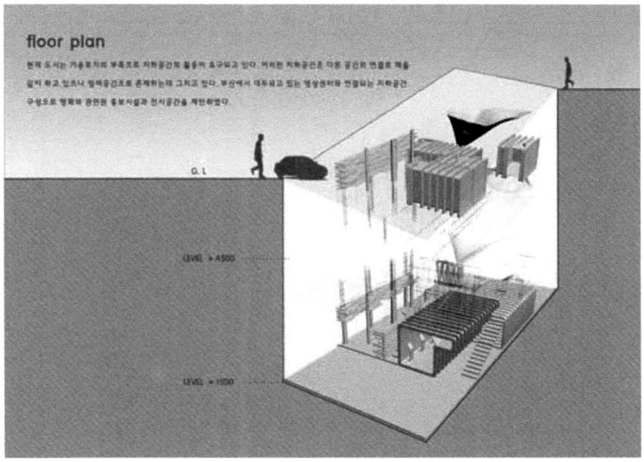
floor plan
G. L

perspective
A TYPE
C TYPE
D TYPE

perspective
PUSAN
FILM

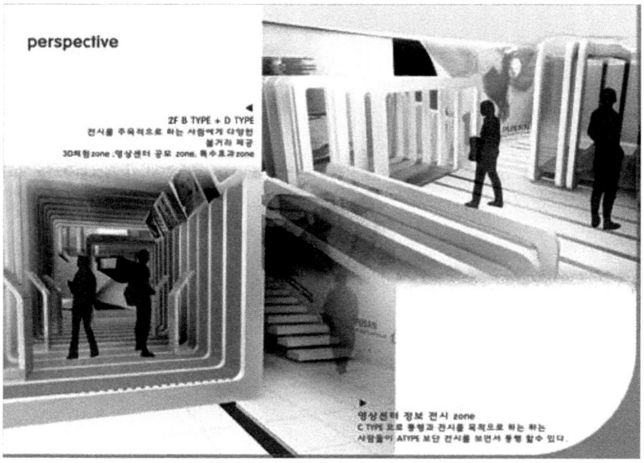
perspective
2F B TYPE + D TYPE
전시를 주목적으로 하는 사람에게 다양한
볼거리 제공
3D체험zone ,영상센터 공모 zone, 특수효과zone
영상센터 정보 전시 zone
C TYPE 으로 통행과 전시를 목적으로 하는 하는
사람들이 ATYPE 보단 전시를 보면서 통행 할수 있다.

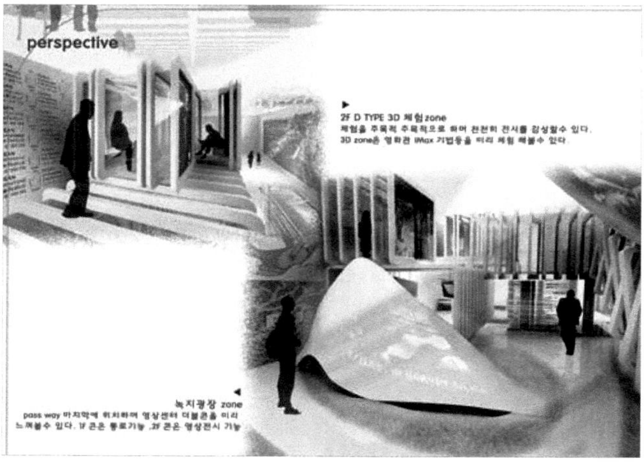
perspective
2F D TYPE 3D 체험zone
체험을 주목적 주목적으로 하여 천천히 전시를 감상할수 있다.
3D zone은 영화관 IMax 기법등을 미리 체험 해볼수 있다.
녹지광장 zone
pass way 마지막에 위치하여 영상센터 더블큐브를 미리
느껴볼수 있다. 1F 큐브은 통로기능 ,2F 큐브은 영상전시 기능

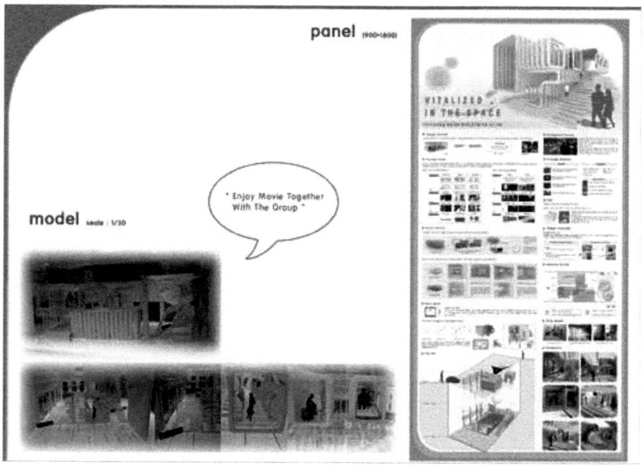
panel (900×1800)
model scale : 1/30
" Enjoy Movie Together
With The Group "
VITALIZED
IN THE SPACE

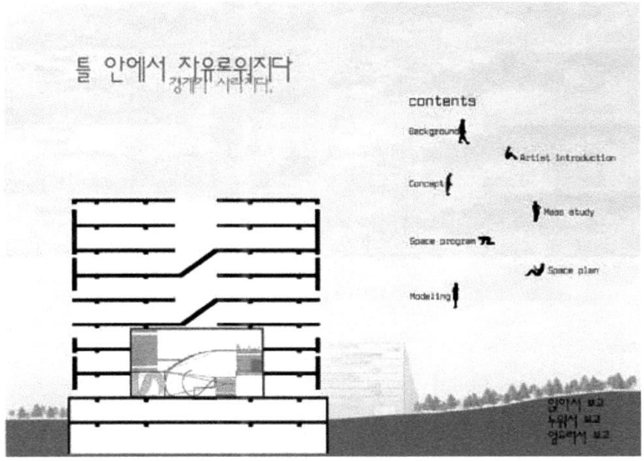
틀 안에서 자유로워지다
경계가 사라지다.
contents
Background
Artist introduction
Concept
Mass study
Space program
Space plan
Modeling
앉아서 보고
누워서 보고
엎드려서 보고

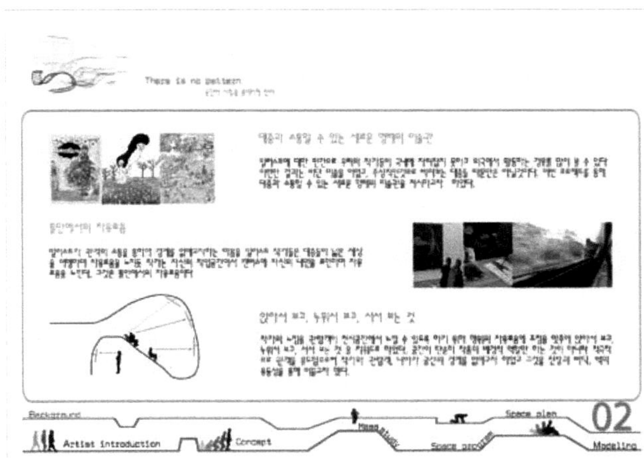
There is no pattern
Background
Artist introduction
Concept
Mass study
Space program
Space plan
Modeling
02

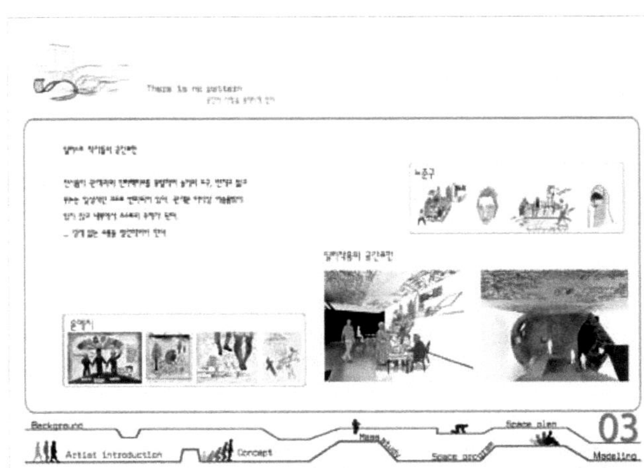
There is no pattern
Background
Artist introduction
Concept
Mass study
Space program
Space plan
Modeling
03

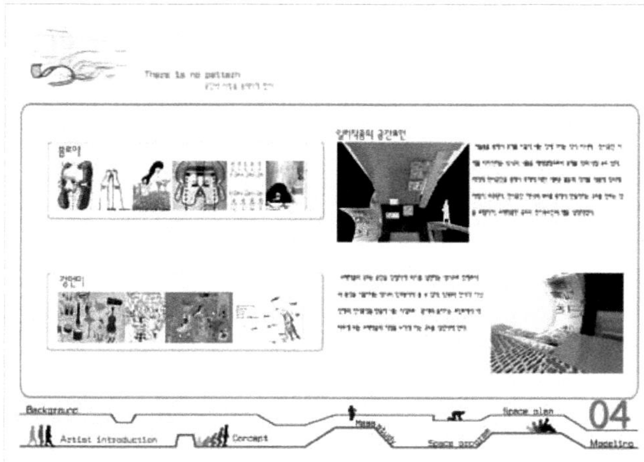
There is no pattern
Background
Artist introduction
Concept
Mass study
Space plan
Space program
Modeling
04

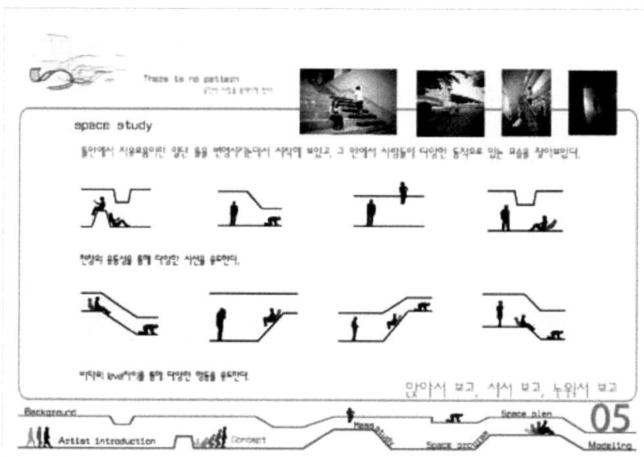
There is no pattern
space study
앉아서 보고, 서서 보고, 누워서 보고
Background
Artist introduction
Concept
Mass study
Space plan
Space program
Modeling
05

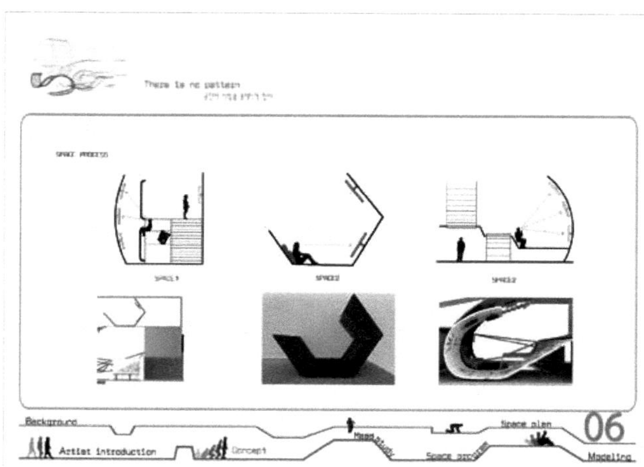
There is no pattern
Background
Artist introduction
Concept
Mass study
Space plan
Space program
Modeling
06

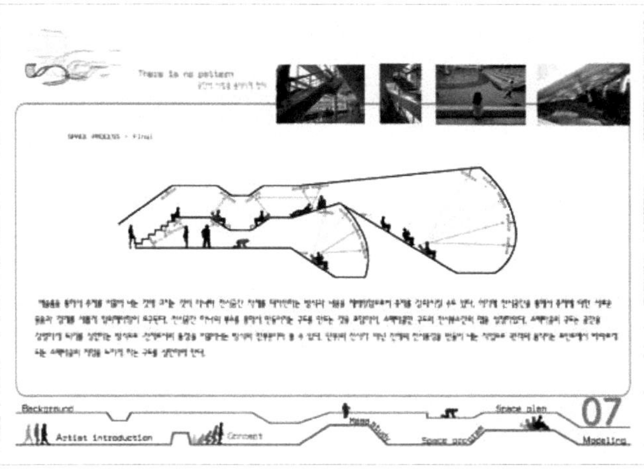
There is no pattern
Background
Artist introduction
Concept
Space plan
Modeling
07

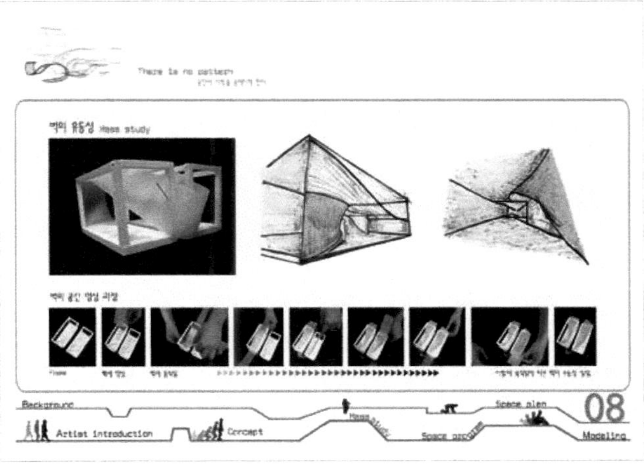
There is no pattern
벽의 유동성 Mass study
Background
Artist introduction
Concept
Space plan
Modeling
08

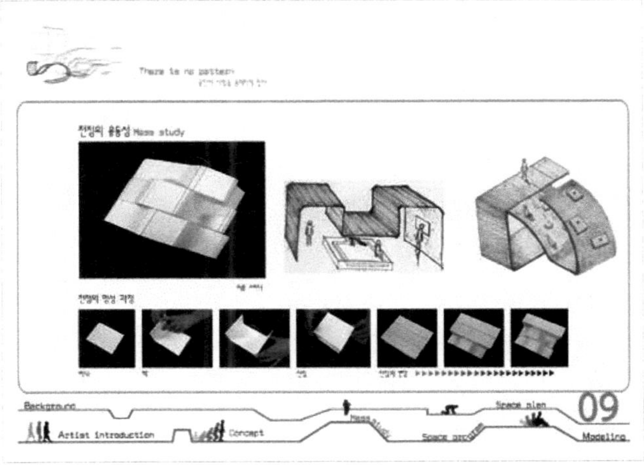
There is no pattern
천정의 유동성 Mass study
Background
Artist introduction
Concept
Space plan
Modeling
09

EXHIBITION SPACE

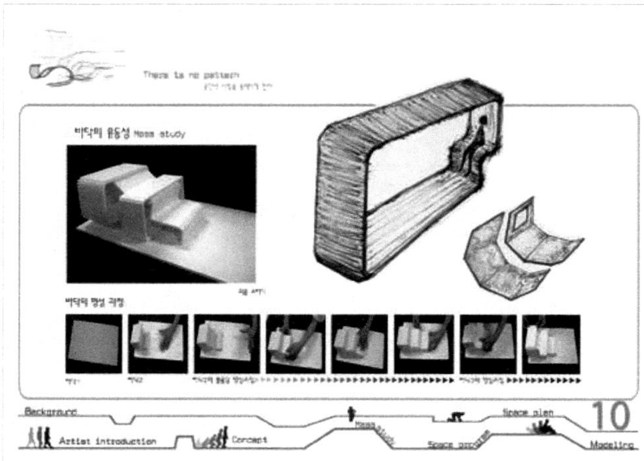

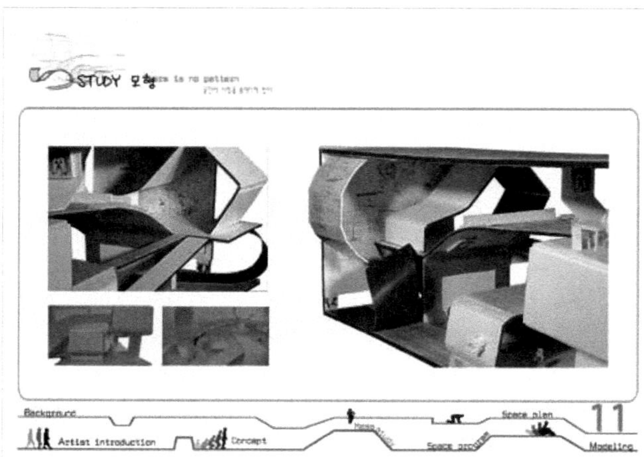

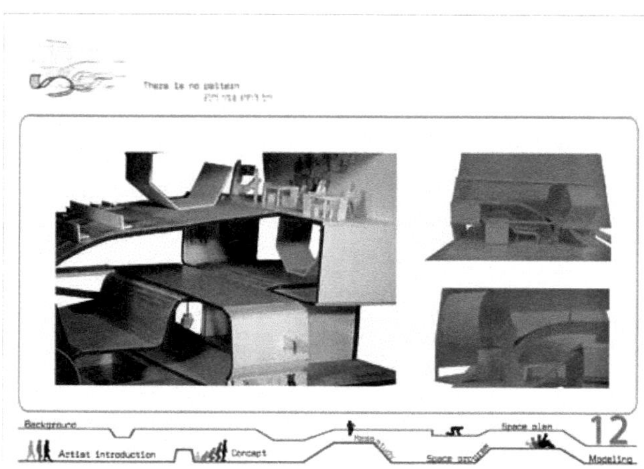

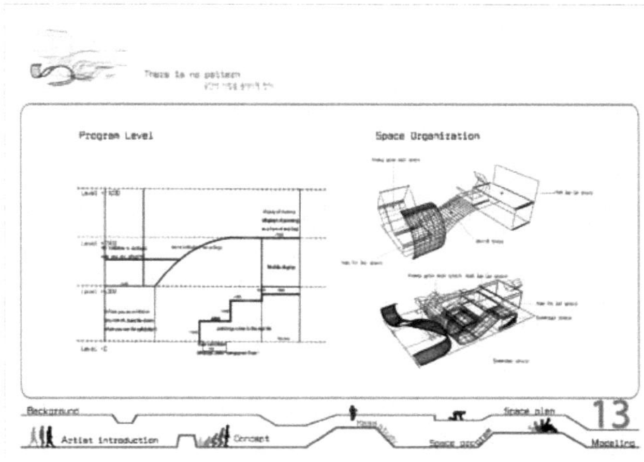
There is no pattern
Program Level
Space Organization
Background
Artist introduction
Concept
Space plan
Modeling
13

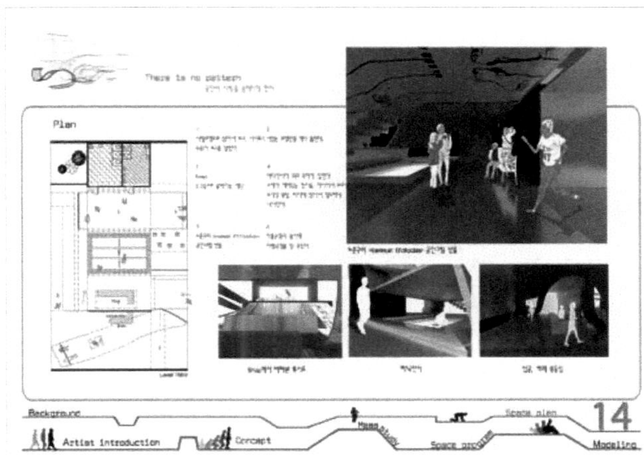
There is no pattern
Plan
Background
Artist introduction
Concept
Space plan
Modeling
14

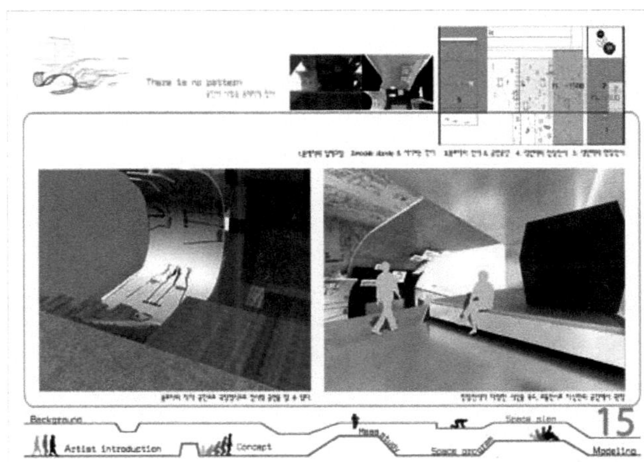
There is no pattern
Background
Artist introduction
Concept
Space plan
Modeling
15

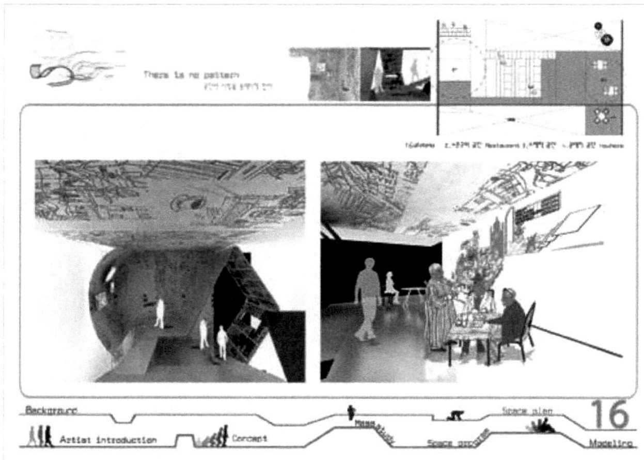
There is no pattern
Background
Artist introduction
Concept
Space plan
Modeling
16

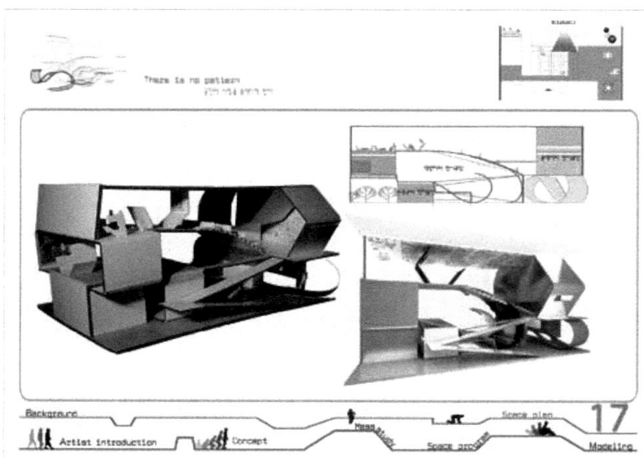
There is no pattern
Background
Artist introduction
Concept
Space plan
Modeling
17

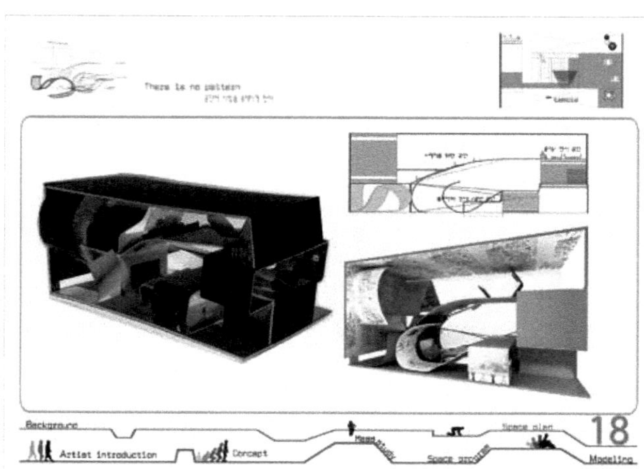
There is no pattern
Background
Artist introduction
Concept
Space plan
Modeling
18

Background
Artist introduction
Concept
Space plan
Space program
Modeling
19

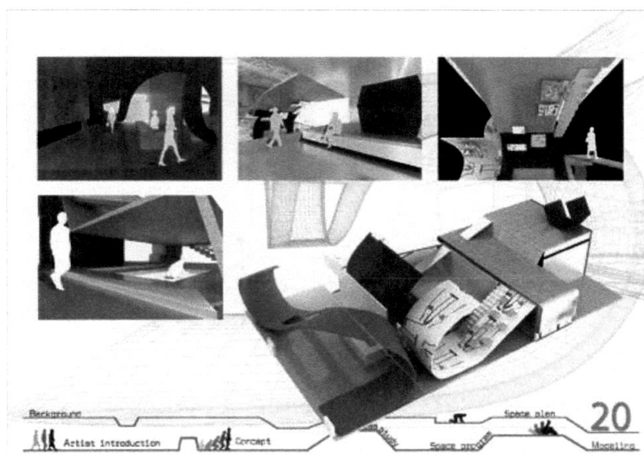
Background
Artist introduction
Concept
Space plan
Space program
Modeling
20

C. 전문가 작품

● 공룡테마과학관

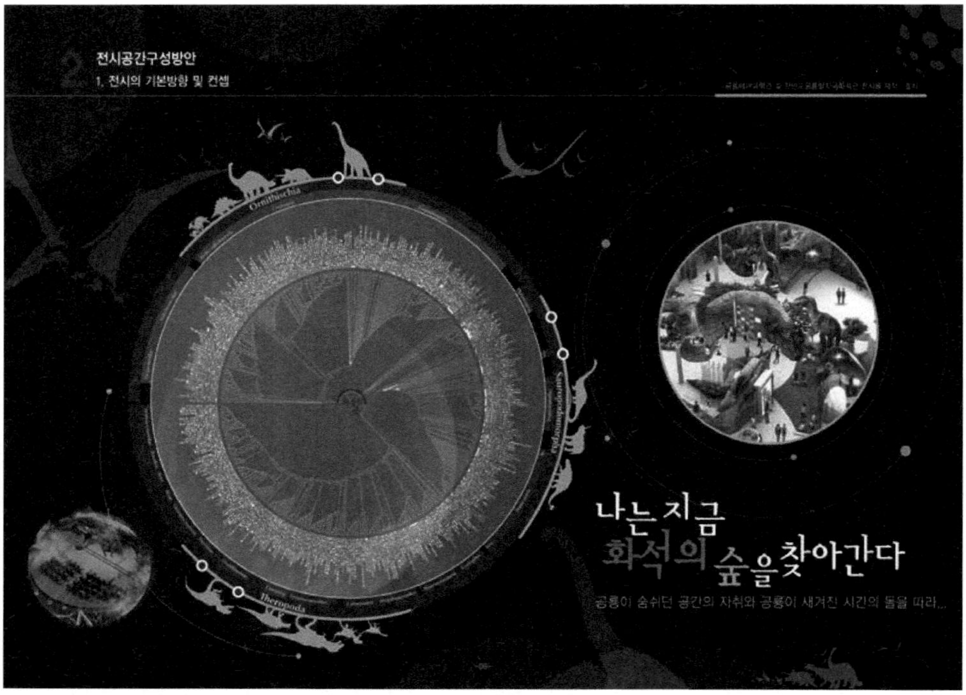

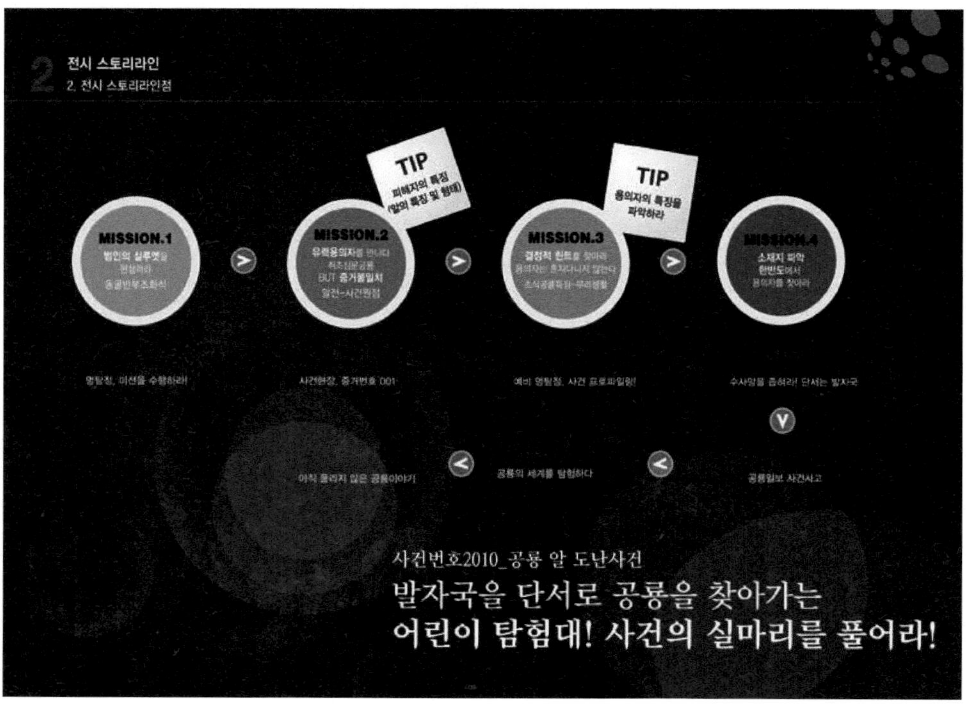

3 공간별 세부연출계획
1. 완성예상조감도 1F
공룡테마과학관 및 한반도공룡발자국화석관 전시물 제작 · 설치
나는 지금
화석의 숲을 찾아간다
공룡이 숨쉬던 공간의 자취와 공룡이 새겨진 시간의 돌을 따라...
-10-

3 공간별 세부연출계획
2. 완성예상조감도 2F
공룡테마과학관 및 한반도공룡발자국화석관 전시물 제작 · 설치
나는 지금
화석의 숲을 찾아간다
공룡이 숨쉬던 공간의 자취와 공룡이 새겨진 시간의 돌을 따라...
-11-

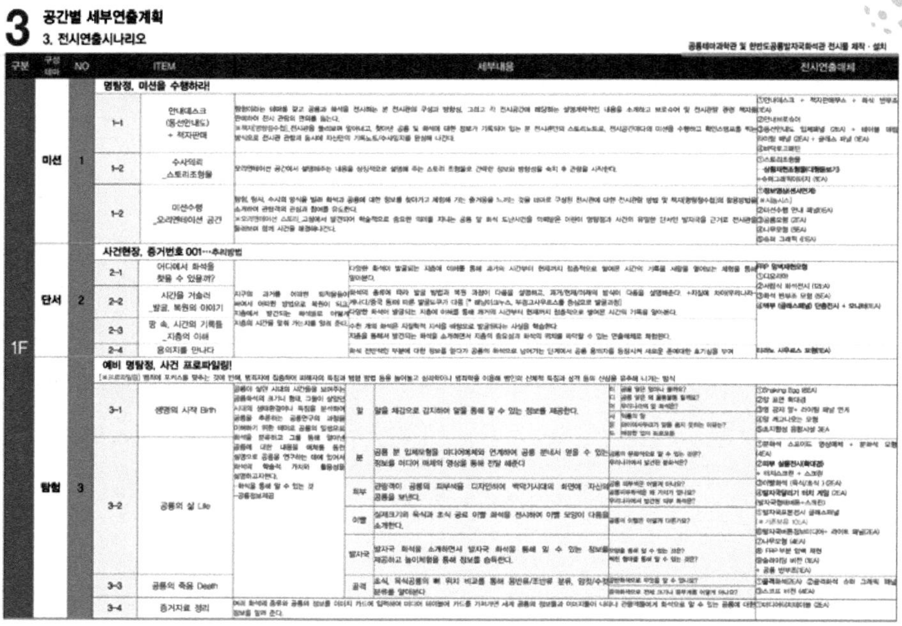

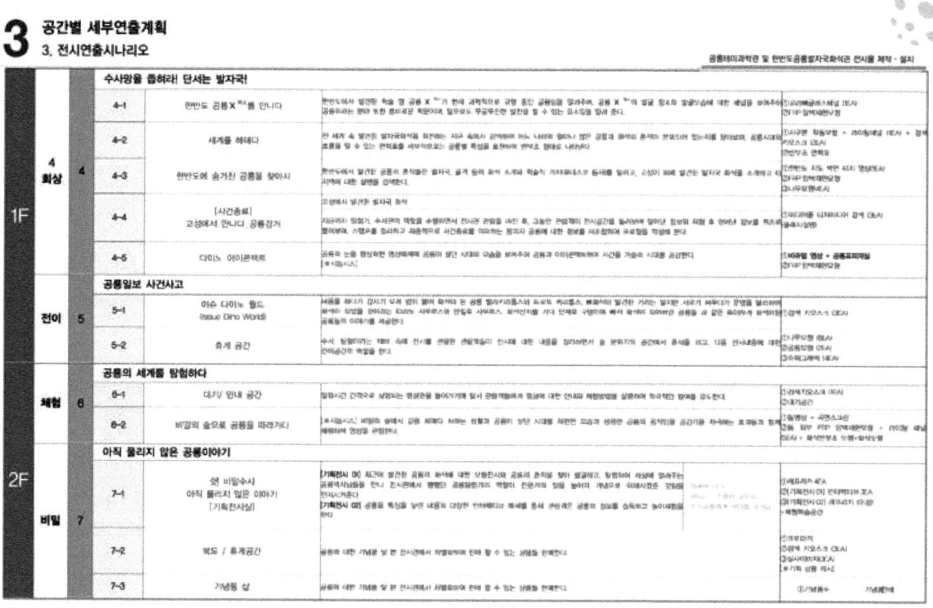

자료제공 Design: 인들디자인

● 포항새마을기념관

02 사업계획
OUR CONCEPT
지속가능한 新 패러다임
희망 ÷
New Value, New Dream
New Value
New Dream
Pohang

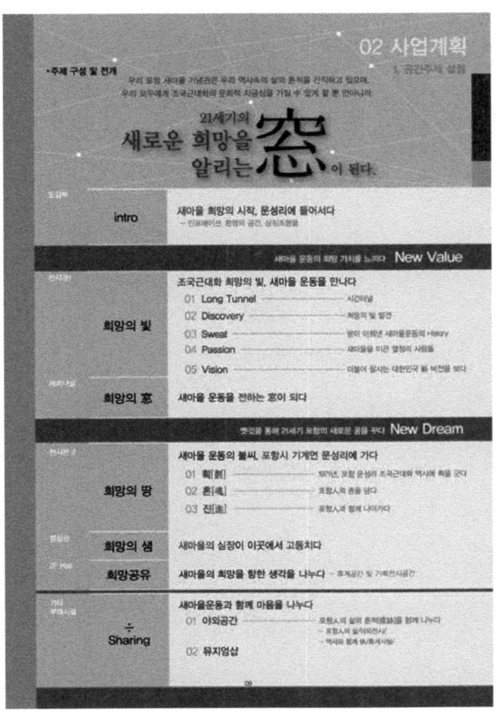

02 사업계획
21세기의
새로운 희망을
알리는 窓이 된다.
intro
새마을 희망의 시작, 문성리에 들어서다
New Value
조국근대화 희망의 빛, 새마을 운동을 만나다
01 Long Tunnel
02 Discovery
03 Sweat
04 Passion
05 Vision
희망의 빛
희망의 窓
새마을 운동을 전하는 窓이 되다
New Dream
새마을 운동의 불씨, 포항시 기계면 문성리에 가다
희망의 땅
희망의 샘
새마을의 심장이 이곳에서 고동치다
희망공유
새마을의 희망을 향한 생각을 나누다
새마을운동과 함께 마음을 나누다
01 야외공간
02 뮤지엄샵
÷
Sharing

02 사업계획
새마을 기념관의 SPACE를
Old & New로 말하다
근대화의 루트/Route/에 가다!
희망 ÷
02 New Dream
01 New Value
01
02
03

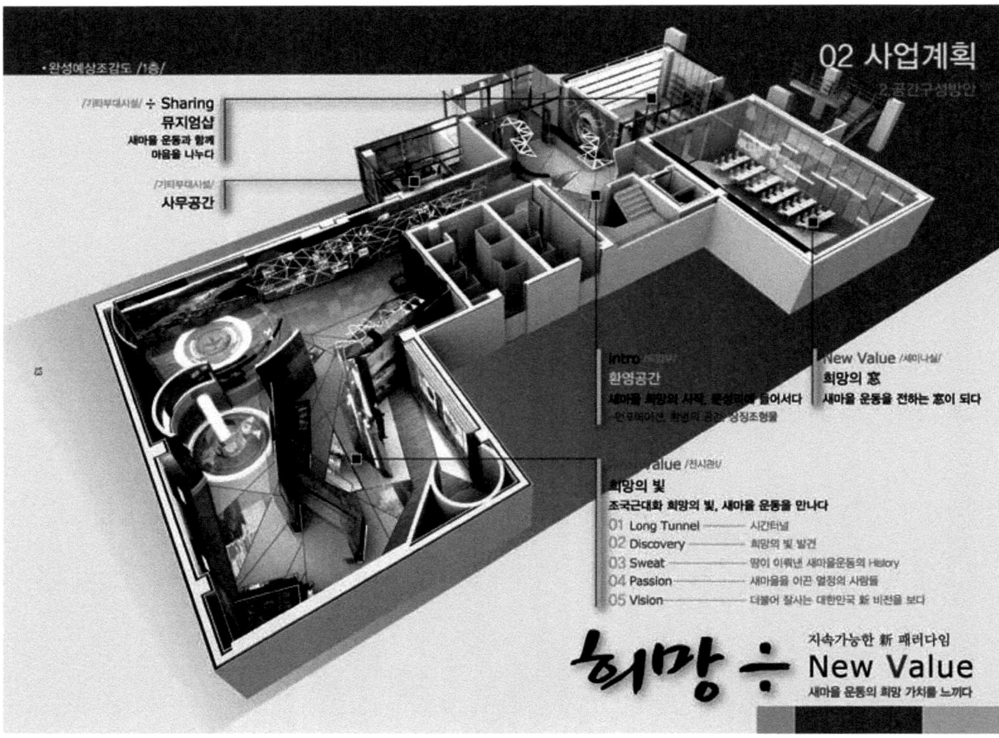
• 완성예상조감도 /1층/
02 사업계획
2.공간구성방안
/기타부대시설/ ÷ Sharing
뮤지엄샵
새마을 운동과 함께 마음을 나누다
/기타부대시설/
사무공간
New Value /세미나실/
희망의 窓
새마을 운동을 전하는 窓이 되다
희망의 빛
조국근대화 희망의 빛, 새마을 운동을 만나다
01 Long Tunnel — 시간터널
02 Discovery — 희망의 빛 발견
03 Sweat — 땀이 이뤄낸 새마을운동의 History
04 Passion — 새마을을 이끈 열정의 사람들
05 Vision — 더불어 잘사는 대한민국 新 비전을 보다
희망 ÷
지속가능한 新 패러다임
New Value
새마을 운동의 희망 가치를 느끼다

• 완성예상조감도 /2층/
02 사업계획
2.공간구성방안
/기타부대시설/
사무공간
New Dream /영상관/
희망의 샘
새마을의 심장이 이곳에서 고동치다
New Dream
새마을의 희망을 향한 생각을 나누다
New Dream /전시관2/
희망의 땅
새마을운동의 불씨, 포항시 기계면 문성리에 가다
01 획[劃] — 1971년, 포항 문성리 조국근대화 역사에 획을 긋다
02 혼[魂] — 포항人의 혼을 담다
03 진[進] — 포항人과 함께 나아가다
희망 ÷
지속가능한 新 패러다임
New Dream
옛것을 통해 21세기 포항의 새로운 꿈을 꾸다

· 전시연출프로그램

02 사업계획

2. 공간구성방안

구분	테마	NO.	아이템		연출내용	주요연출매체
Intro	새마을 희망의 시작, 문성리에 들어서다					
Intro	/입구로비/ 환영공간	1-2	인포메이션, 상징조형물		새마을 발상지로서의 정통성과 상징성을 공간에 부여함과 동시에, 관람객의 기념관 이용에 관한 편의를 제공한다.	인포메이션 상징조형물, 휴게공간
New Value	새마을 운동의 희망 가치를 느끼다					
New Value	/전시관1/F 희망의 빛 조국근대화 희망의 빛, 새마을 운동을 만나다	2-1	Long Tunnel 시간의 터널	어둠의 시간터널	일제강점기와 6·25를 거치며 피폐해진 국토와 극심한 빈곤에 허덕였던 1970년대 이전 시절을 상기시켜준다.	음향시스템, 패널
				희망의 빛을 찾아서	어려운 시절에서 밝은 미래를 향해 나아가려는 우리 민족의 의지를 표현한다.	Light Text
		2-2	Discovery 희망의 빛 발견	희망의 불빛	관람객과의 반응을 통해 힘들었던 시간을 지나 희망의 불빛을 발견한다는 간접적 메시지를 전달한다.	희망의 빛 Light
				함께하는 공동체	반응영상으로 새마을 운동의 3대 가치 중 하나인 '협력'을 체험한다.	함께하는 공동체 반응영상
				새마을의 준비운동,새마을 가꾸기사업	일종의 태동기 사업이라고 할 수 있는 새마을 가꾸기 사업이 가진 의의와 개선점을 확인한다.	입체그래픽
				새마을운동의 시작, 포항 문성리	문성리가 새마을 정신의 배태(胚胎)로 작용하여, 본격적으로 새마을운동이 전개되는 과정을 알게 된다.	입체그래픽
				새마을을 부르다	'새마을이란?' 에 관한 물음의 답을 퍼즐과, 입체패널, 새마을노래 등을 활용하여 연출함으로써 새마을운동의 방향과 의의, 당시의 희망까지 파악할 수 있는 기회를 갖는다.	미디어, 3대정신 입체패널 새마을노래음향시스템
		2-3	Sweat 땀으로 이뤄낸 새마을 history	새마을운동의 기반조성 (1971~73)	생활환경개선, 소득증대, 의식개혁을 위해 초기 기반을 다지는 시기로서 당시의 사업양상을 돌아본다.	새마을 주요사업 미니어처 모형, 입체 그래픽 패널, 음향영상시스템, Light기둥, 기증품전시
				새마을운동의 확산 (1974~76)	생활수준에 실질적인 변화와 성과가 나타난 시기로서 당시의 성과들을 살펴본다.	
				새마을운동의 심화 (1977~79)	농촌을 넘어서 직장·공장·학교 등을 중심으로 폭넓게 이루어졌던 새마을운동의 모습을 확인한다.	
				새마을운동의 체제정비 (1980~89)	1980~89년대의 88올림픽/86아시안게임의 성공적 개최에 기여를 비롯한 활동들을 알아본다.	
				새마을운동의 자율 확대 (1990~98)	IMF시절 '경제살리기운동' 등의 사회공익활동을 통해 거듭나기를 모색했던 새마을운동의 노력들을 살펴본다.	
				2000년 이후	공공정책적 사업과 저개발국가 지원사업을 통해 대내외적으로 받은 높은 관심과 호응을 평가한다.	
		2-4	Passion 새마을을 이끈 열정의 사람들	박정희대통령과 새마을	새마을운동의 핵심인물인 박정희 대통령과 악수를 하며, 당시의 새마을운동에 참여한 듯한 체험을 하게 된다.	영웅의 악수, 입체패널
				새마을 지도자	새마을 지도자가 입었던 지도자복을 입어보고 그 당시의 책임감과 열정 등 감회를 느껴본다.	지도자복체험
				나도 새마을운동의 주역	지도자 복을 입고 당시 문성리의 개발풍경 등을 배경으로 사진을 찍어 새마을운동의 주역이 되어본다.	크로마키체험
				새마을을 이끈 사람들 갤러리	훈·포장을 받은 새마을 지도자를 비롯해 새마을운동으로 한 데 어울린 사람들의 모습을 만나보는 기회를 갖는다.	그래픽입체패널
		2-5	Vision 더불어 잘사는 대한민국 新 비전을 보다	퀴즈로 푸는 새마을운동	새마을운동에 대한 간단한 퀴즈를 풀면서 새마을운동에 대한 이해를 증진시킨다.	검색키오스크
				새마을.net	새마을운동 관련 단체, 사업, 교육 등에 관한 정보를 조회할 수 있도록 검색시스템을 제공한다.	
				새마을운동 평가	새마을 운동이 갖고 있는 성과와 의의, 한계 까지 재조명하고 주체적으로 가치평가를 할 수 있는 기회를 갖는다.	새마을 운동평가 테이블
				제 2의 새마을운동(전국, 경북)	경북을 중심으로 전국에서 진행하고 있는 제2의 새마을 운동과, 현재에도 유효한 새마을운동의 가치를 확인한다.	패널 및 영상, 기증품전시
				희망공동체 네트워크	새마을 부녀회, 경북 희망공동체 등 조직적 네트워크가 갖는 사회적 인프라로서의 가능성을 살펴본다.	입체그래픽 패널
				세계 속 새마을운동	개발모델로서 새마을운동이 부각되는 현 상황과 외교자원으로서의 활용가치에 대해 알아본다.	입체그래픽 패널
				희망의 다짐	새마을운동으로 대표되는 지난날의 열정을 현재와 미래까지 할 수 있는 가치로 발전시키겠다는 다짐을 한다.	참여관람, 희망다짐부스

· 전시연출프로그램

02 사업계획

2. 공간구성방안

구분	테마	NO.	아이템		연출내용	주요연출매체
New Value	새마을 운동의 희망 가치를 느끼다					
New Value	새마을나실 희망의 窓	3-1	새마을 운동을 전하는 창이 되다		각종 새마을운동 관련 교육 및 회의가 진행되는 장소로서 지역주민들을 위한 집회장소로도 기능한다.	3~40석 수용 새마을나실 음향 및 가구집기류
New Dream	새마을 운동의 희망 가치를 느끼다					
New Dream	/전시관2/2F 희망의 땅 조국근대화 희망의 빛, 새마을 운동을 만나다	4-1	획[劃] 1971년 포항 문성리, 조국근대화 역사의 획을 긋다	포항 새마을운동 발자취	발상지 문성동의 새마을운동적 배경과 국가적 배경, 새마을 발상지로서 포항시 문성동의 역사와 현황 등을 되짚어보며 문성동이라는 마을을 재조명한다.	벽부입체모형, 발상지 다큐 표지판재현, 증빙자료
				1971년을 기억하라	새마을 정신의 배태(胚胎)로 인정받아 본격적인 새마을운동이 전개된 '1971' 년을 관람객들에게 각인시킨다.	상징 입체모형, 패널
				문성동 전국 시장·군수 비교행정회의	「전국 시장·군수는 문성동과 같은 '새마을' 을 만들어라」는 지시가 내려진 1971.09.20 당시 문성동의 현장을 상징하고 기념하는 코너이다	입체그래픽패널
				그 해에 뿌린 씨앗	71년 이후 본격적으로 전개된 새마을운동의 과정과 성과들을 영상과 당시 사용했던 기증품들을 통해 만나본다.	기증품전시, PDP(영상)
		4-2	혼[魂] 포항人의 혼을 담다	혼신을 다한 새마을 가꾸기사업	새마을운동의 새로운 국면을 열었던 포항시 문성동 사람들의 역동적인 모습을 발견한다.	사진 및 설명 / 입체표현
				포항 문성동 지도자	포항 문성동의 새마을 지도자들이 받은 훈·포장 등을 전시하고, 이를 보면서 그들의 노고와 열의를 그려본다.	기증품전시
				포항인의 혼을 불태우다	불꽃으로 시각화되어 나타난 반응영상을 통해, 포항인의 개혁의지를 느낀다.	혼을 불태우다 반응영상
				사진으로 보는 포항 새마을운동	새로운 삶을 향한 포항사람들의 얼굴, 눈빛, 순간의 연면들을 사진으로 만나본다.	기증품전시, 입체그래픽
		4-3	진[進] 포항人과 함께 나아가다	포항의 21세기 녹색희망운동, 新 새마을운동	저탄소 녹색성장의 새로운 비전과 함께하는 新새마을운동의 방향을 확인할 수 있다.	입체패널, 라이트패널
				포항人의 정신과 비전	대한민국 근대화의 성지(聖地)인 포항과, 포항사람들의 미래지향적 개척정신을 재확인하고 긍지를 갖는다.	입체패널, 라이트패널
				희망릴레이	공동체적 희망, 다짐 등을 방명록 형식으로 남겨 관람자들의 공감을 통해 미래와 새마을에 대한 희망을 갖는다.	참여형관람, 질문방명록
New Dream	영상관 희망 샘	5-1	새마을의 심장이 이곳에서 고동치다		새마을운동의 상징성 및 역사적 성과에 관한 홍보영상관 기능과, 지역 주민들의 영화관으로의 기능도 동시에 수행한다.	80석 영상관 음향 및 방송 시스템
New Dream	2층홀 희망공유	6-1	새마을의 희망을 향한 생각을 나누다		1층과 2층 각 전시관 사이의 완충적 공간으로서, 마을의 전경이 보이는 휴게공간 및 포항 홍보공간, 기획전시공간으로 기능한다.	휴게공간, 입체그래픽패널
÷	새마을운동과 함께 마음을 나누다					
÷	기타부대시설 ÷ Sharing	7-1	포항人의 삶을 함께 나누다	포항人의 삶	포항의 근대화를 이끌었던 농기구와, 새마을을 깨우던 새벽종을 야외에 전시해 당시의 삶을 되새겨본다.	야외전시
				새마을 발상지에서 休	야외 휴게공간에서 취하는 휴식의 시간 동안 문성리의 과거와 현재의 풍경을 자연스럽게 기억한다.	야외휴게공간 & 기획전시
		7-2	뮤지엄샵		새마을운동 관련 기념품 판매를 통해 관람객이 포항 문성리를 오래도록 기억하고 다시 찾을 수 있도록 유도한다.	뮤지엄샵

자료제공 Design: 인들디자인

6 OFFICE & CLINIC

6 01 Space Introduction

A. Office Design 개요 및 설계 주안점

오피스는 업무(회의, 만남, 집중), 휴식, 충전, 가벼운 운동, 만남, 여가 등이 하나의 공간에서 순환하는 체계이다. 과중한 업무와 시간에 쫓김으로써 생기는 불안을 해소하여 집중과 몰입이 가능하도록 환경의 적극적인 변화가 이루어져야 한다. 의식의 집중 그리고 집중에 따른 스트레스의 적절한 유출과 정신적 에너지의 재충전이 쉽게 이루어지는 순환 속에 몰입이 이루어지고 그 몰입을 통한 즐거움은 업무의 창의성을 증대시킬 수 있다.

오피스 공간 디자인을 업무의 관점에서 집중해 볼 때 오피스는 정보의 흐름이고, 그 네트워크라 볼 수 있다. 오피스 디자인은 이러한 네트워크 개념을 기본으로 하여 1차적으로는 사람과 사람의 커뮤니케이션의 관점에서 파악하고 문서나 자기 매체의 관리 시스템(레코드 매니지먼트)에서 OA기기의 구내 네트워크까지 토털로 그 기본구조를 공간화하는 것이다. 정보 기록의 발생으로부터 폐기까지의 라이프 사이클과 그 적절한 로케이션을 생각하는 레코드 매니지먼트 사상을 베이스로 사람과 사람의 커뮤니케이션을 중시하여 전체적 LAN에 미치는 토털 네트워크를 설계하는 것이 오피스 디자인의 시점이다.

오피스 공간은 단순한 그릇으로서의 스페이스가 아니다. 사람과 사람, 사람과 정보 등의 상호작용에 따라 짜이는 커뮤니케이션의 장이다. 인텔리젠트 빌딩으로 상징되는 오피스는 디자인 향상과 스마트 공간개념의 확장을 요구하고 있다. 이는 오피스의 인텔리젠트화 라는 새로운 공간개념에 입각하여 인간에게 창조성을 제공하는 기반을 통합, 정비하고 오피스 공간의 퍼실리티(facility)를 높여가는 것이다. 그러기 위해서는 오피스를 하나의 유기체로 포착하고 창조성의 조건인 쾌적성의 확보, 커뮤니케이션의 활성화, 그리고 플렉시빌리티

(flexibility) 확립을 더욱 추진하여 갈 필요성이 있다.

오피스 디자인의 목적은 새로운 오피스 환경이 필요로 하는 조건을 커뮤니케이션(소통성), 어메니티(쾌적성), 플렉시빌리티(융통성), 아이덴티티(정체성)의 4가지 컨셉으로 파악하고 다양한 오피스 요구에 따라 쾌적성을 유지하는 것이다.

오늘날 오피스의 집무 스타일은 창조적인 정보의 생산을 향하여 다양한 변혁이 시도되고, 종래의 단순한 대향 배열만으로는 대응할 수 없게 되고 있다. 각 섹션 단위 혹은 개인 레벨에서의 집무 특성과 그 특성에 상응한 가장 효율적인 작업을 추진하기 쉬운 워크스테이션을 설계하는 일이 가장 중요하다. 워크스테이션 설계는 커뮤니케이션의 빈도와 업무특성의 2가지 축으로 분석하고 업무의 특성을 파악해 나간다. 오피스 설계에 관한 사고방식은 구미를 중심으로 변환을 거쳐 왔고, 현대의 워크스테이션 계획에도 개념적으로 작용하는 주된 것은 1950년대에 서독의 경영 컨설턴트 그룹 퀵보너 팀의 리더 디터이에 씨에 의하여 발상된 '오피스 랜드스케이프'나 1960년대에 허먼 밀러사가 개발한 '액션 오피스' 등이다. 이것들의 공통적인 방법은 레이아웃의 유연성 확보 등 오피스 공간의 '기능성'을 현장의 요구를 중시하여 크게 자리 잡고 있는 것이다. 이후 이들의 획기적인 개념을 토대로 다양한 요구에 대응하여 응용적인 방식이 확산된다. 현대의 오피스 디자인은 다시 사람과 정보, 사람과 기계의 커뮤니케이션 비중이 높아지면서 그 범위는 비약적으로 확대하고 있다. 그 동향은 오피스의 기능 중시 사상을 정보 시스템과 환경의 조화를 기본으로 가속해 가는 움직임이며, 인텔리젠트 빌딩의 등장과 비약적 발전은 이러한 개념이 단적으로 표현되어지는 상황이라 할 수 있다.

미국의 정신심리학자인 칙센트미할리(Mihaly Csikszentmihalyi)는 인간의 일시적이고 충동적인 쾌락으로부터 벗어나 인간 의식세계 깊숙이 존재하고 있는 본질적 즐거움은 "완벽한 심리적 몰입" 상태에서만 가능하다고 한다. '흐름과 집중' '울림과 조화'의 공간 속에서 쉬는 것과 일하는 것 사이의 경계는 아주 희미해진다. 쉬는 것과 일하는 것 사이를 쉽게 넘나들면서 긴장과 여유의 반복되는 흐름을 통해 새로운 에너지를 만들어 낼 수 있다. 따라서 이러한 새로운 업무방식인 flow-flux의 궁극적인 목적은 개인과 조직의 무한한 가능성을 일깨워 줄 뿐만 아니라 개인의 삶의 질, 즉 일이 즐거움으로 바뀔 수 있는 동기를 만들어 주는 인간 중심의 공간계획의 중요성을 강조하고 있다. 이는 새로운 경영적 시도를 하는 것뿐만 아니라 업무의 질적 변화를 가져오기 위한 것이기도 하며, 모든 사람이 효율적으로 상호 교류할 수 있는 사무공간을 창조해내는 것이다. 업무공간은 가능한 한 질서 있게 계획되어야 하지만 독립사무실(cellular)과 개방형(open plan) 업무공간 간의 경계는 완화되고 있다.

이것은 팀 공간이 디자인 유닛으로서의 개인 워크스테이션(workstation)을 대체함에 따른 변화이다.

오피스 공간 계획 시 효율적인 스페이스 프로그램의 도출은 집무특성의 분석과 파악을 통해서만 가능해진다. 이러한 맥락에서 파악할 때 워크스테이션은 오피스의 핵이고 오피스 전체의 기본기능이 응축되어 있다. 오피스 디자인에 있어서도 오피스 전체의 설계 컨셉을 만드는 데에서의 출발점이 되는 것으로, 아주 중요한 위치를 차지하고 있다. 여기서는 워킹 스페이스를 구성하기 위한 기본 유닛으로서 워크스테이션을 포착하고, 그 설계에 있어 큰 가이드라인이 되는 집무특성 파악의 시점을 제시한다. '사람과 사람의 커뮤니케이션 빈도'의 스케일과 집무의 성격 '비정형 업무와 정형 업무'를 축으로 4가지 집무 타입을 분류하고 있다. 4가지 타입이란, 빈번한 커뮤니케이션을 필요로 하는 비정형 업무 타입, 빈번한 커뮤니케이션을 필요로 하는 정형 업무 타입, 개인에서의 업무가 많은 정형 업무 타입, 개인에서의 업무가 많은 비정형 업무 타입이다. 역시 이 타입의 분류는 어디까지나 가이드라인이고 실제로는 여러 가지 혼합도 고려되지만 기본적 관점이라 할 수 있다.

워크스테이션이란 '사람이 작업을 쾌적하게, 빠르게, 정확히 그리고 충족감을 갖고 이루기 위해 필요한 기기 · 가구를 장비한 최소 단위의 기능공간'의 뜻을 말한다.

오피스 기준층 공간구획의 기본이 되는 모듈계획은 오피스 건축에서 가장 기본이 되며, 선행되어져야 할 단계이다. 이는 건축공간을 구성하는 각 부분의 치수의 기본단위를 사용자, 설비의 적절한 조정이란 측면에서 사전에 계획하는 것이라고 할 수 있다. 오피스 계획에서 최소 집무단위는 곧 사무실 공간의 기본단위로서 1인당 수용면적과 사용빈도가 높은 실 형태의 크기를 고려하여 계획하며, 평면배치는 기본적인 격자치수나 설정된 기본치수 단위에 근거하며 실의 치수도 미리 설정된 모듈의 배수로 한다.

오피스에서 업무 스타일에 가장 큰 영향을 주는 기준층 평면유형은 크게 다음과 같이 분류된다.

- 복도형
  - 프라이버시 양호
  - 불경기 시 임대 유리
  - 주위환경의 조절 용이
  - 커뮤니케이션 불리
- 개방형
  - 서열 배치

- 지시적 의사전달
- 면적 이용률을 높이고 공사비가 절감되며 내부개조가 용이함
- 주위환경 통제가 불리, 비인간적 분위기가 연출, 소음발생

• 오피스 랜드스케이프형
  - 작업 흐름에 따른 배치
  - 민주적인 의사전달
  - 면적 이용률을 높이고 공사비가 절감되며 내부개조가 용이함
  - 프라이버시 결여

오피스 디자인에 있어 설계 주안점을 기존의 분석틀에 맞추어 살펴보면 다음과 같다.

(1) 상황 설정

- 업무의 종류를 설정하는 것이 선행되어야 하며, 주어진 물리적 조건(코어, 모듈)을 잘 파악하고 분석하여, 효율적인 작업의 흐름과 공간 사용의 합리성이 이루어질 수 있도록 한다.
- 사무실의 사용 인원수, 업무의 성격과 작업의 흐름, 운영방법 및 기능 등이 충분히 검토되어야 한다.

(2) 컨셉 도출

- 개인의 삶의 질, 즉 일이 즐거움으로 바뀔 수 있는 동기를 만들어 주는 인간 중심의 공간계획 실현을 기본 비전으로 설정하고 구체적 개념을 도출한다.
- 오피스 디자인은 커뮤니케이션(소통성), 어메니티(쾌적성), 플렉시빌리티(융통성)의 목적이 새로운 오피스 환경이 필요로 하는 조건으로 적절하게 통합하여 개념을 도출한다.
- 워크스테이션은 오피스의 핵이고 오피스 전체의 기본기능이 응축되어 있으므로, 오피스 전체의 설계 컨셉을 만드는 데에서의 출발점으로 삼아야 한다.

(3) 기능적 프로그램 설정

- 오피스 공간 계획 시 효율적인 스페이스 프로그램의 도출은 집무특성의 분석과 파악을 통해서 이루어져야 한다.
- 워크스테이션 설계는 커뮤니케이션의 빈도와 업무특성의 2가지 축으로 분석하고, 업무의 특성을 파악해 나간다.
- 공간 프로그램은 네트워크 개념을 기본으로 하여 1차적으로는 사람과 사람의 커뮤

니케이션의 관점에서 파악하여 OA기기의 구내 네트워크까지 토털로 그 기능적 구조를 공간화하는 것이다.

(4) 형태적 표현

- 공간특성상 업무의 기능적 특성이 형태적 아이덴티티(정체성)로 표현되는 것이 일반적이다.
- 현대 사회의 업무공간에서 중요시되는 휴식, 충전 등의 재충전 공간의 적극적 계획을 통하여 공간 전체의 아이덴티티가 표현되도록 한다.

B. Clinic Design 개요 및 설계 주안점

의료공간계획은 다른 일반건축과는 구분되어 종종 특수건축의 하나로 일컬어지고 있다. 이 특수성은 의료체계가 가지고 있는 전문성, 다양성, 복잡성 등에서 기인하는 것으로서, 의료공간계획이란 의료체계라는 하나의 사회적 하부구조를 건축이라는 물리적 환경으로 바꾸는 프로세스이다. 의료공간은 공간설계 과정과 의료계획이 상호 협력하여 미와 기능을 동시에 충족시키는 과정이다.

● 병원(Hospital)과 의원(Clinic)

의료법 3조에서 병원의 분류에 대한 내용이 있는데, 현재 우리나라 의료체계는 1, 2, 3차 진료기관으로 구분되고 있다. 이 중 1차 진료기관은 외래 진료기관을 갖춘 기관이며, 2차 진료기관은 외래 및 입원환자를 진료하는 곳을 말하며, 3차 진료기관은 특수 전문 분야의 진료와 연구 및 교육 등의 기능을 갖춘 곳을 의미한다. 또 다른 분류로는 종합병원, 병원, 의원으로 분류할 수 있는데, 종합병원은 입원환자 100명 이상을 수용할 수 있는 시설을 말하며, 병원은 입원환자 30명 이상을 수용할 수 있는 시설, 그리고 의원은 의사가 진료를 행할 수 있는 곳을 의미한다.

● 클리닉 인테리어 디자인(Clinic Interior Design)

클리닉 인테리어 디자인이란 환자가 처음으로 접하게 되는 1차 진료기관, 즉 의원에 관한 실내디자인을 말하게 된다.

1차 진료기관, 즉 의원의 규모는 중 · 대형의 병원과는 달리 의사가 적게는 1명, 많게는 2~3명에 이르며, 간호사는 1~-4명 정도가 일반적인 규모이다. 또한 의원들의 위치가 대부분 주택가나 또는 주택가에 근접한 상가에 위치하는데, 이러한 위치와 관련된 지역적인 특성은 의원의 디자인에 있어서 중요한 요소이다.

의원이 갖고 있는 지역적 특성은 의원 내의 치유환경 구성에 특별한 역할을 하는데, 그 이유는 의원들이 대부분 환자들의 생활권 내에 위치하고 있기 때문에 의사가 필요에 따라서는 환자의 개인적인 사항까지도 파악을 해야 하기 때문이다. 결국 이러한 지역적 특성이 고려된 치유환경의 구성이 클리닉 인테리어 디자인에 있어서 가장 중요한 개념이라 할 수 있다. 1975년부터의 의료보험제도의 변화와 그로 인한 의원의 절대수의 증가와 함께 의원 실내디자인도 많은 변화를 하였으며, 현재에 이르러서는 병원에서 출발한 치료 및 치유공간의 개념의 변화가 의원의 실내디자인에서 그 변화의 예를 쉽게 찾아볼 수 있게 되었다. 즉, 이러한 치료 및 치유환경의 변화의 요인은 의료체계의 변화에 따라 의료업이 무한경쟁체제로 들어간 것인데, 이것은 의료인들의 의식의 변화, 즉 환자에 대한 서비스 개념이 확대된 것이 첫 번째이다. 두 번째는 의료공간의 개념이 기존의 단순 기능적인 것에 대한 해결에서 복합공간으로써의 성격의 변화이다. 즉, 클리닉 인테리어 디자인 시에 고려되어져야 할 것은 의원의 원장이 갖고 있는 개인적인 취향과 함께 원활한 의료의 제공을 위한 기능적인 면의 해결, 환자의 치료에 대한 심리상태, 그리고 환자가 받게 되는 의원에 대한 이미지, 그리고 생활권 내에 위치하게 되는 의원의 차별화 등이다.

이렇게 의원의 공간이 단순 치료의 기능을 가진 공간에서 복합공간으로 변화를 하는데, 의원의 공간은 크게는 진료공간(진료실, 수술실, 격리실, 예진실, 교정실, 레이저치료실 등), 진료보조공간(X-RAY실, 상담실, 기공실, 소독실, 초음파실, 회복실, 수액실 등), 관리공간(접수실, 원장실, 간호사실 등), 대기공간(대기실, 놀이공간, 교육실, 화장실 등)으로 구분할 수 있다.

대부분의 의원이 규모에 있어서 소규모로 구성되어지기 때문에 계획 시 각각의 공간은 유기적으로 잘 연결되어야 하며, 또한 환자가 편안하며 독특한 분위기를 느낄 수 있도록 계획되어야 한다.

병원건축은 의료의 행위를 담는 공간이라고 할 수 있다. 이를 채(棄)와 용(用)의 관계 측면에서 생각하면 의료의 제공방식이 달라지면 병원건축도 이에 상응하여 변화한다는 것을 알 수 있다. 역사적으로 의료의 제공방식을 결정하는 의료환경은 사회여건의 전반적인 변화와 함께 많은 변화가 있었고, 병원건축도 이에 상응하여 직 · 간접적으로 변화를 시도해오고 있다. 기존 시설의 변화요인에 있어 변화의 중심축은 시간이라고 할 수 있으며, 시간의 흐름에 따라 변화하는 요인에 대해 병원은 그 요구조건을 갖추기 위해 자연발생적으로 발전해왔다. 따라서 병원시설의 변화에 어떠한 변화요인이 어떻게 작용했는지 고찰하기 위해 변화요인을 분류할 필요가 있으며, 분류된 변화요인은 시설의 변화에 대한 지표가 될 수 있다. 의료환경의 1차적인 변화요소로는 사회환경의 변화, 의료기술의 변화, 의료제도의 변화로 크게 3가지 요인으로 구분할 수 있으며, 이로 인해 파생되는 2차적인 변화요인으로는 병원 기능의 변화를 들 수 있다.

클리닉 공간, 즉 Health Care Space 디자인에 있어 설계 주안점은 다음과 같다

(1) 상황 설정

- 클라이언트(의료인)의 개인적 상황이나 성격을 설정하고, 계획되어질 의원의 규모, 구성인원 등에 대해서도 설정한다.
- 의원의 진료과목을 설정하여 그에 합당한 일반적 진료체계를 파악하고, 설정된 클라이언트의 개인적이고 구체적인 진료방법도 설정한다.
- 시나리오에 설정된 클라이언트의 디자인에 대한 개인적인 취향 및 지역성을 설정하고 설정된 지역의 의료 요구를 분석한다.

(2) 컨셉 도출

- 궁극적인 설계방향은 병원이 가지고 있는 고유의 기능인 치료(curing) 및 치유(healing)의 비전을 실현하는 것을 목적으로 설정한다.
- 건축주, 즉 의료인의 의식에 긍정적인 영향을 줄 수 있으며, 사용자, 즉 환자들이 직접적으로 경험하게 되는 치유환경 개선에 대한 의식적 변화를 기대할 수 있는 개념을 도출한다.

(3) 기능적 프로그램 설정

- 각 실의 적절한 규모에 대한 고려는 일반적으로 의원들이 소규모의 형태를 취하고 있기 때문에 신중하고 이루어져야 한다. 필요에 따라서는 클라이언트와 대화에서 비슷한 기능의 실들을 통합 또는 불필요한 실을 배제시킬 수도 있다.
- 클리닉 인테리어 디자인이 근본적으로 질 좋은 진료의 제공을 위하여 행해져야 하지만, 내원 환자들이 다른 서비스 개념의 진료를 받기 위한 목적도 있다. 따라서 환자들이 접하게 되는 각각의 공간들은 공간들의 성격이 잘 표현되면서 유기적으로 연결되어야 한다. 일반적으로 대기공간 이외에도 진료공간, TBI실, 상담실, 화장실 등이 대기공간을 중심으로 각각의 특성을 가지며 연결되어져야 한다.

- 의사, 간호사, 내원환자, 보호자의 동선이 유기적으로 서로 얽히지 않으며 서로의 기능이 극대화 될 수 있도록, 즉 의사는 친절한 진료를, 간호사는 원활한 진료의 보조 및 환자의 보호, 환자의 편안한 심리상태 유지를(본인이 질 좋은 진료를 제공받고 있다는 느낌) 위한 공간 활용을 최대목표로 하여 평면을 구성해야 한다.
- 의원 내의 가구는 진료의 기능을 충실히 수행할 수 있도록 각각에 대하여 충분한 기능적 효율을 고려한 디자인이 되어야 한다.

(4) 형태적 표현

- 의원의 각 공간들 중 대기공간은 환자들이 처음 접하게 되는 공간으로 의원에 전체적인 이미지와 함께 본인이 받게 될 진료의 질에 대한 기대를 할 수 있게 하는 공간이다. 그리고 때에 따라서는 환자들이 가장 오래 체류하게 되는 공간이므로 이러한 두 가지를 고려한다면 의원 전체의 이미지를 가름할 수 있는 아이덴티티의 부여와 함께 편안함을 동시에 주어야 한다.
- 질병과 진료에서 오는 두려움들을 시각적인 즐거움을 통해 회복에 대한 긍정적 심리를 가지는 데 도움이 되는 디자인이 되어야 하므로 컬러나 마감재, 형태에서 오는 심리적 요구에 대한 충분한 고려가 필요하다.
- 주거와 의원의 공간에서 요구되는 부분 중에 가장 큰 공통분모는 심신의 편안함이다. 상업공간에서 가장 중요한 공간적 요구는 각 점의 독특하고 개성적인 창의성이지만, 병원공간은 환자가 심리적으로 안정을 얻을 수 있는 디자인에 중점을 두는 것이 가장 중요하다.

6 02 Excercise Information

A. 목표

기존 건축물의 상황을 이해하고 리모델링 개념으로 건물 전체를 층별로 나누어 하나의 주제와 층별 주제의 연결성을 고려하여 전 층 오피스 혹은 클리닉 기능으로 작업한다. 실무적 사항의 적용을 포함하여 구체적인 공간디자인을 계획하고 현실적인 프로젝트의 진행을 수반한다. 실내설계 심화과정으로 업무공간을 계획, 디자인한다. 업무공간은 2인1작으로 공동작업하며 반별로 하나의 건물을 리모델링하고 외관 디자인 범주까지 계획하며 제반 법규 및 실무적 검토가 가능하도록 진행한다.

B. 설계조건

- **대상 공간 선정** : 실제 대상 공간을 선정하고 리모델링 형식으로 진행하되 건축물 답사와 실무도면 확보, 외관 팀과 각 층별 팀으로 나누어 작업
- **용도** : 업무공간(오피스, 클리닉 등), 현존하는 건축물을 선정하여 이에 대한 리모델링 제안
- **규모** : 공간규모는 층별 50평 내외로 선정, 부분적 중층 구성, 2층 구성 모두 가능
- 구조를 건드리지 않는 범위에서 변형 허용. 코어부분 디자인은 외관의 변화에 영향을 주므로 외관 디자인의 적극적 검토와 해결안 제시가 필요
- 일반적인 사무공간만을 생각하여 가구와 파티션만을 배치하고 디자인을 종료하지 않도록 함.
- 사무공간과 같이 균일 조도가 필요한 공간에서의 조명 밝기와 개수에 따른 간격, 스프링클러 개수 산정과 위치 선정, 감지기의 종류와 개수 산정 및 위치 선정, 시스템 에어컨과 점검구의 위치 등 실무적인 부분에 대한 고려

C. 세부 진행 스케줄

프로젝트	주차	일자	수업 진행내용	특기사항
Office/ Clinic Design	1		프로젝트 주제 발표 및 팀 구성	
			사례조사 및 각론조사	
	2		대상 건물 선정 및 분석 / 도면읽기	
			전체공간주제 결정 / 층별 공간성격 결정	
	3		아이디어 스케치 / 컨셉 도출	
			space program / zoning	
	4		디자인 컨셉 / 컨셉 모델 / 외관 디자인	
			스터디 모델 / 평면계획 및 입단면계획	

프로젝트	주차	일자	수업 진행내용	특기사항
Office/ Clinic Design	5		스터디 모델 / 가구 레이아웃 및 천장계획	
			요소 결정(재료/색채/조명/패턴)	색채재료보드 제작
	6		3D투시도 / 컨셉 적용 안 제시 / 패널 레이아웃	
			최종 표현(패널/모형제작)	
	7		작품 제출/critic	presentation
			포트폴리오 제작	

D. 제출형식

- **최종 패널 규격** : 900mm×900mm 층별 1장, 빌딩 외관 디자인 1장, 전체 컨셉 1장
- **최종 모형 규격** : 축척 1/50 층별 모형, 축척 1/100 외관 및 전체 모형 2set
- **모형재료** : 폼보드, 하드보드지, 우드락 + 젯소, 우드락 위 색지 등 다른 재료 부착, 포맥스, 아크릴, 각종 모형목재(발사), 절제, 점토, 석고, 금속판
- 오피스 랜드스케이프를 기본으로 한 공간과 가구배치
- 관련 건축법, 소방법 준수
- 제출 패널에는 실내투시도 3컷 이상, 내부입면도 3컷 이상을 반드시 포함시킬 것
- **포트폴리오** : 작품의 전체 내용을 A4 포트폴리오로 재편집할 것

E. 평가내용

- 각각의 컨셉과 전체 빌딩의 컨셉이 통일감과 다양성 있게 표현되었는가.
- 입면상세도(색채계획 포함)와 부분상세도(재료 표기) 포함되었는가.
- 도면(평면도)과 모형에 가구배치계획, 천장, 마감재 등을 명확하게 표현하였는가.
- 공간 컨셉과 테마에 부합하는 공간 프로그램과 가구배치를 포함하여 계획하였는가.
- 기본도면에 대한 완벽한 숙지와 표현력에 대한 질적 수준이 높은 패널계획을 하였는가.

6 03 Design Criteria

A. Work Station과 사무환경

사무실에서 일하는 대부분의 사람들은 아마도 주말을 포함하여 깨어 있는 시간의 약 1/3에서 1/2 정도를 사무실에서 보낼 것이다. 그렇기 때문에 사무실은 그 안에서 일하는 사람들이 만족스럽게 디자인되어야 한다. 사무실의 인테리어 디자인이 직원들의 삶의 질에 영향을 미칠 수 있으며, 또한 직원들의 생산성에도 많은 영향을 끼칠 수 있다는 것은 이미 많은 사례를 통해 입증되었다. 따라서 기업은 사무실 공간이 효율적이고 효과적으로 활용될 수 있도록 디자인함으로써 사무실이 경제적인 성공의 기능성을 증대시키는 데 도움이 되어야 한다.

오피스 랜드스케이프(office landscape)는 1960년대에 독일에서 먼저 시작하여 널리 퍼진 아이디어에 기초한다. 본래의 목적은 인력과 공간의 효율적인 사용을 확실하게 하기 위한 것이었다(Kieeman, 1991). 오피스 랜드스케이프의 기본개념은 공간 사용을 극대화하고 업무처리를 위해 상호 협력할 필요가 있는 직원들 사이에 교류를 촉진시키는 것이었다. 오피스 랜드스케이프는 실제로 업무의 성격과 업무의 범위가 유사한 사람들끼리의 업무영역을 공유할 수 있도록 조닝을 설정한다거나 가구배치에 있어 통일된 배치방식이 아닌 서류의 흐름과 업무의 흐름에 의한 자유로운 배치형태를 취한다. 개인의 공적 사무와 사적 사무를 명확히 구별할 수 있으며, 팀이나 부서의 인원구성이 함께 필요공간 규모를 형성해 나가는 것이다.

사무실 디자인의 모든 유형은 각기 장단점이 있다. 개방형의 경우 일반적으로 폐쇄형보다 세금 감면, 조명 및 기후 조절(냉방 및 난방, 환기시설)에 필요한 전기사용료가 절감된다는 장점이 있다. 더욱이 개방형 디자인은 직원들의 커뮤니케이션과 협력이 더 용이하다. 또한 개방형 공간을 옹호하는 사람들은 좀 더 전통적인 사무실 공간에서 볼 수 있는 모퉁이에 위치한 개인사무실이 없어 개인사무실 구조로 인해 생길 수 있는 계층 간의 위화감이 없고 일반직원이나 임원들 사이의 구분도 훨씬 덜하다는 점을 강조한다.

매력적인 사무실 디자인은 장래 직원들의 흥미를 끄는 데 도움이 되고, 요즘 같이 좋은 사람을 구하기 어려운 상황에서 자격을 갖춘 구직자들은 좋은 어메니티 공간(amenities)을 갖춘 회사를 선호하는 경향이 있다. 실제로 최근 인테리어 개조를 하고 있는 많은 회사들은 좋은 인재들을 끌어 모으기 위하여 혁신적인 옵션이 필요하다고 주장하고 있다. 최근 인기 있는 어메니티 공간의 유형은 편의시설과 집 같은 home-like 분위기의 사무실 조성에 초점이 맞춰지고 있다. 사무실 크기가 어떻든지 간에, 적절한 공간디자인은 소음이나 나쁜 공기 등 환경조건의 역효과를 최소화해야 한다. 또한 공간디자인은 직원들 간의 적절한 상호작용뿐만 아니라 효과적인 조명도 제공해야 한다. 사무실은 일을 해서 업무성과를 내는 장소이다. 많은 경우, 사무실디자인은 조직의 이미지를 전달하고 회사의 개성을 표현하며 미적인 즐거움을 제공할 수 있어야 한다.

업무공간계획에서 다른 부서와 개인별 업무공간에 대한 영역을 구분하기 위해 벽이나 파티션을 설치하는데, 이때 폐쇄적인 공간 분위기를 우려하여 좀 더 개방성 있는 공간계획을 위해 가구나 식물, 높이 1,200~1,400mm 정도의 낮은 파티션을 적용하기도 한다.

업무공간의 실내계획에서 업무활동을 위한 행동범위, 즉 개인의 work station(작업영역)과 가구배치에 따라 요구되는 최소한의 기본적인 공간치수에 대해 충분한 이해가 있어야 한다. 의자에 앉아서 업무활동을 하기 위해서 필요한 최소한의 행동범위는 1,200~1,500mm 정도이며 편하게 앉아서 손을 움직임으로써 가능한 행동범위는 450~550mm 정도가 된다. 또한 팔을 길게 뻗거나 의자에서 일어나 약간 허리를 굽혀 작업이 가능한 최대작업 행동범위는 600~900mm의 범위이다. 1인의 사무직원이 사용하는 작업영역의 기본적인 치수는 사무실의 가구배치나 영역의 규모를 파악하기 위한 기초자료이다.

사무영역의 가구배치에 따른 업무공간의 기능적 사용과 개인의 작업행동의 범위는 회의나 미팅을 주관하기 위한 영역, 컴퓨터나 프린터, 서류보관함 등의 업무관련 기기나 가구가 놓이는 개인의 주된 사무영역과 보조 사무기기나 일반서류를 위한 수납공간, 간단한 소회의를 위한 공간으로 나눌 수 있다. 개인의 작업 행동범위는 가구의 크기, 수납가구 수에 따라 다르지만 1,200~1,500mm 정도의 공간은 최소한 확보되어야 한다.

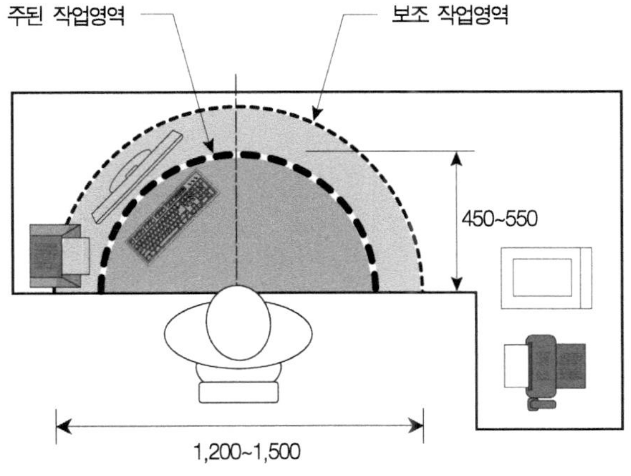

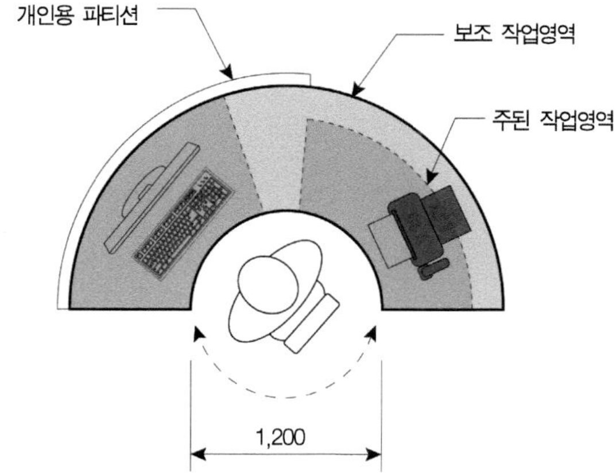

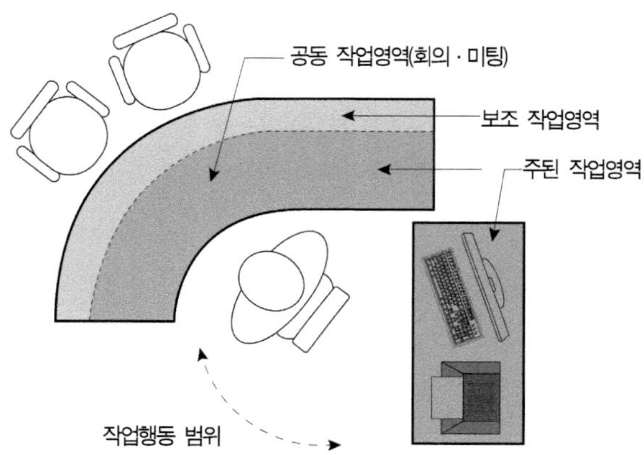

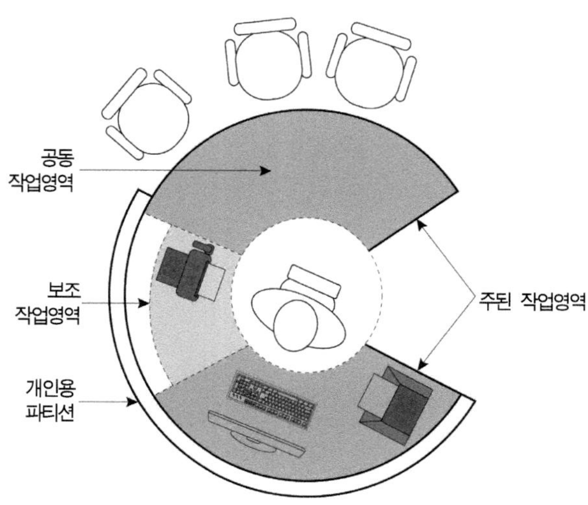

업무공간의 가구 배치방법에 따라 필요한 최소한의 간은 다음의 그림과 같이 변화하며 사무용 가구의 배치 조합에 따라 유닛의 구성은 매우 다양하게 나타난다.

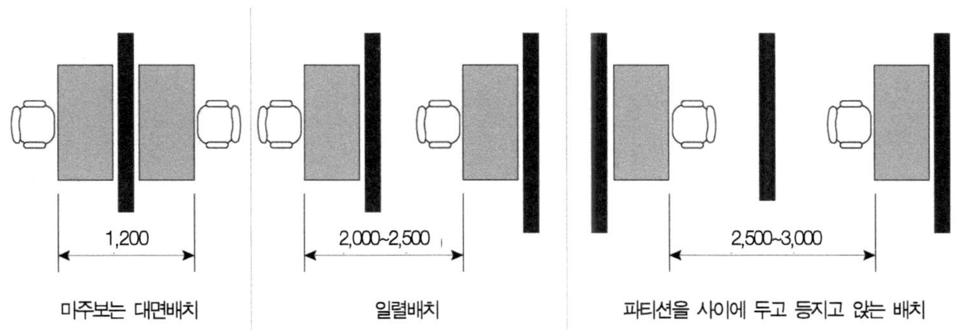

사무용 책상 · 사무용 책상+보조 테이블 조합

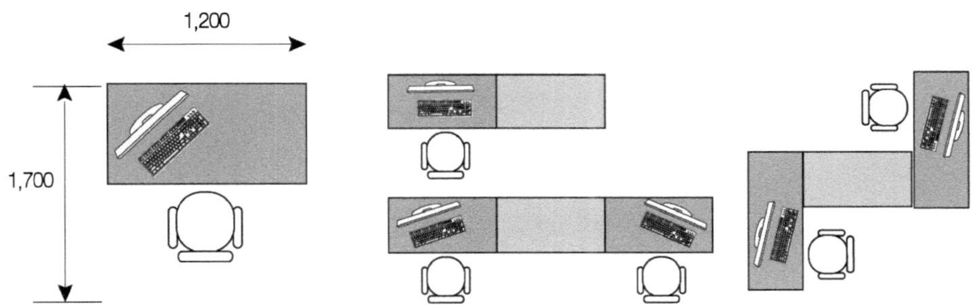

사무용 책상+보조유닛

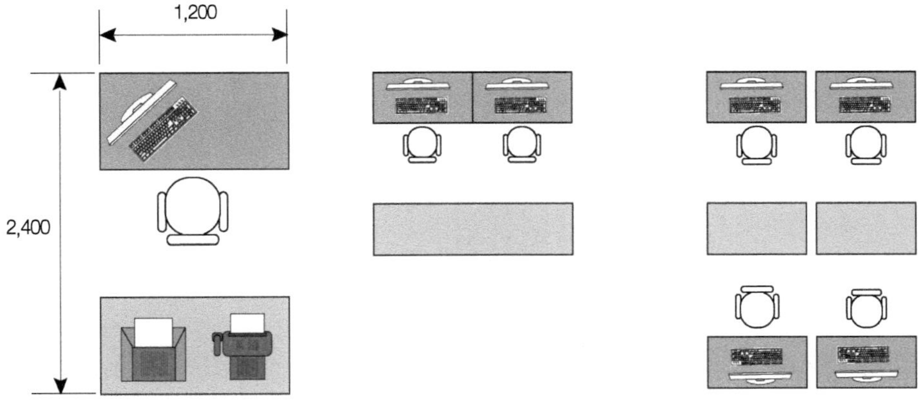

사무용 책상+보조 테이블 조합

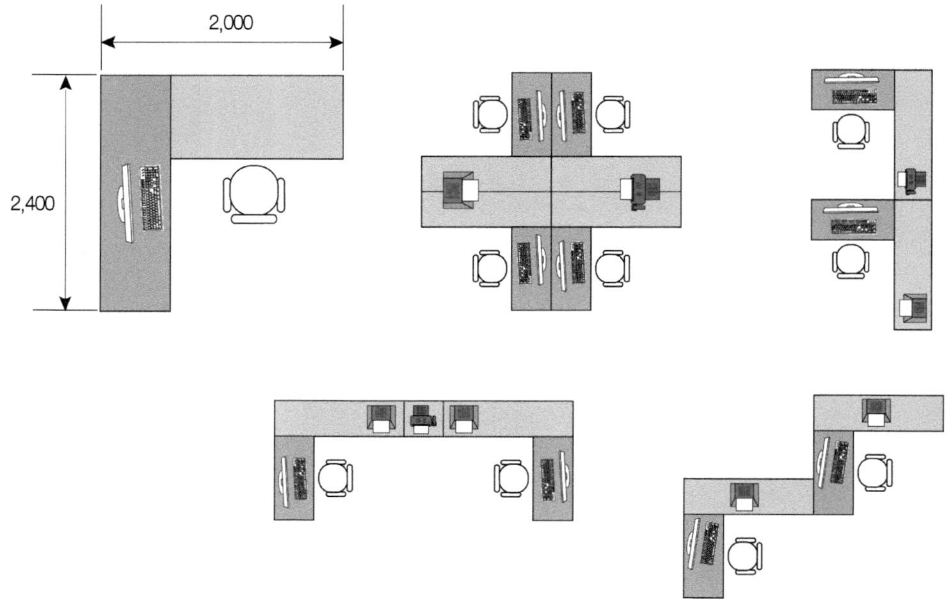

90˚ 코너유닛을 이용한 책상배치

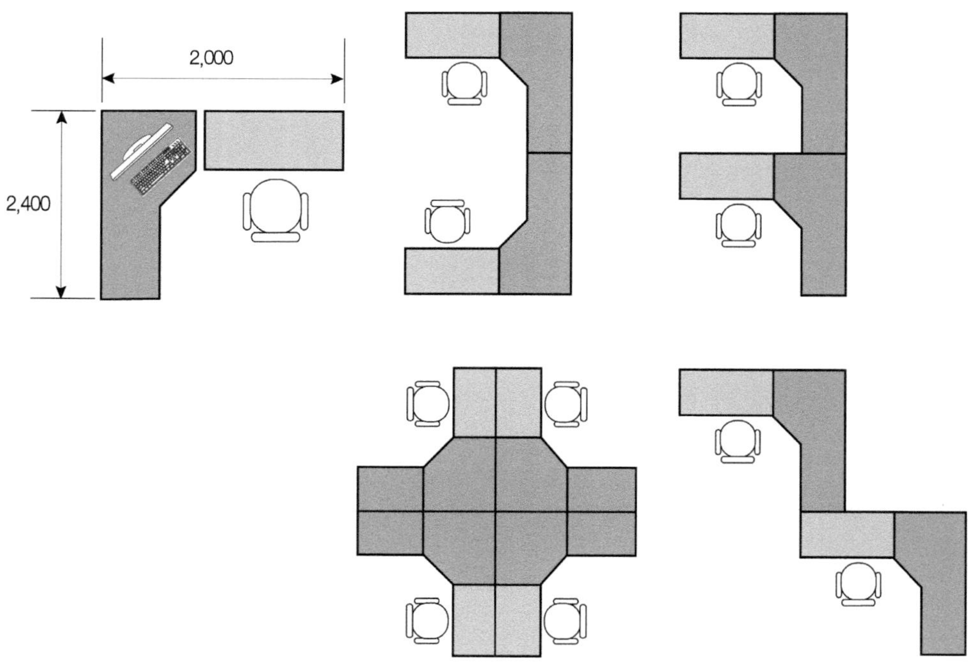

120˚ 보조 테이블을 활용한 배치 사례

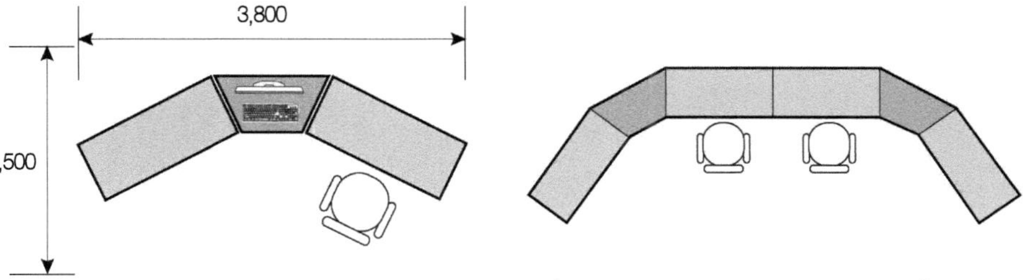

육각형 보조 테이블을 활용한 배치 사례

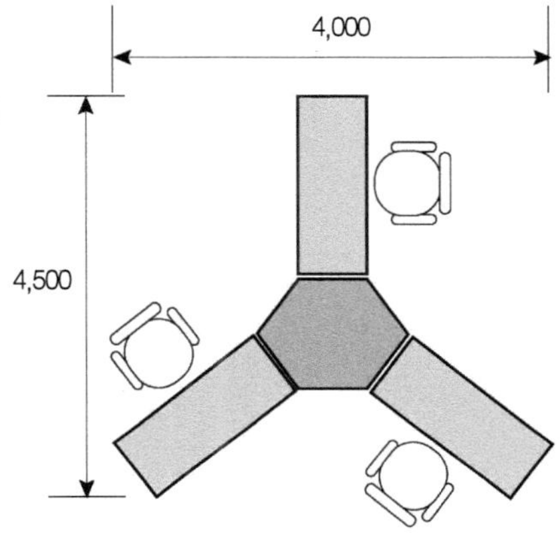

B. 시스템 가구

시스템 가구는 가구와 인간과의 관계, 가구와 건축구체와의 관계, 가구와 가구와의 관계 등을 종합적으로 고려하여 적합한 치수를 산출한 후 이를 모듈화 시킨 각 유닛이 모여 전체 가구를 형성한 것이다. 따라서 한 가구는 여러 개의 유닛으로 구성되며 각 유닛은 폭, 길이, 높이의 치수가 규격화 모듈화 되어 제작된다.

시스템 가구는 각 유닛의 해체, 조립이 가능하므로 넓은 공간에서 다양하게 배치시킬 수 있다. 기능에 따라 또는 공간성격의 변화에 따라 여러 가지 형으로 손쉽게 변화할 수 있으므로 임의의 공간에 자유스럽고 합리적이며 사용에 있어 융통성이 크다.

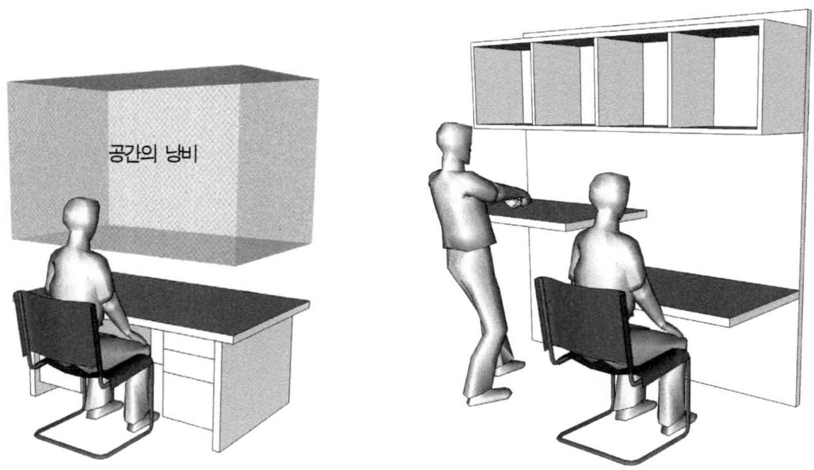

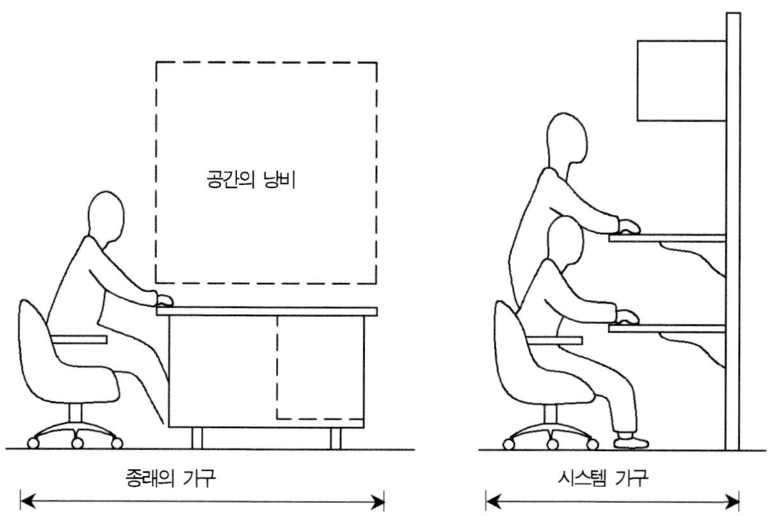

(1) 수납 시스템

거의 모든 수납용 가구는 모듈에 따른 결합이 가능한 단위치수와 유닛의 조립을 바탕으로 한다. 따라서 전체는 몇 개의 유닛으로 조합 구성된다. 이 수납 시스템은 수납의 기능 이외 실의 칸막이 구성재로 사용될 수 있다. 수납되는 물품의 종류, 크기, 사용빈도 등을 고려하여 적절한 수납방법으로 적절한 깊이와 높이에 정리, 보관될 수 있도록 수납체계를 갖춘다. 특히 높이에 있어 인체의 치수 및 인간공학이 적용되게 한 유닛은 재료, 성격과 크기, 생산방식을 고려하면 기능적, 경제적인 가구가 된다.

(2) 오피스 시스템

고정된 벽 없이 개방된 오피스와 사무 자동화의 추세는 사무실의 분위기와 가구배치 등을 새로운 각도에서 재고하게 되어 종래의 개념과는 전혀 다른 새로운 가구 시스템의 등장을 가져왔다. 즉, 인간공학적인 면과 작업의 흐름이 반영되어 가구는 그 역할이 중요시되고 보다 많은 기능을 복합적으로 수행할 수 있도록 하였다. 종래의 시스템 가구는 책상, 수납, 캐비닛, 간이 칸막이 등의 단일품목을 시스템화 시켜 필요에 따라 선택하여 작업공간을 구성하였다. 그러나 오늘날 사무용 시스템 가구는 칸막이로서의 파티션(partition)수납장, 서류캐비닛, 서류함, 작업테이블 등 구성요소들이 일체화 된 하나의 세트이다. 상호 가능한 프레임(frame), 작업을 위한 상판 수납용 유닛으로 크게 구분되어 구성된다. 시스템 가구는 각각의 구성 유닛이 규격화되어 필요기능에 따라 여러 가지 형으로 조합할 수 있으며, 또한 이들은 분해할 수도 있어 가구배치에 있어 합리적이고 다양한 변화를 줄 수 있다. 시스템 가구의 배치는 수직적 조직체계에 의하지 않고 유연한 동선의 흐름에 준함으로써 직위의 상하에 의해 생기는 계급의식을 없애고, 수동적으로부터 능동적인 업무공간으로 유도하여 업무능률의 향상을 가져온다. 전체 가구의 형태, 색, 재료가 일정하게 통일되므로 사무실의 작업환경이 쉽게 개선되며 아울러 오피스의 아이덴티티를 준다.

① **수납 시스템** : 각 개인이 맡아 수행하는 업무내용에 따라 서류의 양, 종류, 및 파티션의 크기, 모양에 따라 수납방식 및 크기의 수납체계는 달라진다. 서류캐비닛(file cabinet)과 서류함(file box)은 대표적인 사무용 수납가구이며, 이들은 파티션과 복합하여 시스템화 되면 더욱 능률적이고 경제적이 된다.

② **시스템 파티션(system partition)** : 시스템 파티션은 수직적인 공간분할을 목적으로 모델이 다른 패널을 조합하여 다양한 형태 및 크기를 만든다. 또한 수납유닛을 서류캐비닛이나 서류함, 작업이나 회의를 위한 상판을 첨부하기도 한다. 수직적 패널은 독립성이 높은 영역을 갖도록 하나 필요에 따라 시선의 높이를 고려하여 치수를 조정하면 독립성을 약화 또는 강화시킬 수 있다.

③ **데스크 시스템(desk system)** : 데스크 시스템은 서랍과 작업을 위한 상판 등의 부품을 조립하여 기본적인 책상을 구성한다. 작업에 따라 캐비닛, 컴퓨터, 사무자동화 기기, 테이블 상판, 카운터, 패널, 액세서리 등이 부가되므로 다양한 변형이 가능하다.

④ **시스템 의자류** : 휴식용이나 작업용 의자류 역시 시스템 디자인이 적용되면 해체, 조립이 가능해져 다양한 배치가 가능하며 이동이 쉽고 융통성이 큰 가구가 된다. 시스템 전체 소파를 구성하는 하나의 유닛이 모듈화 되어 공간의 성격, 크기, 기능에 따라 적

절하게 배치가 가능하다. 시스템 의자는 다리에 해당되는 밑부분과 좌석, 등받이, 의자 몸체 그리고 기타 부분품으로 조립되어 구성된다.

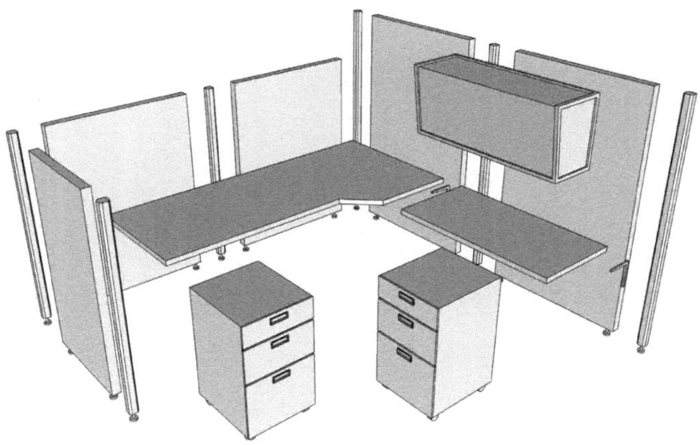

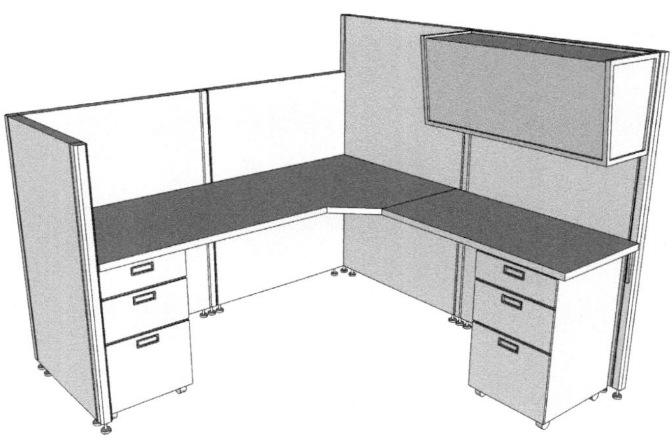

C. 클리닉의 동선체계와 대기공간

의료공간계획은 다른 일반건축과는 구분되어 종종 특수건축의 하나로 일컬어지고 있다. 이 특수성은 의료체계가 가지고 있는 전문성, 다양성, 복잡성 등에서 기인하는 것으로서, 의료공간계획이란 의료체계라는 하나의 사회적 하부구조를 건축이라는 물리적 환경으로 바꾸는 프로세스이다. 의료공간은 공간설계 과정과 의료계획이 상호 협력하여 미와 기능을 동시에 충족시키는 과정이다.

최근 의료공간은 환자진료의 소극적 기능에서 벗어나 사용자 모두의 생활 공간화 되고 있으며, 병원 각자의 설립이념을 표방하기 위한 독자적인 아이덴티티를 요구하고 있다. 이에 따라 의료공간의 디자인 역시 창의성 있는 조형적 형태를 통해 이미지를 개선 내지는 강화시키는 방향으로 발전되고 있다. 기능적, 기술적 해결에만 치중해오던 과거의 병원건축이 물리적 시설뿐만 아니라 그 안에서 생활하는 사용자에게로 초점이 옮겨감에 따라 '환자중심'이라는 개념 아래 다양한 디자인 방법들이 모색되고 있다. 이러한 개념은 더 나아가 단순히 병을 치료할 환자가 아닌 배려와 존중이 필요한 인격체라는 개념으로 바뀌고 있다. 이처럼 개념의 전환은 환자에 대한 치료적 환경, 서비스 지향적 환경이나 직원들에 대한 쾌적한 근무환경 등을 조성하여 사용자에게 심리적 만족감을 줌과 동시에 병원 자체의 이미지 구축에도 큰 도움을 주고 있다. 그 예로서 일광 등의 자연적 요소의 적극적인 도입, 환자 동선의 단축화, 대기와 진료 시 환자 프라이버시 존중, 안락하고 쾌적한 인테리어 등을 들 수 있다.

의료공간계획은 시간의 흐름에 가장 많은 영향을 받는 시설 중 하나이다. 그러므로 의료공간의 거시적인 관점을 확보하기 위해서는 시간의 변화에 따른 병원건축의 변화 양상을 건축계획의 측면에서 공간의 변화과정과 변화요인과의 상관관계를 중심으로 고찰할 필요성이 있으며, 이에 대한 연구가 지속적으로 이루어져야 변화하고 있는 의료환경 속에서 병원건축계획에 대한 올바른 미래 방향을 예측할 수 있을 것으로 본다.

오늘날 의료기관의 디자인 경향은 환자의 치료와 회복을 위한 목적뿐만 아니라 환자중심의 질 높은 의료 서비스의 개념으로 실내계획이 요구된다. 실내디자인 시 고려해야 할 기본사항인 실내환경 계획은 치유를 위한 환경으로 형성해 주어야 한다. 예민해져 있는 환자의 신체와 정신을 편안하게 해주고 긴장을 이완시킬 수 있는 물리적 환경은 심리적 환경에 영향에 미치는 중요한 요소이다.

그러므로 물리적 환경이라 할 수 있는 기능적인 공간구성이 필수 요건이며 원활한 진료를 위해 단순 명쾌한 동선계획이 요구된다. 의료 서비스를 제공받는 환자에게 정서적으로 편리하고 쾌적함을 느끼게 해주며 환자의 감성이 고려된 분위기의 인테리어 디자인은 심리적인 만족감을 제공할 뿐만 아니라 그 병원의 어메니티(amenity)에 관계하는 중요한 부분이다.

(1) 기능적 동선체계

전문의의 진료과목과 의료행위의 진행과정에 대한 이해가 필수 요건이다. 전문의 개개의 진료과목별 필요 기능 공간은 차이가 있으며 특별히 요구되는 검진실이나 치료공간은 전문의료진과의 사전미팅, 협의와 검토의 과정을 거쳐 공간을 계획한다. 의료 서비스를 제공하는 자 측면과 의료 서비스를 제공받는 자 측면을 동시에 고려한 기능적 · 심미적 공간계획이 요구된다.

● 진료동선

의사의 개인 집무, 사무실과도 같은 진료실을 중심으로 이루어지는 동선계획이 가장 중요하다. 진료실에서는 환자와의 상담과 면담이 이루어지고 간단한 검진을 위한 간이침대의 배치가 필수이며, 인접한 실에서 검진 시 원활한 진료가 이루어지도록 진료방향을 고려한 의료기구의 배치에 유의해야 한다. 의사의 동선은 진료실에서 검진실과 수술실로 이동할 수 있는 별도의 출입구를 둔다.

이때 환자는 의사의 진료를 위한 개구부 사용을 피하고 복도에서 독립적으로 출입할 수 있는 개구부를 사용한다. 또한 환자는 진료실에서 바로 주사실로 이동하는 개구부를 사용하거나 다른 환자의 진료를 고려해 진료실을 나와 인접한 주사실로 이동할 수 있도록 동선계획을 한다. 무엇보다도 의사의 휴게공간의 계획이나 병원 내부를 거치지 않는 독립적인 출입구의 계획도 필요하다.

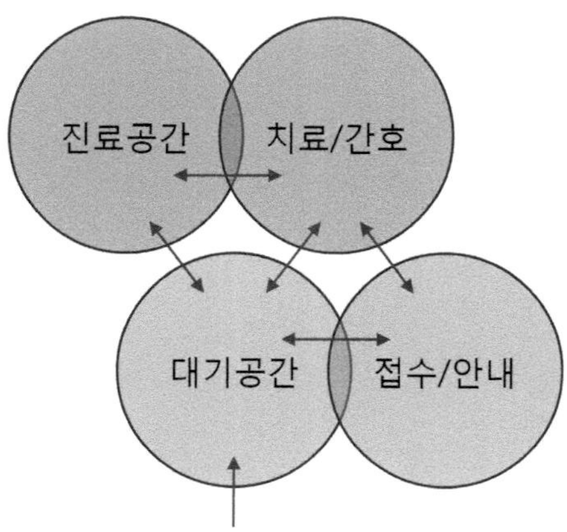

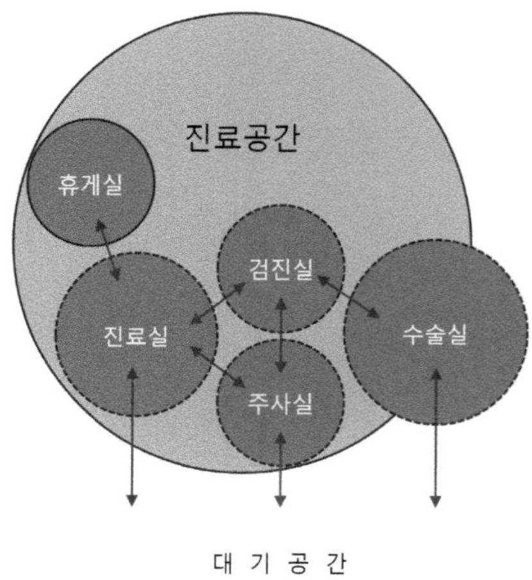

● 간호사동선

간호사의 동선은 환자의 내원 시 접수와 수납을 할 수 있는 데스크를 중심으로 주 동선이 형성되게 계획해야 하며, 의사의 진료를 보조하고 환자를 돌보아야 하므로 데스크의 위치는 진료실과 대기실로의 이동이 용이하도록 인접 배치한다. 또한 대기실의 환자와 커뮤니케이션에 방해가 없도록 시각적 개방감이 고려된 디자인으로 계획한다. 간호사 데스크(Nurse Station)에서 주사실, 간호사실로 이동이 가능하도록 실을 배치한다.

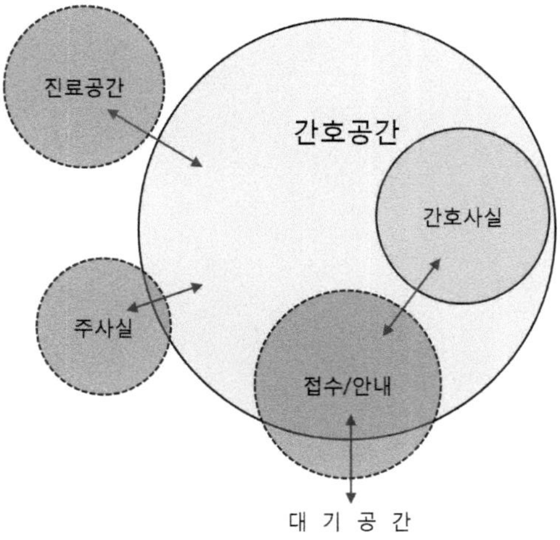

● 환자동선

진료실에서 주사실로 이동하는 동선계획이 가능하며 복도에서 수술실, 검진실로 이동하는데 불편함이 없는 공간배치가 요구된다. 독립 출입이 가능한 개구부를 두어 다른 환자의 동선과 혼란이 없도록 계획한다.

(2) 로비 & 대기공간(영역)

오늘날 의학과 의료장비의 발달로 의료기관마다 비슷한 의료 서비스를 기대할 수 있게 되었다. 출입구부분에 위치하여 외부공간과 내부공간의 완충역할을 하는 공간으로 환자와 병원을 방문하는 사람들에게 처음으로 만나는 공간으로 로비와 대기공간은 이미지 전달을 위한 중요한 장소이자 휴식과 엔터테인먼트가 가능한 흥미로운 공간이다. 동선의 출발점과 중심이 되며 1시간 기다려 3분 진료라는 긴 대기시간에서 오는 지루함을 느끼지 않도록 하기 위해 의료 서비스의 질적 개선과 수요자인 환자들의 다양한 요구 충족을 위해 이미 의료공간들은 소비자 중심의 다양한 콘텐츠 공간과 편의와 감성중심의 공간으로 디자인하고 있다. 이제 메디컬 공간에서 실내디자인은 생존 여부와 직결되는 문제가 되었다.

6 04 Design Result

A. Panel & Model

학생작품 A

2005년 오피스 공동작품

1F
여행사 "바람났어요"

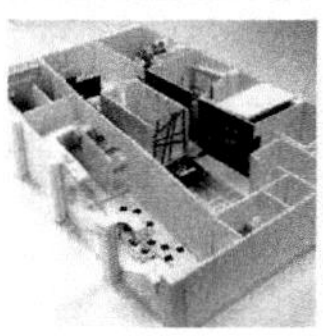

2F
법률사무소 "TENSION & RELAX"

3F
영화잡지사 "DYNAMIC..."

4F
게임회사 "HAVE A FUN TIME"

DYNAMIC QUARTET

전체진행		김소희 교수님
전체컨셉	DYNAMIC QUARTER _OFFICE	
공간구성	FACADE, LOBBY & CORE	강승경, 배신한, 임유미
1층	여행사 "바람났어요"	황기은, 정은하, 양호순
2층	법률사무소 "TENSION & RELAX"	정선아, 문기선, 강복주
3층	영화 잡지사 "DYNAMIC..."	김유경, 김미영, 강화연
4층	게임회사 "HAVE A FUN TIME"	장혜정, 이해선, 조수정

2005년 3학년 오피스 디자인은 3人 1作 공동작업으로 1층 여행사 사무실, 2층 법무사 사무실, 3층 잡지사, 4층 게임 사무실 디자인을 담당하는 4개의 팀과 파사드와 로비 및 코어 디자인을 담당한 공간구성 팀으로 구성 되었다. 동적인 사무실 디자인을 목표로 하여 동적, 사적공간에 대한 분석과 4개의 각각 다른 사무실 컨셉들을 어떻게 하나로 아루를 것인가를 고민하였다.

부산 상업시설의 메가 서면로터리를 SITE로 정했다.
롯데 백화점을 중심으로 현대 백화점 방향으로 젊은 층의 유동인구가 많은 반면 그 반대 전포동 방향으로는 노년층의 유동인구가 많으며 도퇴된 서면의 모습을 보여주고 있음으로 우리는 서면 로터리 전포동 방향에 위치한 기업은행에 SITE를 결정했다.

전체 타이틀은 'DYNAMIC QUARTET' 으로 다이나믹한 4가지 요소란 뜻으로 각각 다른 컨셉으로 구성된 사무실이지만 다이나믹한 공간을 연출한다는 같은 목표아래 정해진 제목이며 내부를 예상 할 수 있게 할 만한 동적인 외부 Facade Design도 진행되었다.

Facade Design과 전체 내용을 정리한 900×900 판넬 2작품과 각각의 사무실을 나타낸 판넬 4작품으로 하여, 전체 6개의 판넬과 서면 Site와 Facade 모형이 3학년 공동작품으로 제1회 졸업 작품 전시회에 전시 되었고 졸업을 맞이하는 우리들에게는 서로 함께 해야만 모든 것이 가능하다는 것을 일깨워준 프로젝트였다.

외관패널 〈〈〈

DYNAMIC QUARTET
Focade story
Elevation
Axonometric
Lobby&Core
Focade

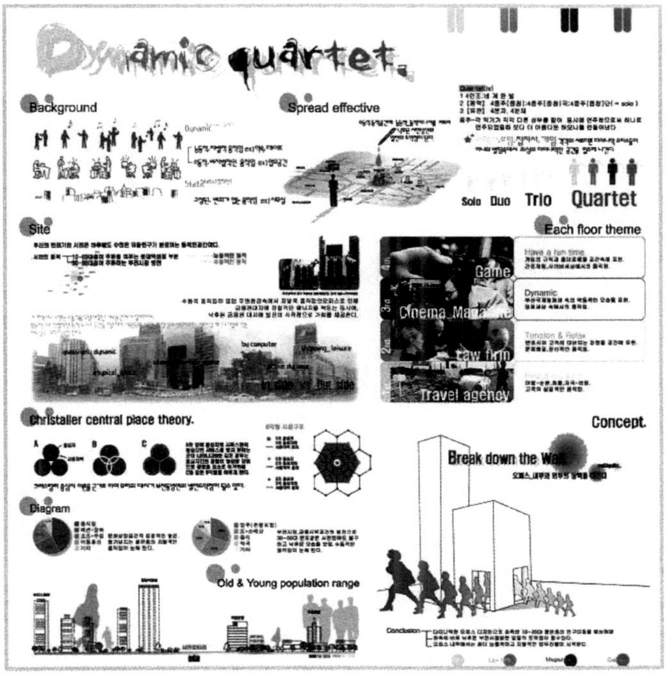
Dynamic quartet.
Background
Spread effective
Solo Duo Trio Quartet
Site
Each floor theme
Game
Travel agency
Christaller central place theory.
Concept.
Diagram
Old & Young population range

1F 여행사 "바람났어요"
황기은, 정은하, 양호순

2F 법률사무소 "TENSION & RELAX"
정선아, 문기선, 강복주

3F 영화 잡지사 "DYNAMIC..."
김유경, 김미영, 강화연

4F 게임회사 "HAVE A FUN TIME"
장혜정, 이해선, 조수정

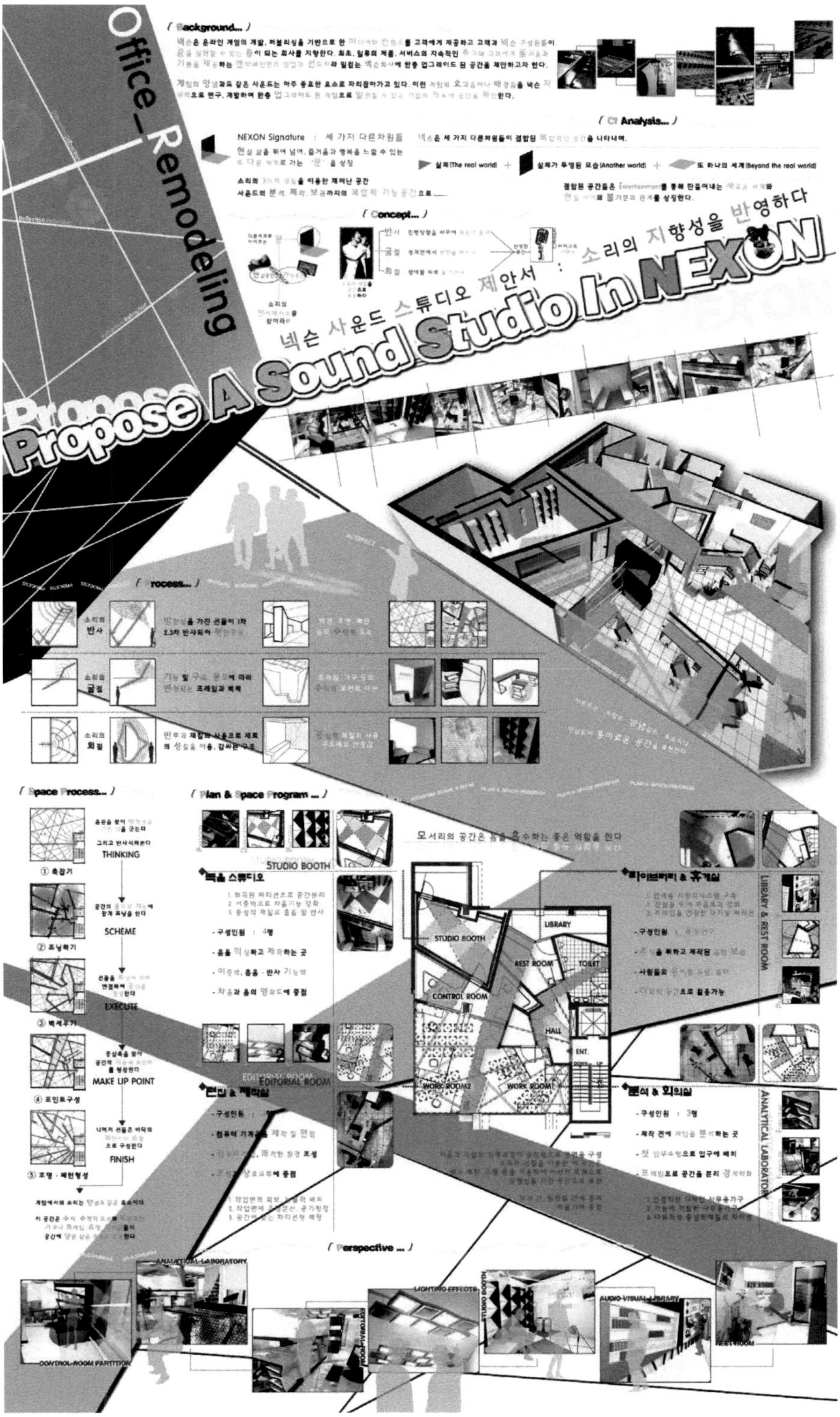
Office_Remodeling
(Background...)
(CI Analysis...)
NEXON Signature
실제(The real world)
실제가 투영된 모습(Another world)
또 하나의 세계(Beyond the real world)
(Concept...)
넥슨 사운드 스튜디오 제안서 : 소리의 지향성을 반영하다
Propose A Sound Studio In NEXON
(Process...)
(Space Process...)
THINKING
① 측정기
SCHEME
② 조닝하기
EXECUTE
③ 벽세우기
MAKE UP POINT
④ 포인트구성
FINISH
⑤ 조명 · 패턴형성
(Plan & Space Program ...)
STUDIO BOOTH
녹음 스튜디오
라이브러리 & 휴게실
LIBRARY & REST ROOM
LIBRARY
REST ROOM
TOILET
CONTROL ROOM
HALL
ENT.
WORK ROOM2
WORK ROOM1
EDITORIAL ROOM
편집 & 제작실
분석 & 회의실
ANALYTICAL LABORATORY
(Perspective ...)
ANALYTICAL LABORATORY
CONTROL ROOM PARTITION
EDITORIAL ROOM
LIGHTING EFFECTS
STUDIO BOOTH
AUDIO-VISUAL LIBRARY
REST ROOM

학생작품 C

A씨 B씨 C씨 D씨 E씨 F씨

모임 전문 대여 공간 계획

USER CONDITIONS

A TYPE_10세 제니

엄마랑 손잡고 입구에 들어서자 왼쪽에 넓은 커피숍이 나왔다. 엄마는 친구분들과 얘기를 나누시고 나는같이온 애들이랑 놀이공간에서 놀았다. 한쪽엔 책도 볼수있고 뛰어 놀수도 있고 엄마가 보여서 마음껏 놀았다. 벽에 난 구멍으로 보니 다른곳도 있는데 다음에 와봐야겠다.

B TYPE_38세 의정씨

- TARGET GROUP (FRIENDSHIP)
  : 계모임, 단순한 수다모임
- SUB-FUNCTIONS
  : Self-cafe, 어린이놀이공간, Pantry

친구들과 계모임이 있어 제니를 데리고 약속장소에 나갔다. 1층에 위치한 카페 였는데 다른 카페랑은 다르게 커피 및 음료를 팔기도 하지만 룸안에 싱크가 있어 간단한 요리등을 만들어 먹을 수 있게 되어 있었다. 제니는 애들이랑 어울려 놀기 시작했는데 부모 입장에서는 애들 노는 모습을 멀리서도 지켜 볼수 있도록 오픈해 놓아서 안심했다.

AMUSEMENT

C TYPE_20세 경인씨

- TARGET GROUP (EVENT)
  : EVENT 모임, 단합회
- SUB-FUNCTIONS
  : 좌식카페, 족욕공간, Pantry

단합회날 친구들과 모여 약속 장소에 도착해 보니 술집이 아닌 모임대여공간이였다. 의아하게 생각했지만 2층에 올라가니 파티룸이 있는데 룸안에 냉장고도 있었다고 한쪽에는 족욕공간이 있어서 여자애들이 좋아했고,우리는 룸에서 놀다가 옆에 휴게공간에 가서 쉬기도 하였다. 룸에서 밑에 애들이 노는 모습도 보고 하니 좋았다.

AMUSEMENT

D TYPE_27세 의진씨

- TARGET GROUP (STUDY)
  : 다양한 스터디모임
- SUB-FUNCTIONS
  : 학습공간, 보관공간, 휴게공간

방학 때 학과 애들이랑 공모전 준비도 할겸 스터디를 하려고 하였지만 마땅히 머무르며 할 곳이 없어 스터디 공간을 대여해 주는 곳이 있어 그 곳에서 하기로 하였다. 실에 들어서자 작업 할 수 있는 책상과 책장들이 연결되어 있어 임의대로 변경 할 수있어 마음에 들었다. 그리고 벽면에는 보드판과 같은 마감으로 해놔 떠오르는 생각을 막 그려 놓을수 있었다.

PROJECT

E TYPE_34세 승언씨

- TARGET GROUP (MEETING)
  : 보험설계사 및 교육 많은 직장인
- SUB-FUNCTIONS
  : 소규모 미팅룸, 중규모 회의실

고객과 미팅이 있어 카페에 들어 갔는데 모임을온 아이와 어머니들의 이야기 소리 때문에 미팅에 집중을 할 수가 없어 마땅한 곳을찾아보니 따로 얘기 할 수 있는 2~4명 정도 들어 갈 수 있는 작은 공간이 있어 그 곳에서 고객과 얘기를 나누고 미팅을 마쳤다. 일을 성사시키고 나와 둘러보니 두공간을 합쳐서 여러명이 미팅할 수 있는 공간이 있었는데 다음엔 회사미팅을 여기서 해야겠다.

PROJECT

F TYPE_40세 종엽씨

- TARGET GROUP (IDEA)
  : 디자이너, 작가
- SUB-FUNCTIONS
  : 휴게실, 갤러리

신인디자이너 작품과 일반 취미로 작업했던 분들의 다양한 분야의 작품들이 디스플레이 되어 있어 그 작품들을 보며 작은 아이디어라도 생각이 나면 룸에서 간단한 스케치 또는 프로그램 작업을 하여 외장하드에 담아 들고 갈수 있다. 그리고 많지는 않지만 전문 서적들이 있고 자유롭게 책을 볼 수 있는 공간이 있어 잠시 휴식을 하려고도 이 곳을 찾곤한다.

IDEA

FUNCTIONS & ZONE

AMUSEMENT	FRIENDSHIP	• • •	계모임등의 간단한 만남 목적 COMMUNICATION ZONE
	EVENT	• • •	단합회등 즐거움의 목적 FUNNY ZONE
	IDEA	• • •	특정 작업을 위한 창의성 발전을 목적 CREATIVE ZONE
PROJECT	STUDY	• • •	자기개발의 목적 SELF-DEVELOPMENT ZONE
	MEETING	• • •	직장인, 작가등의 미팅, 회의, 교육의 목적 WORK ZONE

모임은 크게 즐거움을 목적으로한 AMUSEMENT ZONE
목표 달성을 목적으로 하는 PROJECT ZONE으로 구분 할 수가 있다

CONCEPT

공진화 : 각각의 다른것의 영향을 주고 받아 서로 발전해 나가는 것

목적을 통한 관계성 - 공진화가 일어나는 관계를 분석

꿀벌이 꿀을 찾아가는 과정에서의 관계에서 공간 대입 요소를 스터디한다.

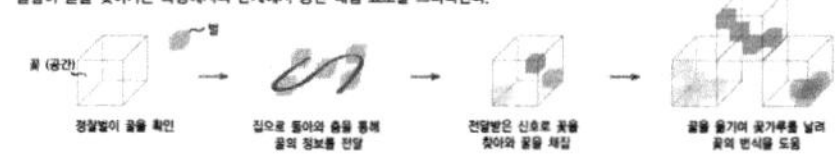

"HONEY BEE" 꿀벌이 꿀을 얻는 특별한 장소

USER				AIMED		SPACE		
일 / 수벌	애벌레 / 일벌	번데기 / 여왕벌	• • •	꿀	• • •	꽃	• • •	꿀벌은 꽃에서 양식을 얻고 꽃은 벌로 인해 유전자를 퍼트린다.
아동 / 취업준비생	학생 / 직장인	대학생 / 주부	• • •	Special Space	• • •	모임 대여공간	• • •	사람은 모임공간에서 의도한 바를 이루고 모임공간은 여러모임을 모아주어 시너지효과를 낸다

공진화를 통한 성장으로 각각의 집단의 목적을 달성한다.

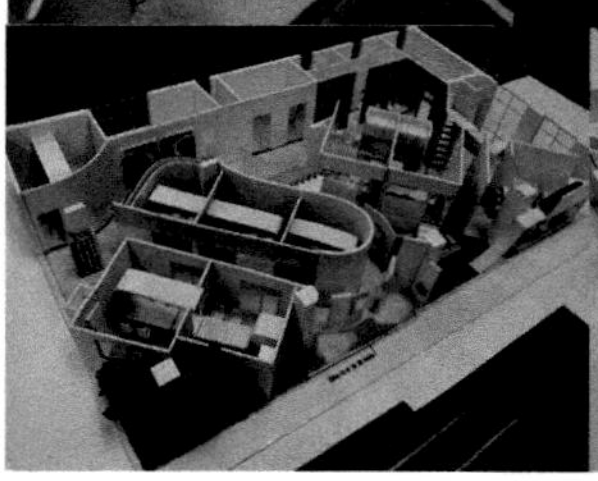

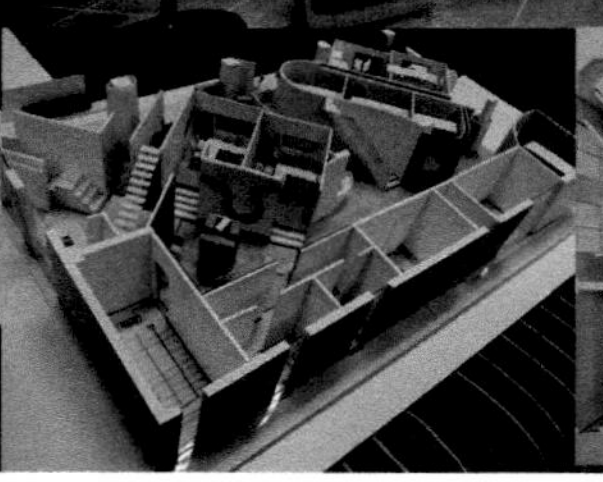

CONCEPT STUDY

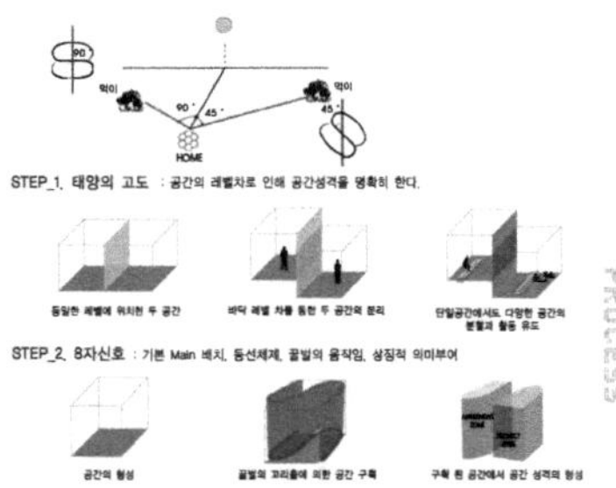

FLOOR PLAN

ELEVATION

중앙 LOBBY를 중심으로 공간성격을 구획하고 1층 AMUSEMENT ZONE을 FRIENDSHIP ZONE으로 카페 형식의 룸으로 구성하고 PROJECT ZONE을 MEETING ZONE으로 구성하여 바쁜 직장인의 동선을 최소화 시킨다

IDEA SKETCH

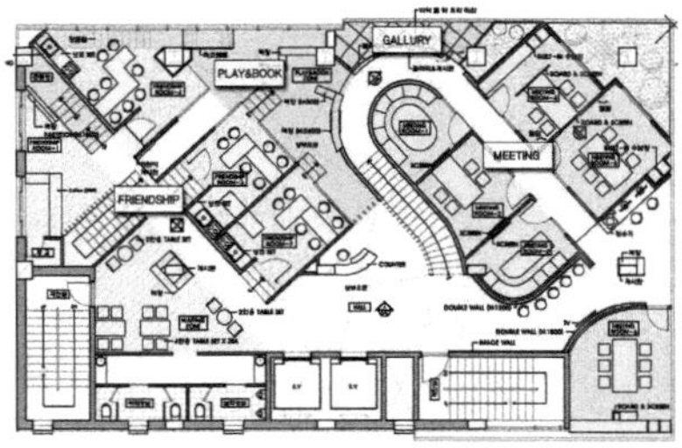

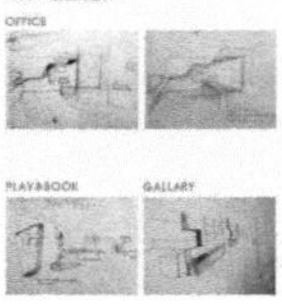

2층 AMUSEMENT ZONE을 EVENT ZONE으로 휴식공간과 편안하게 즐길수 있는 공간으로 구성하고 PROJECT ZONE을 STUDY ZONE으로 구성하여 룸 형식의 공간은 퍼니처의 변형으로 변화를 줄수있고 오픈 된 공간은 1인 STUDY 형식의 프레임을 이용한 공간으로 형성한다

IDEA SKETCH

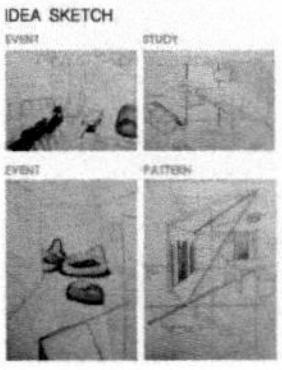

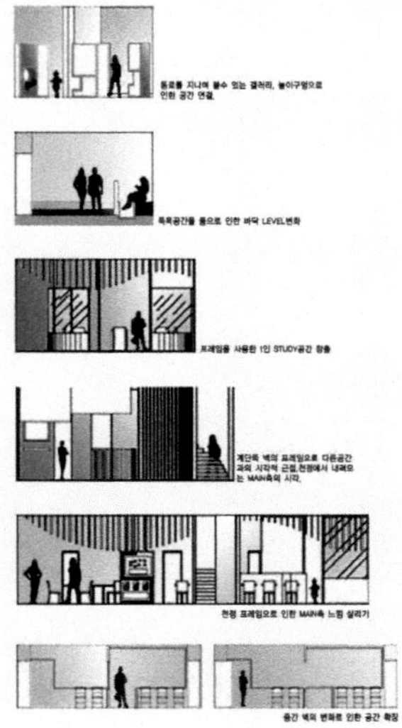

PERSPECTIVE

즐거움, 재미, 친목이 목적이 되는 AMUSEMENT ZONE은 전체적인 컬러를 YELLOW와 ORANGE를 사용하여 밝고 따뜻한 분위기를 연출하였고 재료 또한 패브릭과 벨벳등을 사용하여 더욱 포근함을 느끼도록 하였다.

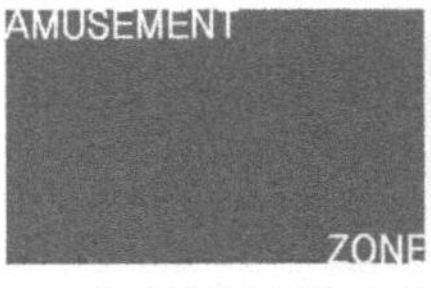

로비에서 2층으로 올라가는 계단에 WOOD FRAME을 설치해 시각적 근접을 두고 벽면을 타고 슬리드면이 돌려 돌아가 컨셉을 강조한다

로비의 오른쪽으로 더블월이 게시판의 역할을 하여 위트 비치는 조명으로 MEETING ZONE으로 동선을 유도한다

중앙 로비를 중심으로 평창색과 수축색 컬러의 차이로 공간 성격을 구분한다.

FRIENDSHIP ZONE의 대기공간이며 예약 상황등을 확인 할 수 있는 게시판을 두고 천정에 컨셉을 강조한 DESIGN FRAME을 계획

PLAY ZONE과 CAFE ZONE을 시각적으로 근접하게 두어 지켜 볼수가 있다

PLAY ZONE 상부를 오픈 시켜 1,2층을 시각적으로 근접 시킨다

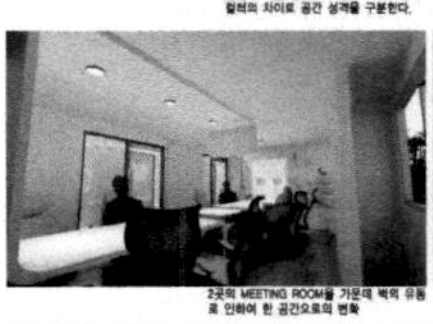

2곳의 MEETING ROOM을 가운데 벽의 유동로 인하여 한 공간으로의 변화

MEETING ROOM의 입구를 유리로 마감을 하여 답답함을 해소하고 그 위 불투명 시트를 마감하여 프라이버시의 보호와 컷팅으로 인해 사인의 효과를 기대

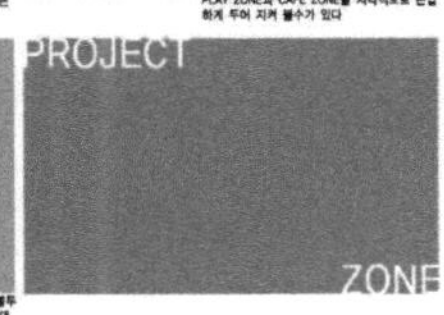

사무적인 느낌이 강한 PROJECT ZONE은 Main color를 BLUE와 GREEN을 사용하여 모노톤으로 만들어진 공간보다 지루해지지 않고 산뜻함을 느낄 수 있도록 하였고 너무 편안함 만을 느껴지면 안되는 공간이기에 재료를 유리, 금속, 컬러도장을 사용하여 재료로 인한 공간 특성을 살려 보았다.

FRAME을 이용한 1인 STUDY공간 창출과 벽면 레벨 차이를 이용하여 게시판으로의 활용

다수의 STUDY공간은 지지봉을 사용하여 FURNITURE의 변화로 인한 공간 변형이 가능

2층의 복도에서 1층의 FRIENDSHIP ZONE의 시각적 근접으로 인해 분리 되지 않은 공간으로 만든다

MEETING ZONE과 FRIENDSHIP ZONE 사이에 GALLARY 게시판을 만들어 공간을 이어준다.

INTRO

PROBLUM

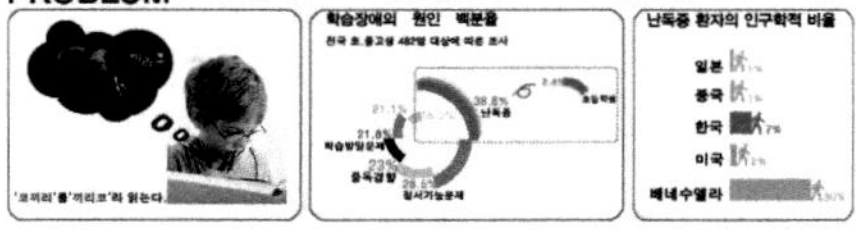

난독증은 반복된 훈련으로 기억하여 개선한다. **그러므로 각각의 프로그램을 반복하여 훈련공간을 만들어 인식하게 하여 아이들이 무심코 지나가는 학습장애인 난독증을 미리 예방할 수 있게한다.**

SITE

부산광역시 기장군 기장읍 동부리 444-2 기장 어린이도서관

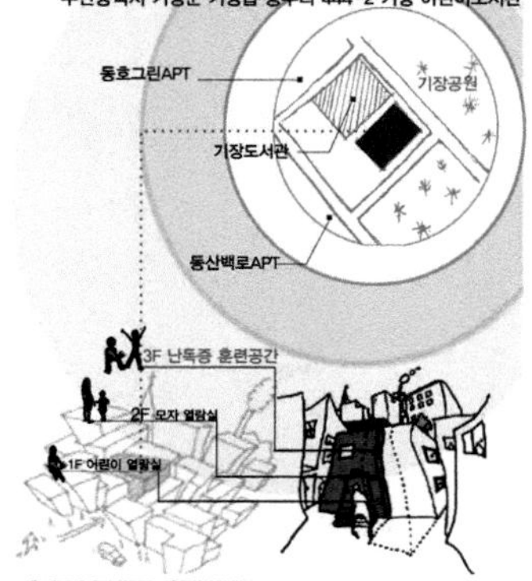

CONCEPT

난독증은 훈련의 반복을 통하여 기억하여 개선한다.

후렴구도 후렴의 반복을 통해서 노래를 기억한다. 이것을 컨셉으로 잡아 훈련공간을 제안하였다.

KEYWORD 1

음악적 형식의 후렴구 론도(RONDO).

17c 음악의 병렬형식으로 자주 반복되는 **주요주제부(Refrain)** 와 그 사이에 나타나는 **삽입부(Couplet)**로 이루어진 형식이다

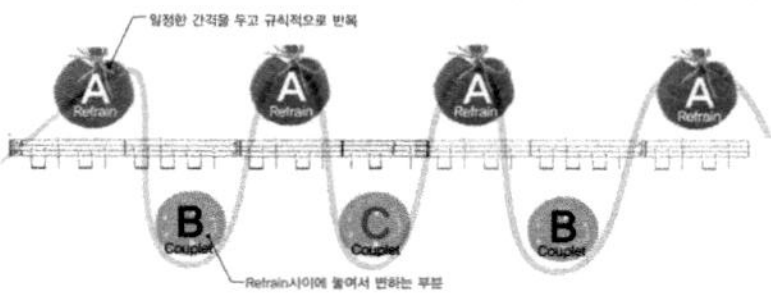

KEYWORD 2

시가적 형식의 후렴구 반복(REPETITION).

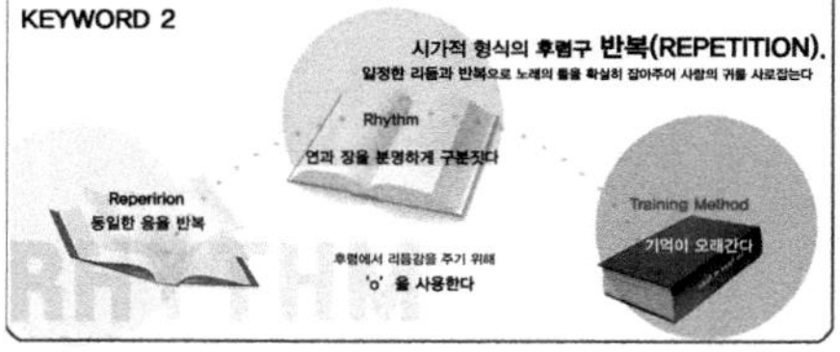

CONCEPT STUDY

후렴구가 의미하는 훈련방법은,
반복과 리듬을 통해 개선할 수 있는 방법이다

STEP 1

Refrain공간과 Couplet공간의 만남으로 후렴구공간이 생성된다

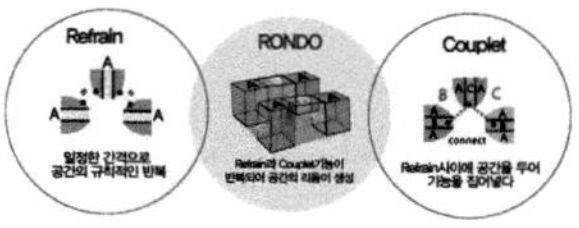

STEP 2

Refrain공간이 반복하면서 강조하여 새로운 Refrain공간이 생성된다

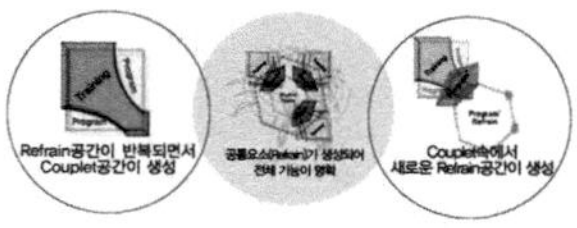

STEP 3

COUPLET [STOP-ING PLACE]

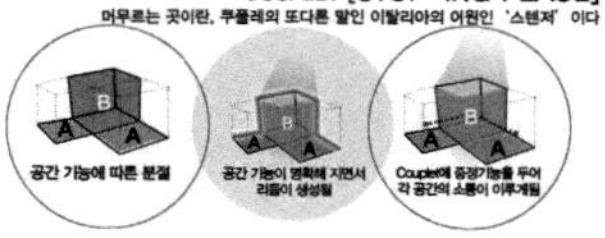

CONCEPT PROCESS

후렴구가 의미하는 기능적인 측면을 이해하고, 공간에 대입하는 요소를 STUDY.
반복과 리듬으로 인하여 훈련의 방법을 뜻하는 공간적 요소를 해석하여 표현할 수있다.

STEP 1

벽, 바닥, 천장의 높낮이로 Refrain공간과 Couplet공간을 강조한다

공간안에 리듬감을 나타내기 위해 바닥과 천정과 벽의 높낮이를 주어 보호자의 공간과 아이의 공간 점유처리를 하였다.

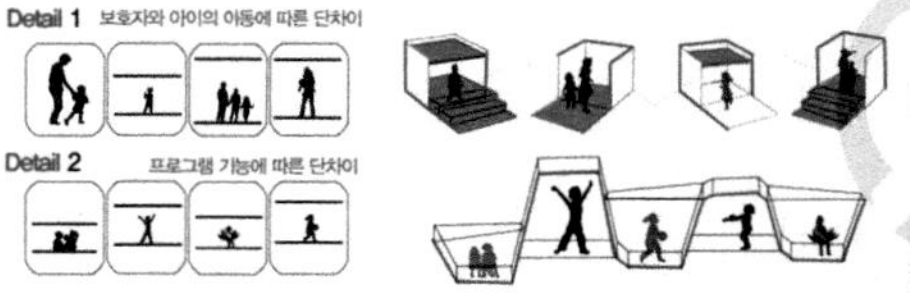

STEP 2

원의 중심으로 **공간이 생성되고**, 원의 반복을 통해서 **동선으로 공간을 기억하게한다.**

공간을 기억하기 위해 원의 중심을 이어 공간이 생성되게 하고, 원의 반복을 통해서 동선이 만들어 지게 되어 공간을 기억하게한다.

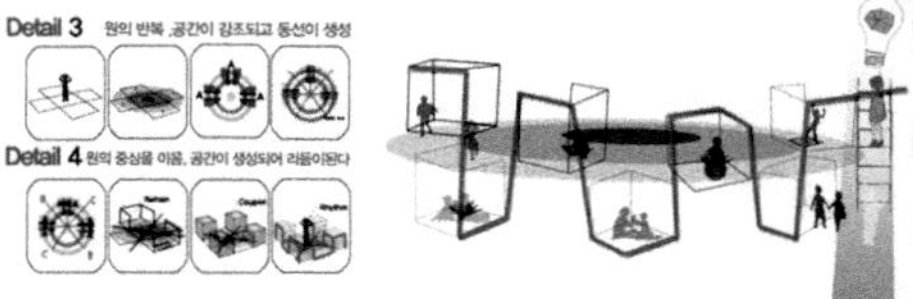

STEP 3

3TYPE의 중정을 통하여 **공간과 공간이 소통되어 공간기능이 명확해진다.**

공간의 기능을 명확히 하기 위해 중정의 기능을 두었고, 중정의 기능에 따른 3TYPE의 리듬을 통하여 공간을 강조시킨다.

SPACE PROGRAM

난독증은 **반복된 훈련으로 개선한다**

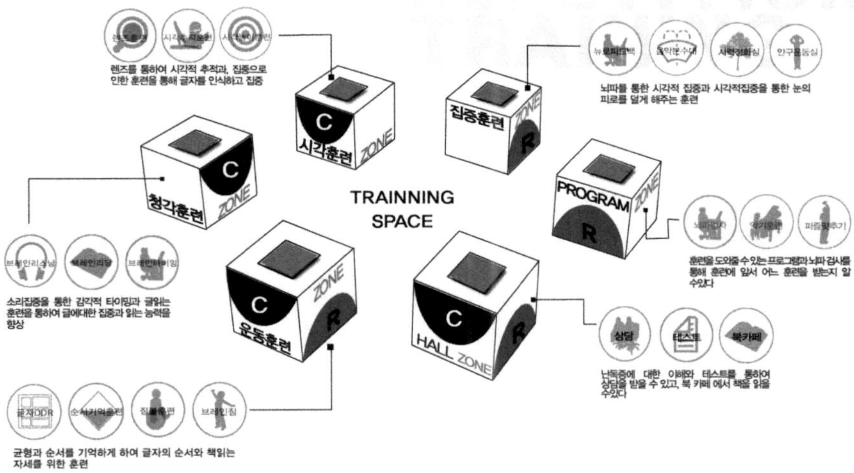

DESIGN PROCESS

후렴은 우리에게 익숙하고 친숙한 것 이다. 우리에게 익숙한 도형은 원이고, 후렴에서도 리듬감을 주기 위해 'ㅇ' 을 사용한다. 각 층별로 반원이 반복되어 원으로 보여지는 리듬감을 보여주기위해 SCENE 을 설정하여 공간을 디자인하였다.

SCENE #1

바닥과 벽의 시각적 디자인

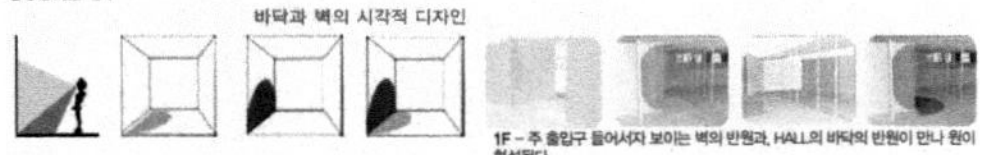

1F – 주 출입구 들어서자 보이는 벽의 반원과, HALL의 바닥의 반원이 만나 원이 형성된다.

SCENE #2

천장과 벽의 시각적 디자인

2F – 부 출입구 들어서자 보이는 벽의 반원과 바닥의 반원, 바닥과 천정의 반원이 반복되어 원이 형성된다.

SCENE #3

바닥과 바닥의 시각적 디자인

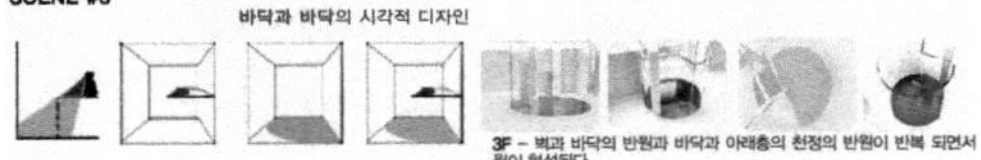

3F – 벽과 바닥의 반원과 바닥과 아래층의 천정의 반원이 반복 되면서 원이 형성된다

Training Space **Detail Design.2**

벽, 천장, 가구를 원의 반복에 의해 공간안에 리듬이 생겨지게된다

Detail 1

벽을 이용한 Detail

벽에 원의 반복과 수직적리듬의 반복으로 공간 안에 리듬이 생겨난다

Detail 2

천장과 바닥을 이용한 Detail

천장 높낮이에 조명에 의한 리듬과 바닥의 높낮이로 인한 공간활용으로 기능이 명확해진다

Detail 3

벽을 이용한 **가구** Detail

벽에있는 원의 패턴을 이용하여 책장과 책상과 스탠드를 만들어 반복과 리듬의 개념이 명확해진다.

Training Space **Detail Design.1**

MATERIAL

각각의훈련에 집중을 하게해주기 위해 재질로서 표현하여 디자인해보았다

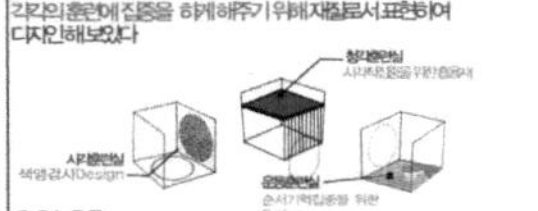

반복과 리듬을 재질로 표현

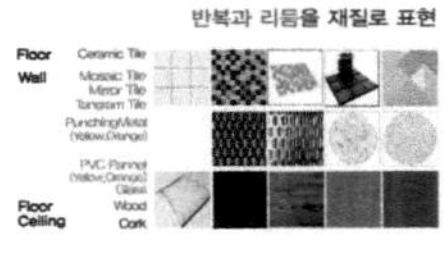

COLOR

파스텔톤의 색상은 아이들의 시각적인 흥미를 이끌어내고 심리적인안정감을 주는색이다

LIGHTING

공간에서 원의 리듬을 강조 해주기 위해 간접 조명을 사용하였다

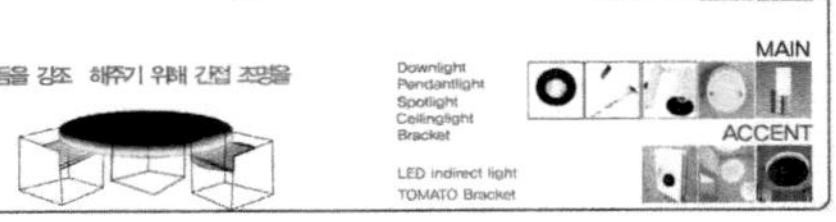

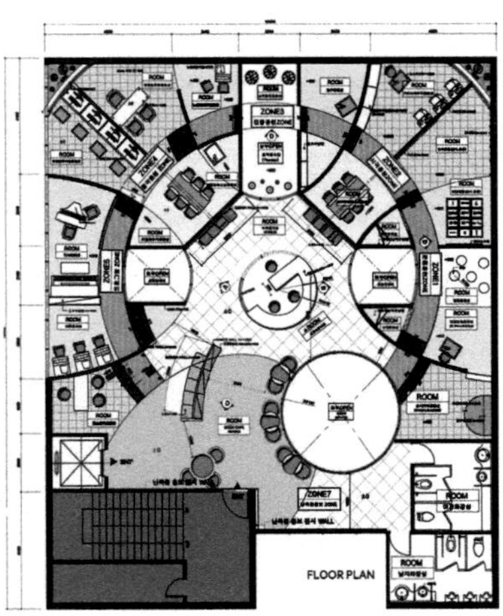

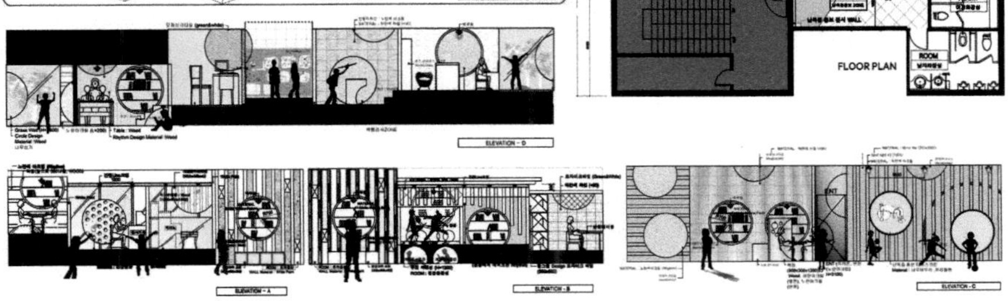

학생작품 E

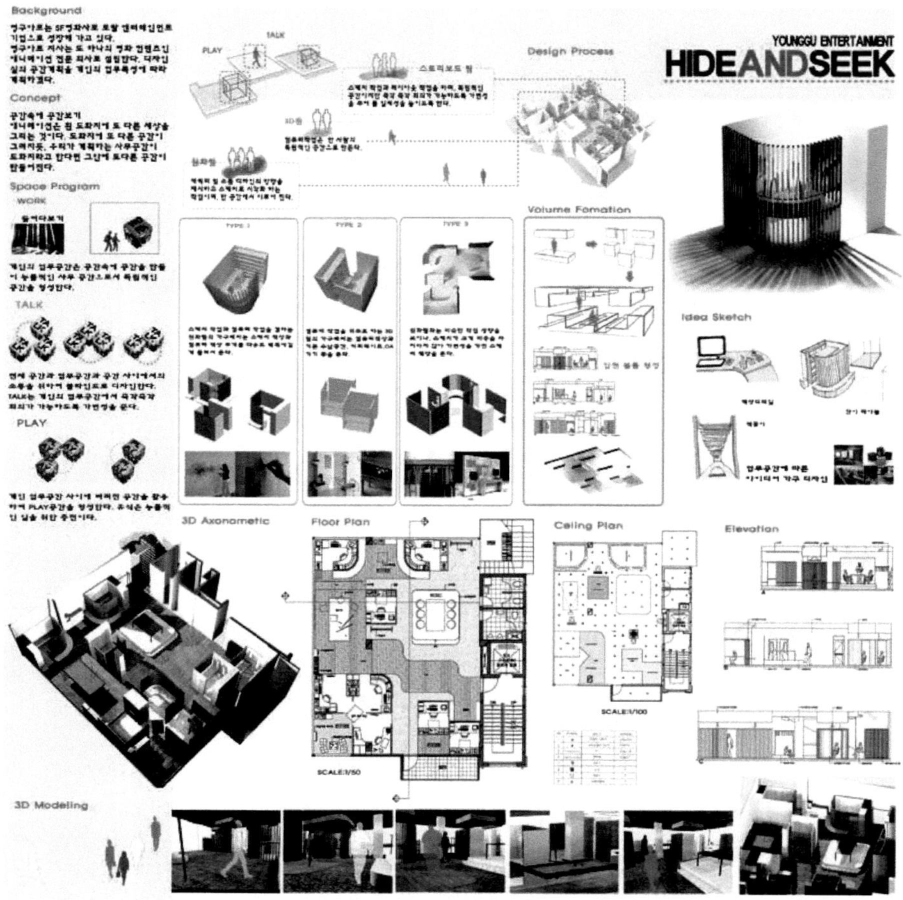
Background
Concept
Space Program
WORK
TALK
PLAY
Design Process
YOUNGGU ENTERTAINMENT
HIDEANDSEEK
TYPE 1
TYPE 2
TYPE 3
Volume Fomation
Idea Sketch
3D Axonometic
Floor Plan
SCALE:1/50
Ceiling Plan
SCALE:1/100
Elevation
3D Modeling

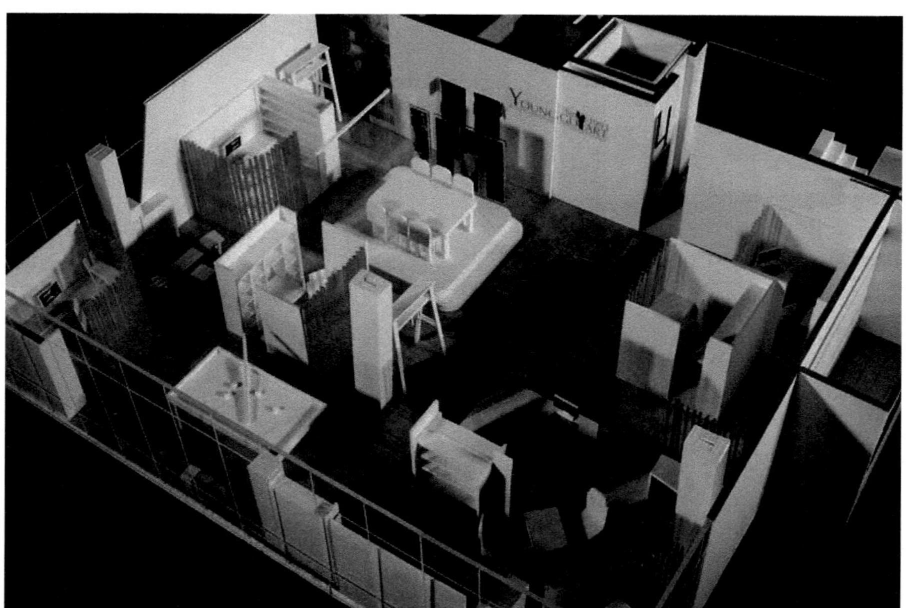

B. 제안서 PPT

학생작품 A

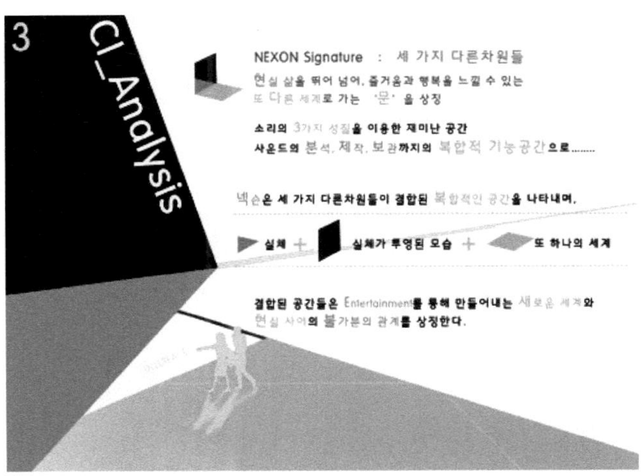

4
Concept
NEXON CI : 현실의 삶을 뛰어 넘어, 즐거움과 행복을 느낄 수 있는 또 다른 세계로 가는
'문' 을 상징하는 것으로, 세가지의 다른 차원들이 결합된 복합적인 공간을 나타낸다.
마이크의 지향성은 소리의 세가지 성질을 이용하여 나타난다.
interface
소리의 성질을 이용한 마이크
반사 진행방향을 바꾸어 되돌아 온다
굴절 경계면에서 방향을 바꾼다
회절 장애물 뒤로 돌아간다
굴절, 회절, 반사가 만들어 내는 소리의 수직, 수평적인 요소를 가지고 공간에 표현하여 방향성을 가진 공간을 만들고자 한다.
소리의 인터페이스를 찾아라!!

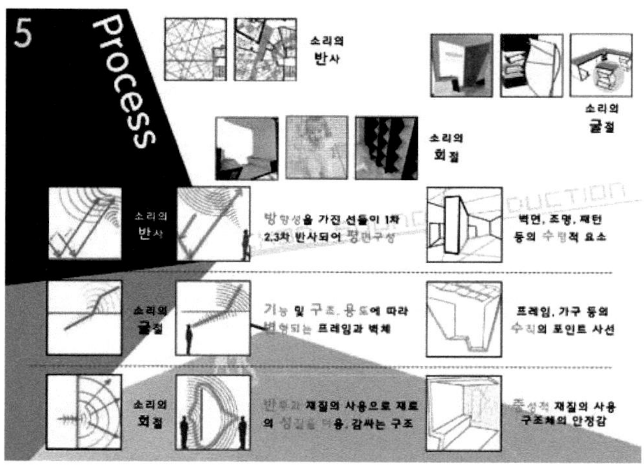
5
Process
소리의 반사
소리의 굴절
소리의 회절
소리의 반사
방향성을 가진 선들이 1차 2,3차 반사되어 평면구성
벽면, 조명, 패턴 등의 수평적 요소
소리의 굴절
기능 및 구조, 용도에 따라 변화되는 프레임과 벽체
프레임, 가구 등의 수직의 포인트 사선
소리의 회절
재질의 사용으로 재료의 성질을 이용, 감싸는 구조
재질의 사용 구조체의 안정감

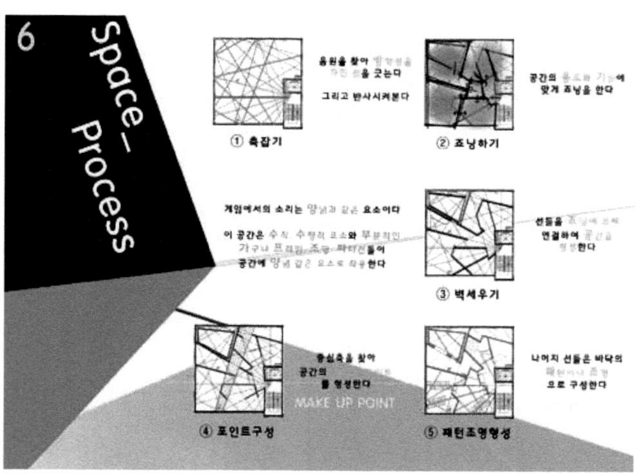
6
Space_
Process
그리고 반사시켜본다
① 축잡기
공간의 용도와 기능에 맞게 조닝을 한다
② 조닝하기
게임에서의 소리는 양념과 같은 요소이다
이 공간은 수직, 수평적 요소와 부분적인 가구나 프레임, 조명, 패턴들이 공간에 양념 같은 요소로 작용한다
③ 벽세우기
중심축을 찾아
공간의
를 형성한다
MAKE UP POINT
④ 포인트구성
나머지 선들은 바닥의
으로 구성한다
⑤ 패턴조명형성

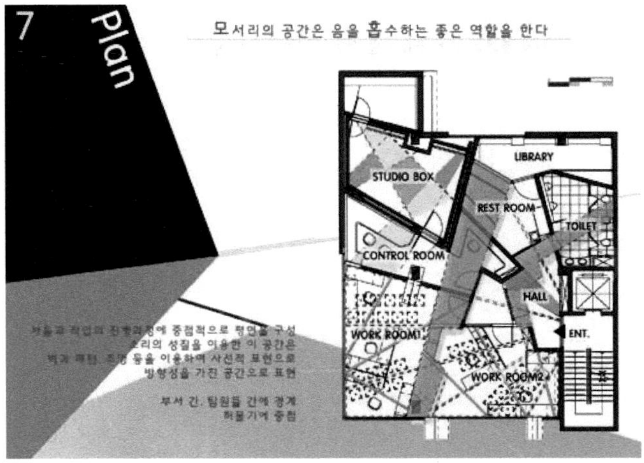
7
Plan
모서리의 공간은 음을 흡수하는 좋은 역할을 한다
LIBRARY
STUDIO BOX
REST ROOM
TOILET
CONTROL ROOM
HALL
ENT.
WORK ROOM1
WORK ROOM2
부서 간, 팀원들 간에 경계
허물기에 중점

8
Space Program
EDITORIAL ROOM
편집 & 제작실
- 구성인원 : 3명
- 컴퓨터 기계음을 제작 및 편집
- 컴퓨터 작업, 쾌적한 환경 조성
- 조명과 상호교류에 중점
LIGHTING EFFECTS
EDITORIAL ROOM
1. 작업면의 확보, 능률적 배치
2. 작업면에 조명분산, 공기청정
3. 공간에 맞는 파티션형 책장

9
Space Program
분석 & 회의실
- 구성인원 : 3명
- 제작 전에 게임을 분석하는 곳
- 첫 업무수행으로 입구에 배치
- 프레임으로 공간을 분리 경계약화
ANALYTICAL LABORATORY
ANALYTICAL LABORATORY
1. 컨셉틱한 디자인 사무용가구
2. 기능에 적합한 사무용가구
3. 다목적성 중성적재질의 파티션

10
Space Program
STUDIO BOOTH
녹음 스튜디오
- 구성인원 : 4명
- 음을 믹싱하고 제작하는 곳
- 이중벽, 흡음 · 반사 기능벽
- 차음과 음의 명확도에 중점
1. 왜곡된 파티션으로 공간분리
2. 이중벽으로 차음기능 강화
CONTROL ROOM PARTITION
STUDIO BOOTH

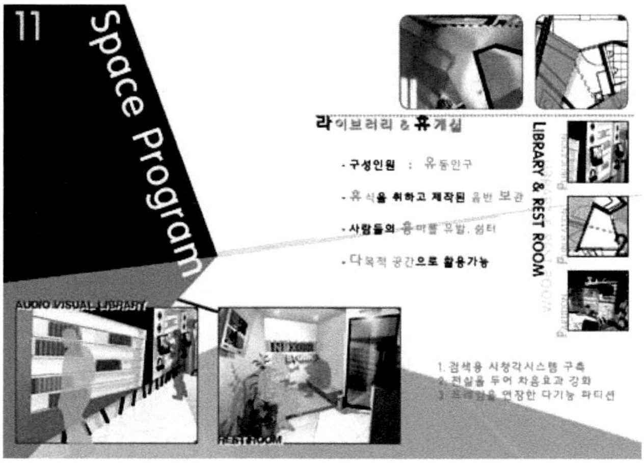
11
Space Program
라이브러리 & 휴게실
LIBRARY & REST ROOM
- 구성인원 : 유동인구
- 휴식을 취하고 제작된 음반 보관
- 사람들의 흥미를 유발, 쉼터
- 다목적 공간으로 활용가능
1. 검색용 시청각시스템 구축
2. 전실을 두어 차음효과 강화
AUDIO VISUAL LIBRARY
REST ROOM

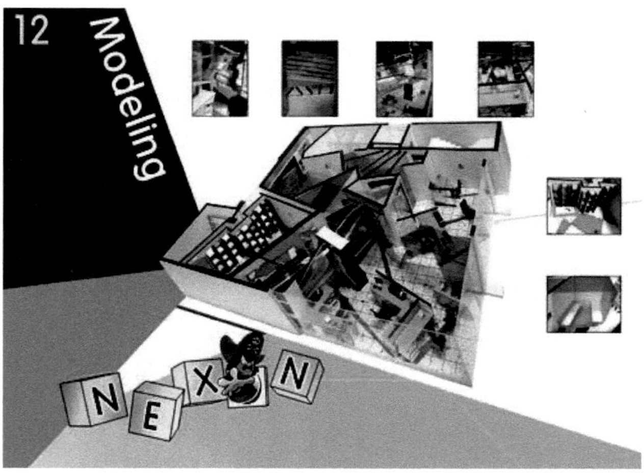
12
Modeling
N E X N

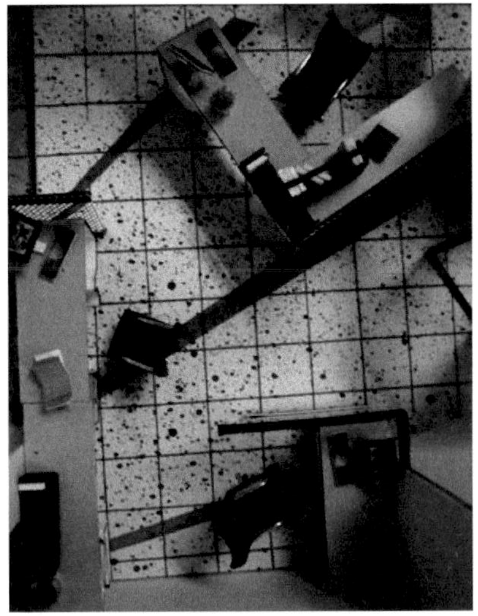

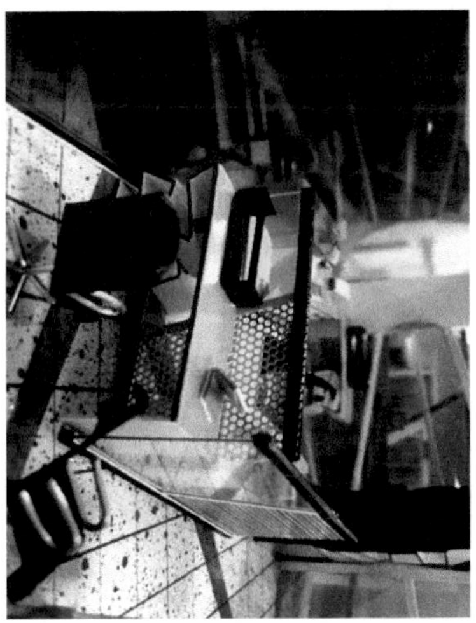

학생작품 B

TOUCH & POINT

PROLOGUE
현 시대의 젊은층은 불규칙한 라이프스타일과 나쁜자세로 인해 통증이 지속적으로 늘어나고 있는 추세이다. 하지만 대부분의 기존 통증클리닉은 대부분 노인들 위주의 통증 클리닉만 성행할 뿐 젊은이들을 대상으로 한 통증클리닉은 없는 실정이다
통증이 생기면 엔도로핀이 생성되고 풍부한 터치로 치유된다. 노년층보다 자극에 더 민감한 젊은층에게 터치로 치유하고 젊은이들을 위한 통증 클리닉을 계획하고자 한다.
02

SITE
오피스 지역
지하철 입구
인구 밀집 지역
교육 지역
주거 지역
· 부전1동 622-8번지. 송천 메디칼센터 12F
· 통증을 지닌 젊은층이 직장인, 주부, 학생으로서 오피스가 밀집되어 있는 주변환경과 학교와 주거지가 근처에 있어 대상의 접근이 쉽다.
· 메디칼센터건물로서 젊은층과 유동인구가 가장 많은 서면 로타리 부근에 위치한다.
03

USER
과도한 업무와 대인관계, 장시간의 학습과 업시 부담, 육아 양육에 의한 정신적 스트레스는 대화를 통해 원인을 분석하고 문제점을 파악해여 치유 하고, 장시간의 컴퓨터 사용, 핸드폰 사용, 반복되는가사노동, 나쁜 자세로 인한 목, 어깨, 허리, 팔목에서 오는 신체적통증은 손으로 치유한다.
04

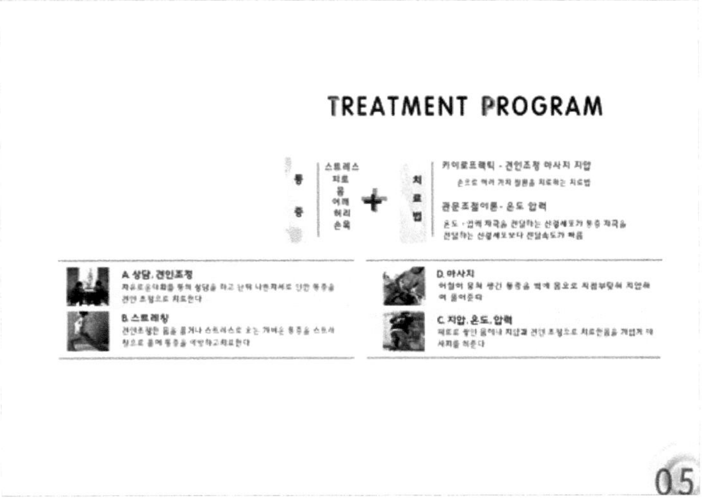
TREATMENT PROGRAM
통증
스트레스
피로
몸
어깨
허리
손목
치료법
카이로프랙틱 - 견인조정 마사지 지압
관문조절이론 - 온도 압력
A. 상담, 견인조정
B. 스트레칭
D. 마사지
C. 지압, 온도, 압력
05

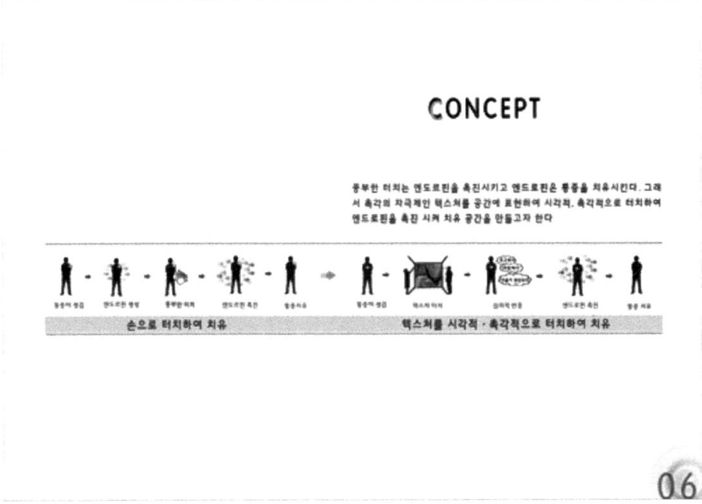
CONCEPT
풍부한 터치는 엔도르핀을 촉진시키고 엔도르핀은 통증을 치유시킨다. 그래서 촉각의 자극제인 텍스처를 공간에 표현하여 시각적, 촉각적으로 터치하여 엔도르핀을 촉진 시켜 치유 공간을 만들고자 한다
손으로 터치하여 치유
텍스처를 시각적 · 촉각적으로 터치하여 치유
06

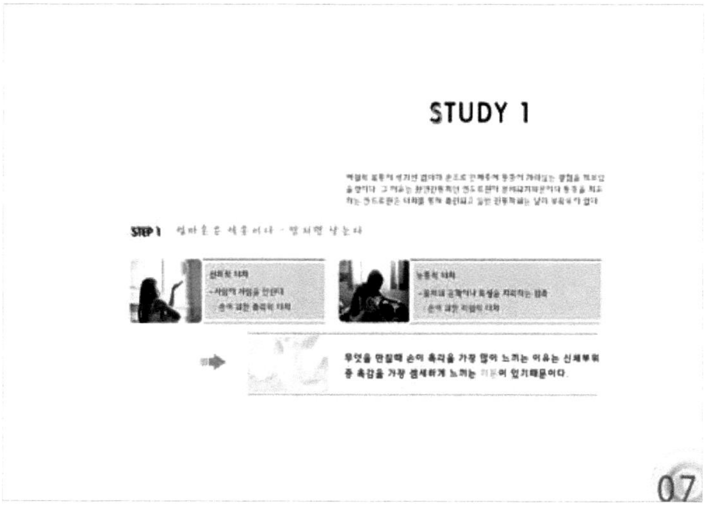
STUDY 1
STEP 1
07

STUDY 2
STEP 2
08

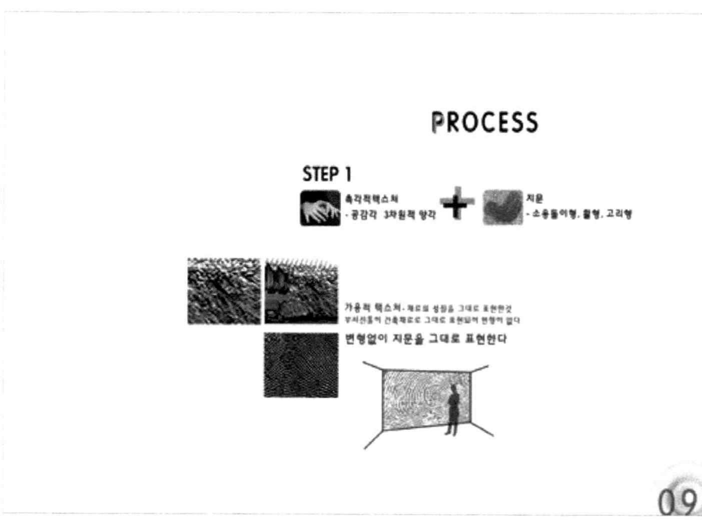
PROCESS
STEP 1
촉각적텍스처
- 공감각 3차원적 양각
지문
- 소용돌이형, 활형, 고리형
변형없이 지문을 그대로 표현한다
09

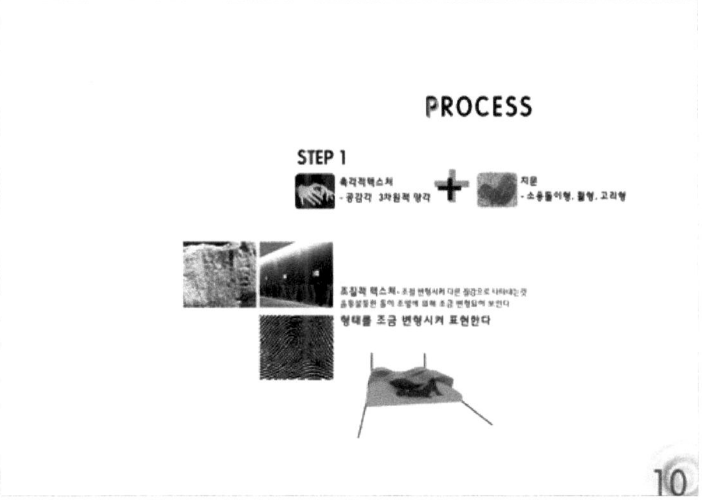
PROCESS
STEP 1
촉각적텍스처
- 공감각 3차원적 양각
지문
- 소용돌이형, 활형, 고리형
조질적 텍스처
형태를 조금 변형시켜 표현한다
10

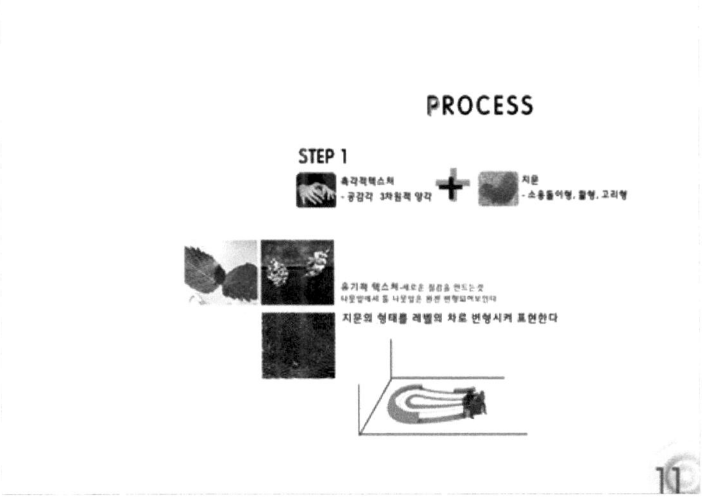
PROCESS
STEP 1
촉각적텍스처
- 공감각 3차원적 양각
지문
- 소용돌이형, 활형, 고리형
유기적 텍스처
지문의 형태를 레벨의 차로 변형시켜 표현한다
11

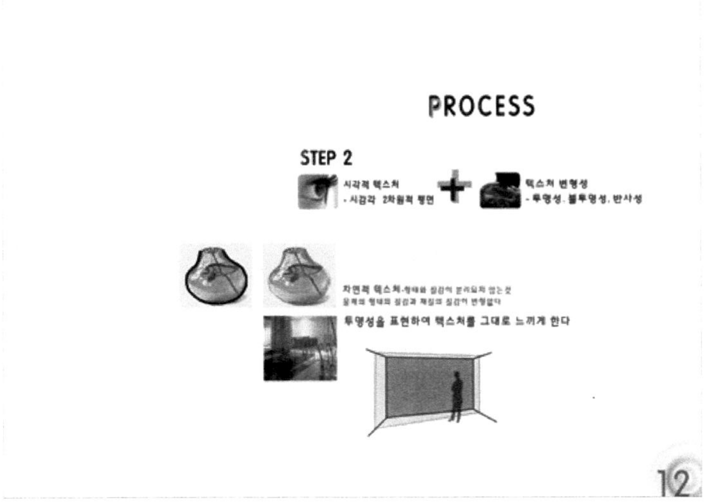
PROCESS
STEP 2
시각적 텍스처
- 시감각 2차원적 평면
텍스처 변형성
- 투명성, 불투명성, 반사성
차면적 텍스처
투명성을 표현하여 텍스처를 그대로 느끼게 한다
12

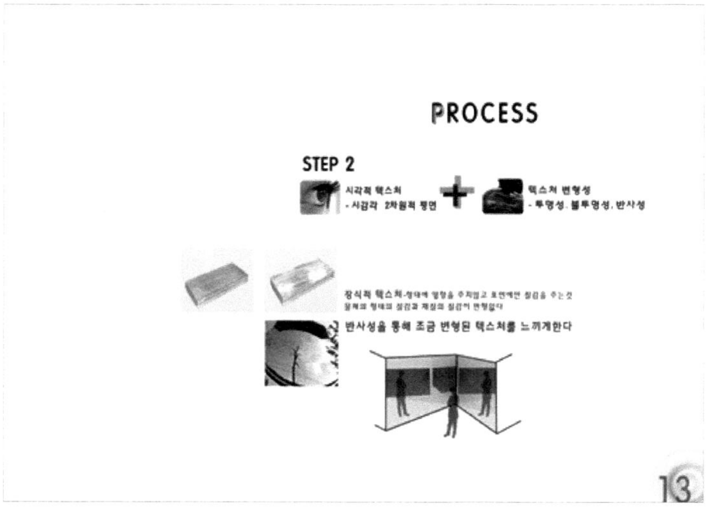
PROCESS
STEP 2
시각적 텍스처
- 시감각 2차원적 평면
텍스처 변형성
- 투명성. 불투명성. 반사성
장식적 텍스처
반사성을 통해 조금 변형된 텍스처를 느끼게한다
13

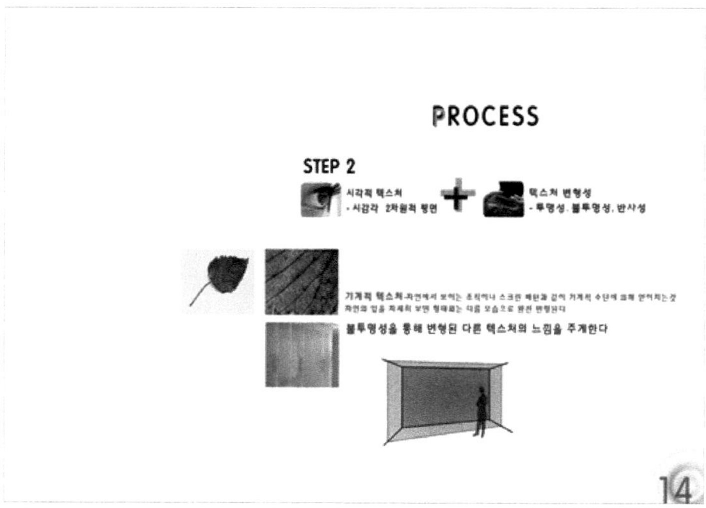
PROCESS
STEP 2
시각적 텍스처
- 시감각 2차원적 평면
텍스처 변형성
- 투명성. 불투명성. 반사성
기계적 텍스처
불투명성을 통해 변형된 다른 텍스처의 느낌을 주게한다
14

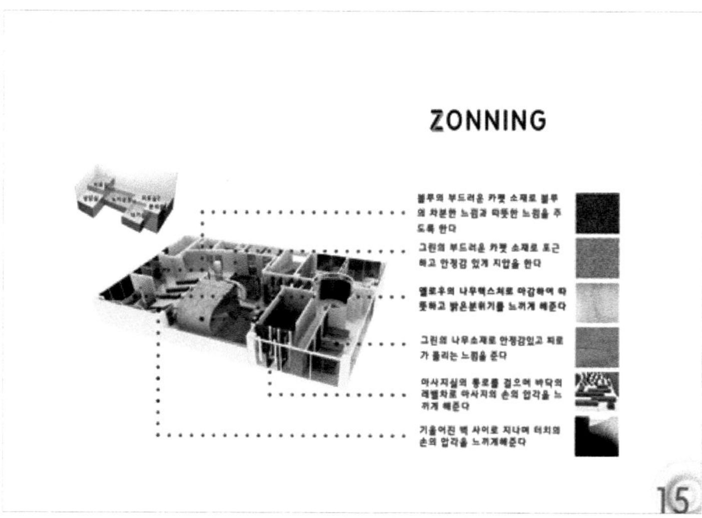
ZONNING
블루의 부드러운 카펫 소재로 블루의 차분한 느낌과 따뜻한 느낌을 주도록 한다
그린의 부드러운 카펫 소재로 포근하고 안정감 있게 지압을 한다
옐로우의 나무텍스처로 마감하여 따뜻하고 밝은분위기를 느끼게 해준다
그린의 나무소재로 안정감있고 피로가 풀리는 느낌을 준다
마사지실의 통로를 걸으며 바닥의 레벨차로 마사지의 손의 압각을 느끼게 해준다
기울어진 벽 사이로 지나며 터치의 손의 압각을 느끼게해준다
15

MODELING

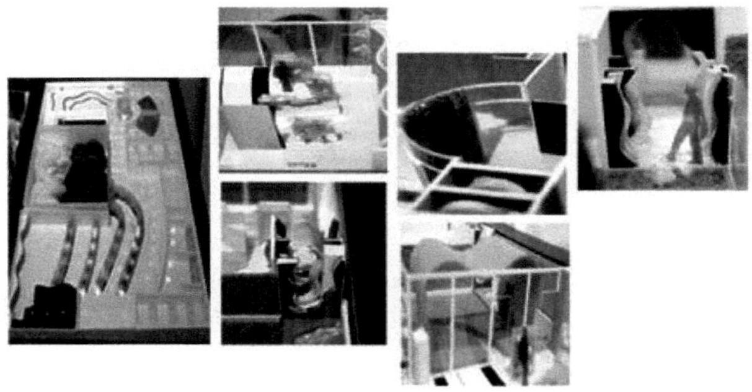

16

17

18

C. 전문가 작품

Yoga Studio Ever(Ver-TEX DESIGN 서경일, 김택수)

설계 : 서경일
시공 : 버텍스 디자인
위치 : 서울 강남구 신사동
대지면적 : 629.40㎡ (190.39 평)
마감 : 벽체 - 석고보드, 원목합판, 수성도장
바닥 - 온돌 마루, 타일
천장 - 원목 합판, 석고보드, 수성페인트

요가 스튜디오 〈에버〉의 디자인은 '몸이 영혼을 담고 있는 신전이라면 공간은 각기 다른 신성한 몸을 담고 있는 더 큰 성전과 같다' 라는 명상적인 컨셉으로부터 시작된다. 〈에버〉는 기존 요가의 건강과 명상을 통한 신체정화라는 개념에 slim과 volume, 즉 건강하고 아름다운 몸의 곡선을 간접적으로 형상화한 공간으로 디자인의 방향성이 설정되었다. 여기서 공간은 우리가 몸 안의 에너지를 보지 않아도 느끼는 것처럼, 보여지는 공간과 보여지지 않는 공간이 서로 구분되지 않고 연속선상의 공간으로 함께 존재한다.

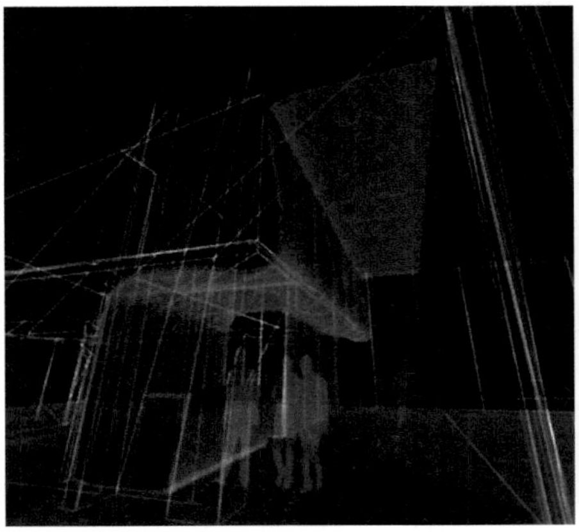
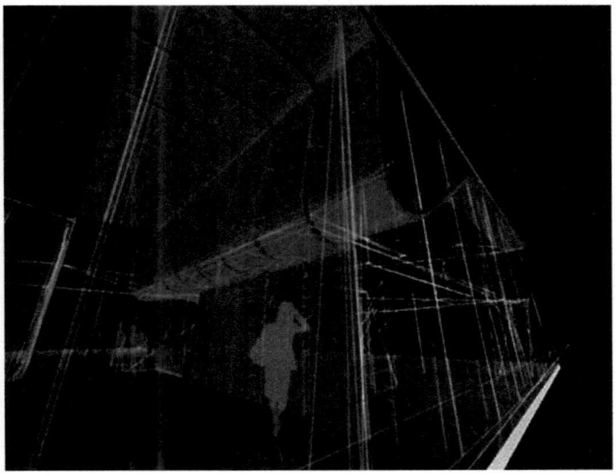

연속성을 가지는 곡선과 그 곡선들 사이의 공간을 통해 신체와 공간 사이의 무형적 교감을 이루고, 이것은 요가의 각 자세를 연속으로 맵핑하여 직선과 곡선이라는 공간적인 언어로 표현됐다. 이로써 요가 스튜디오는 단순히 요가를 위해 존재하는 공간이 아니라, 요가를 통한 몸의 움직임과 함께 하고자 하는 공간으로서 우리의 몸과 연속성을 지닌 다른 하나의 Body가 되는 것이다.

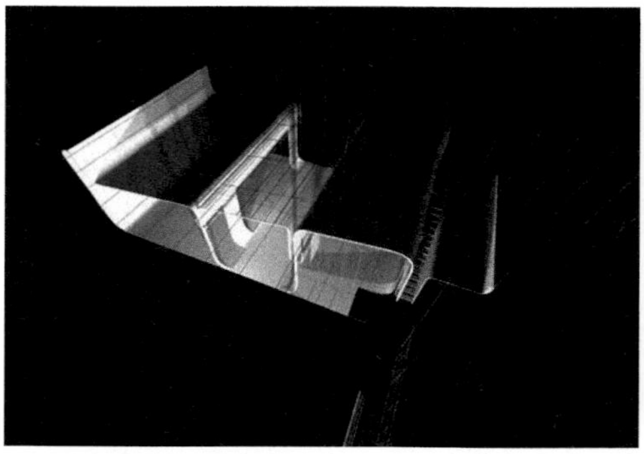

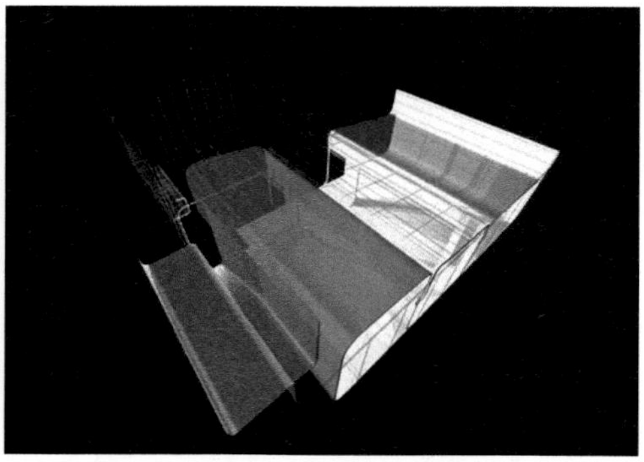

Volume : 외부에서 요가 스튜디오로 들어서면서부터 멤버들 간의 육체적 에너지가 멈춤 없이 흐르고 공간 속에 녹아들도록 벽체의 볼륨이 시작된다. 동시에 프런트의 절제된 장식적 요소와 자연적 물성을 지닌 마감소재는 탁한 심신의 무게를 덜어낼 수 있는 효과적 시각 구성요소가 된다.

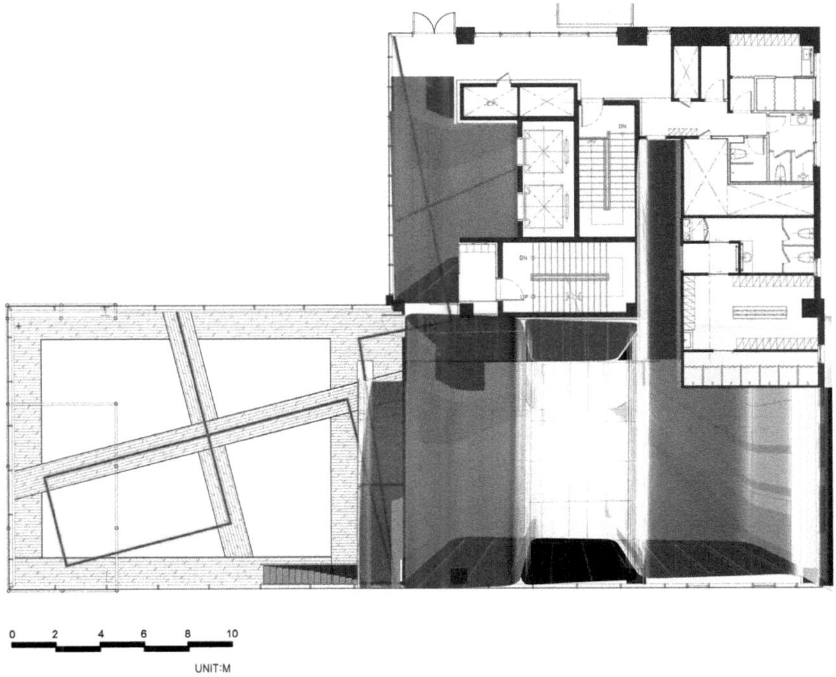

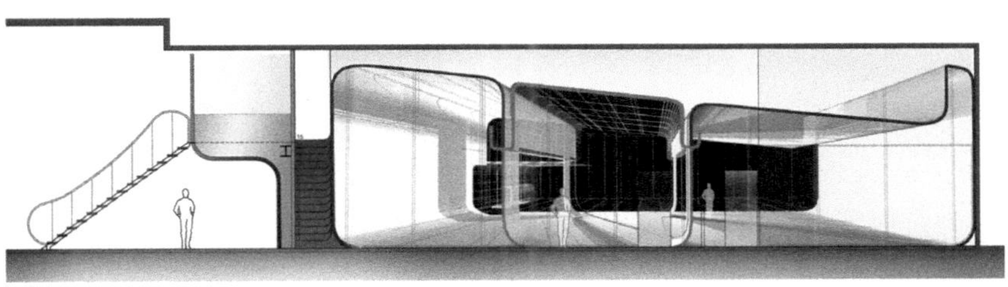

Continuity : 복도의 양쪽 벽체 사이에서 그리고 스튜디오로부터 확장되어 표출되는 천장과 바닥 사이의 연속성이 있는 공간으로 움직임의 흐름을 스튜디오로 잇는 동시에 스튜디오 안으로부터 발산되는 보이지 않는 에너지를 느낄 수 있는 간접적 체험의 동선으로 존재한다.

Unity : 스튜디오는 공간을 이루고 내 몸을 덮는 또 하나의 표피가 되어 움직인다. 또 하나의 신성한 신전이 된다.

자료협조: 버텍스 디자인

저자 I 김소희

현재 / 영남대학교 건축학부 부교수
홍익대학교 건축학과 박사(Ph.D.)
(주)선진엔지니어링, (주)경일종합건축사사무소 근무
동명대학교 건축대학 실내건축학과 교수
워싱턴 주립대 방문교수

주요논문: '건축 재료의 물성 표현을 통한 디자인에 관한 연구' 등
주요작품: 부산대병원편의시설동, 축음기박물관, 한약재박물관,
피브로한의원 등 인테리어설계 및 평화의 빛 성모병원,
트윈하우스 등 건축설계
주요공저: 감성디자인, 실내디자인각론

실내건축설계스튜디오

내부가 외부를 변화시킨다

2011년 2월 25일 1판 1쇄 발행
2023년 2월 20일 1판 4쇄 발행

저 자 김 소 희
발 행 인 강 해 작
발 행 처 기 문 당
주 소 서울시 성동구 무학봉 28길 4-1
(왕십리동 966-22)
전 화 2295-6171(代)~5
팩 스 2296-8188
출판등록 1976. 10. 7 (1-44)
홈페이지 http : // 기문당
http : // www.kimoondang.com
I S B N 978-89-6225-310-8 93540

본 과제(결과물)는 교육과학기술부·지식경제부의 출연금으로
수행한 산학협력중심대학육성사업의 연구결과입니다.